제2판

디딤돌 기초생물학

유 민 · 신명자 · 김지원 · 김수원 · 고재문
권애숙 · 김가현 · 김미숙 · 송미숙 공저

BASIC BIOLOGY

정문각 JMK

| 대표저자 |

유　민 계명대학교

| 편집위원 |

신명자 안동대학교
김지원 구미대학교
김수원 경운대학교

| 집 필 진 |

고재문 제주한라대학교
권애숙 경운대학교
김가현 동아보건대학교
김미숙 신한대학교
김수원 경운대학교
김지원 구미대학교
송미숙 대경대학교
신명자 안동대학교
유　민 계명대학교

(가나다 순)

머리말

생물학의 핵심은 "생명존중"과 "생명사랑"에 있다. 그리고 생명에 대한 경외심은 생명현상을 깊이 이해하는 데에서 출발한다. 생물학은 어느새 생명과학, 생명공학, 바이오테크놀로지라는 다양한 이름으로 우리 생활 속 깊숙이 들어와 있다. 특히 의료계와 보건, 그리고 간호학에의 응용은 매우 빠른 속도로 나날이 확대되고 있다. 그만큼 생물학은 기초 학문의 차원을 넘어 실질적이고도 응용적인 성격의 학문으로 자리매김한 것이다. 심지어 생물학은 약학, 농업, 수산업, 식품산업뿐 아니라 고고학, 범죄학, IT 산업에 이르기까지 거의 모든 학문 분야에 지대한 영향을 미치고 있다.

본 개정판에는 생명과학을 기초로 하는 여러 분야의 학생들에게 필수적인 일반생물학 수준의 지식들이 담겨져 있다. 교재를 처음 집필한 이후 수년간의 현장 강의를 통해 체험한 군더더기들을 제외시켰고, 간결하고도 재미있게 공부할 수 있도록 개정하였다. 최근에 부각되고 있는 유전, 발생, 바이오테크놀로지 등 21세기 BT 산업과 관련된 현대적 이슈를 마지막 장에 배치한 것도 특징이다. 많은 보기와 예제들은 간호 및 보건 분야에 필요한 개념들을 모아 인체 중심으로 구성하였다. 매 장마다 "학습목표"와 "요점정리", "생각해 볼 문제"를 포함시켰기에 교재를 따라 물 흐르듯 읽어 내려가는 동안 자연스럽게 현대생물학을 새로운 관점에서 체험할 수 있기 바란다.

2023. 3.

저자 일동

차례

CHAPTER 08 유전자와 유전정보전달 • 91

CHAPTER 09 조직과 기관계 • 113

CHAPTER 10 생식과 발생 • 149

CHAPTER 11

생식의학 • 179

CHAPTER 12

재미있는 현대생명과학 • 191

찾아보기 • 206

CHAPTER 01

생명과학이란?

CHAPTER 01 생명과학이란?

학습목표

생물학은 생명현상의 근본 원리인 항상성(homeostasis)의 기작을 연구하는 학문이다. 즉, 체온을 유지하듯이 일정한 생명의 조건을 유지하기 위해 필요한 물질대사, 생체 내 조절, 생화학반응, 소화에서 배설까지의 전반적인 현상을 이해하고자 하는 학문이다. 이를 위해서 생물과 생명에 대한 정의를 이해하며, 생물학의 특성들을 간단히 살펴볼 것이다. 더불어 가설을 세우고 논리적인 단계를 거쳐 이를 증명하는 생물학적 사고에 응용될 수 있도록 할 것이다.

1. 생물학, 생명과학, 생명공학

생물학(biology)을 조금 더 광범위한 의미로 생명과학(life science)이라 부르기도 한다. 이렇게 생물학과 생명과학으로 밝혀낸 생명현상의 이론을 바탕으로 생명체를 보다 효율적으로 관리하고 활용하고자 하는 응용학문이 생명공학(biotechnology)이다(그림 1−1).

2. 생물이란 무엇인가?

생물이란 문자 그대로 "생명"이 있어 살아있는 물체란 뜻이다. 그러나 과학적 차원에서는 이러한 단순 이해가 아닌 정확한 논리와 기준에 근거를 두어 생물과 무생물을 구별해 주어야 한다. 그러기 위해서는 "생명"이란 단어를 먼저 확실하게 이해하고 정의를 내릴 필요가 있다.

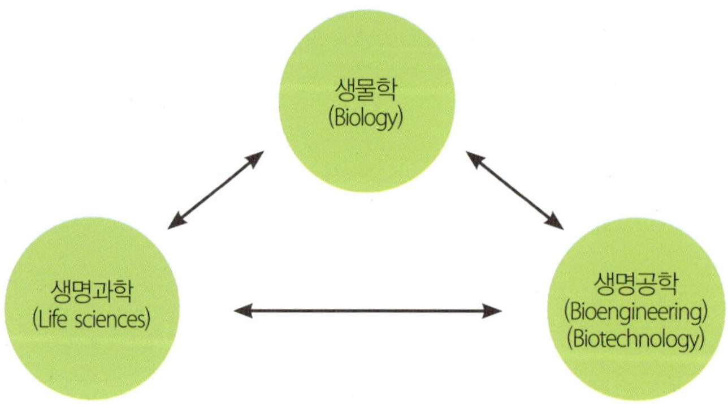

그림 1-1. 생물학, 생명과학, 생명공학의 관계

3. 생명이란 무엇인가?

그렇다면 생명이란 무엇일까? 생명의 정의를 내리기 위한 최우선 작업은 생물이 어떤 일을 하는지 생명현상을 살펴보는 것이다. 이처럼 생물학은 "관찰"에서부터 시작된다. 생물이 하는 일들이 바로 "생명현상"이기 때문이다. 그리고 생명현상은 "구조"와 "기능"이라는 두 가지 차원에서 바라볼 필요가 있다. 이는 모든 생물체에 구조가 있으며, 각각의 구조마다 고유한 기능이 주어져 있기 때문이다(그림 1-2).

먼저 우리 신체가 얼마나 특이한 구조로 되어 있는지를 관찰해 보자. 팔, 다리, 머리, 뇌, 위, 간, 근육, 관절, 눈, 코 등등 따지고 보면 손가락으로 꼽을 수 없을 정도로 복잡하다는 것을 새삼 느낄 것이다. 또 우리가 오늘 한 일들을 구체적으로 생각해 보자. 잠을 자고, 밥을 먹었으며, 차를 타고 학교에 가서 공부도 했을 것이다. 커피를 마신 뒤 친구들과 수다를 떨었고, 휴대폰으로 전화를 했으며, 길을 걷다가 질주하는 오토바이를 보고 놀라 피하기도 했을 것이다. 혹시 아파서 열이 났다면 약을 먹었을 것이고, 다행히 면역작용이 발동하여 지금은 조금씩 나아지고 있을 것이다. 앞으로

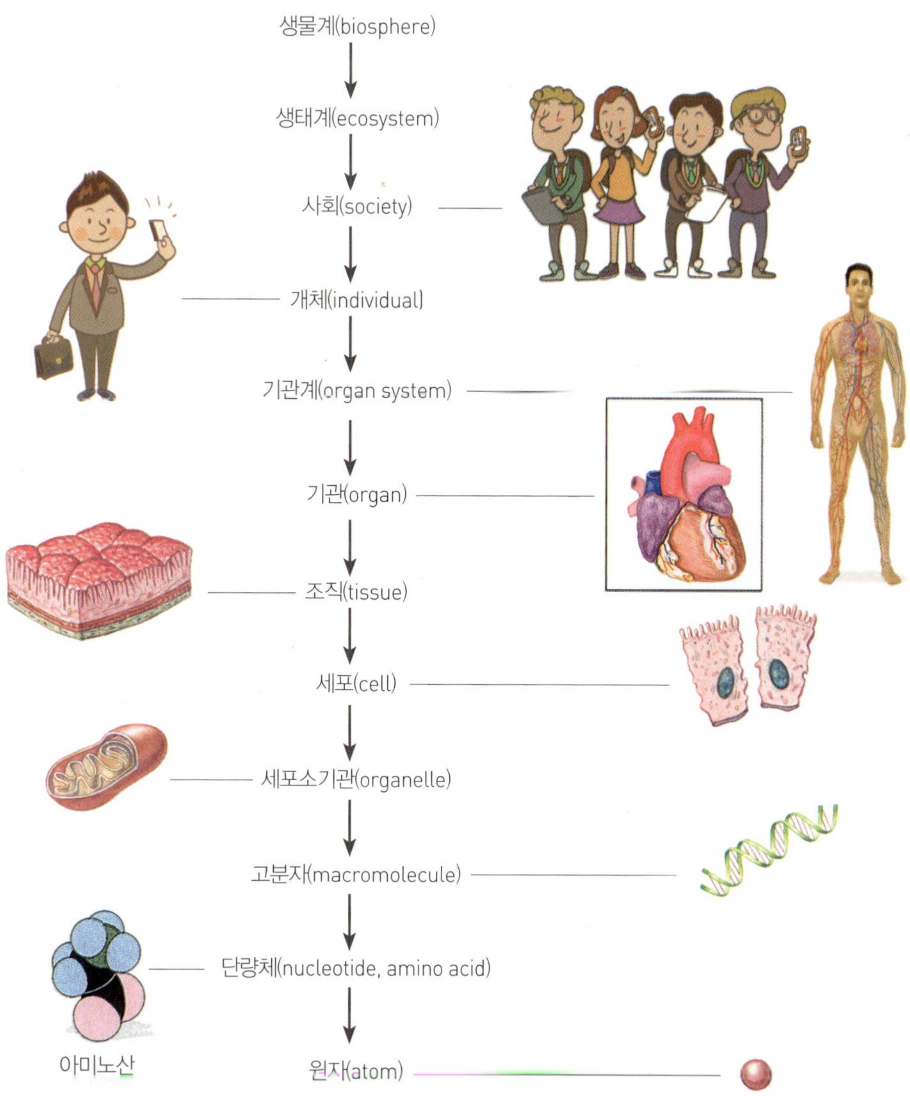

그림 1-2. 생물의 구조적 단계

키도 조금 더 클 수 있으며, 결혼을 해서 예쁜 아이들을 낳아 행복하게 살고 싶은 꿈을 키워가고 있다.

그렇다면 이제 다시 생각해 보자. 생명이란 무엇일까? 우리는 무엇을 보고 생명이 "있다"와 없다"를 판단할 수 있을까? 위에서 살펴본 생명현상들을 체계적으로 분류하면 표 1-1과 같이 8가지로 요약할 수 있다.

표 1-1. 생명현상들

1. 대사활동(metabolism)
2. 항상성(homeostasis)
3. 생장(growth)
4. 운동(movement)
5. 반응(responsiveness)
6. 생식(reproduction)
7. 유권과 진화(inheritance and evolution)
8. 조절 및 적응(adaptation)

물론 모든 생물에서 위의 일곱 가지 생명현상이 눈으로 확연하게 드러나 보이지 않을 수도 있다. 예를 들면, 식물이나 미생물에서의 운동은 육안으로는 그다지 의미가 없는 것처럼 보일 수 있다. 그러나 생물학에서는 육안 관찰 말고도 현미경이라는 도구를 종종 사용한다. 개체 차원에서는 전혀 움직이지 못하는 식물들도 고해상도의 현미경으로 들여다보면 미미한 세포내 운동을 하고 있는 것이 관찰된다. 결론적으로 말해 어떤 개체가 상기한 생명현상을 상당하게 보여 준다면 생명이 있다고 판정을 내리게 되고 그 개체를 생물로 판단해서 무생물과 구분한다.

4. 생물학은 어떤 학문인가?

앞에서 우리는 생명과 생물을 정의하였다. 생물학은 말 그대로 생물체에서 일어나는 다양한 생명현상들을 공부하는 학문이다. 즉, 생물학을 공부하려면 어떻게 생겼는지(구조)를 먼저 살펴본 뒤, 어떤 일을 하는지(기능)에 대해 이해가 뒤따라야 한다. 예를 들어, 소화계라 하면 입에서 항문까지 구조를 먼저 그림으로 살펴본 뒤 각각의 부위가 어떤 작용을 하는지 이해하는 방식이다. 영어로는 "the study of life"라 표현할 수 있다.

5. 생물학의 응용범위

생물학은 인류가 더 나은 삶을 영위하기 위해 그 연구결과를 실질적으로 응용하는 학문이다. 따라서 생물학이 여타 다른 학문과 연계되거나 영향을 미치게 되는 범위는 매우 광범위하다고 할 수 있다. 이로 인해 분자생물학, 유전학, 생화학, 생리학, 미생물학, 발생학 등 기초 학문들의 뿌리가 되는 생물학은 의학, 간호학, 보건, 농업, 제약, 식품, 환경 등 응용과학에 영향을 미칠 뿐만 아니라 산업화에 있어서도 인공장기와 바이오센서의 개발, 유전자 치료 등 이루 헤아릴 수 없을 만큼의 다양성을 보이고 있다.

		분자 생물학	유전학	생화학	생리학	미생물학	발생학		
의학	↖	↓	↓	↓	↓	↓	↓	↗	제약
보건	←	생 물 학						→	화학 공업
농업	↙	↓	↓	↓	↓	↓	↓	↘	환경
	유전자 요법	바이오 에너지	발효식품	인공 장기	바이오 센서	기능성 식품	바이오 자원	해양산업	

생물학이 다른 분야와 어떠한 연관성을 가지고 있으며, 또 서로 어떻게 영향을 미치는지를 다음과 같이 요약할 수 있다.

1) 생물학과 식품

21세기에는 이제까지의 식품생산 방식에서 벗어나 식품의 원료가 되는 미생물이나 농 · 축 · 수산물의 생물학적 구조와 기능을 밝혀내어 기능성 식품을 개발하는 연구가 더욱 활발해질 전망이다.

2) 생물학과 환경

얼핏 과학의 발전은 필연적으로 환경오염이나 생태계 파괴를 수반하는 것으로 생각하기 쉽다. 물론 과거에는 무분별한 발전과 잘못된 가치관으로 인간의 삶의 터전인 지구환경을 오염시킨 예도 많다. 그러나 현대생물학은 환경오염물질이나 중금속, 적조류, 녹조류 등을 제거하는 새로운 친환경 기술 개발 등을 통해 삶의 질을 높여 주는 유용한 방법들을 제시해 주고 있다.

3) 생물학과 의료, 간호

인류의 역사는 질병과의 싸움이라고 해도 과언이 아닐 것이다. 그만큼 인류는 수많은 질병들의 도전을 받았으며 그때마다 그것을 잘 이겨내어 왔다. 그러나 아직까지도 인류가 해결하지 못한 질병들이 남아 있고, 미처 하나를 정복하기도 전에 새로운 질병들이 속속 등장하고 있다. 생물학을 기반으로 한 유전자 차원의 치료와 진일보된 신약개발과 더불어 환자를 이해하고 보호하는 방법의 개선이 이러한 질병으로부터 인류를 구해낼 수 있을 것으로 기대된다.

그 대표적인 예로서, 최근 백신제조의 한 방법으로 주목받고 있는 mRNA 백신이 있다. 바이러스의 spike 단백질의 유전정보를 mRNA 형태로 체내로 넣어줌으로써 항체 형성을 유도하는 백신으로서 COVID19 백신으로 널리 사용되고 있다.

4) 생물학과 제약

20세기의 생물학은 제약 부문에 있어서 유전자재조합기술(recombinant DNA technology)을 이용한 경우가 많았다. 구하기 힘들거나 가격이 비쌌던 약품들을 보다 쉽고 싸게 만들 수 있었던 것도 바로 생명과학의 발전 덕분이었다. 휴뮬린(Humulin)이란 이름으로 상품화된 당뇨병 치료제나 인터루킨(interleukin) 같은 항암제들도 생물학의 도움을 받아 손쉽게 구할 수 있게 되었다. 그러나 21세기의 생물학은 이러한 방법에서 진일보하여 제약 부문에 매우 비약적인 발전을 가져올 전망이다. 한 예로 인간게놈프로젝트(human genome project)의 결과 개개인의 유전정보가 낱낱이 드러나게 되었고, 이를 활용하여 각 개인에게 맞는 맞춤 의약품 개발이 가능해졌다. 형질전환동물과 복제를 통해서 구하기 힘들었던 의약품 및 인공장기, 줄기세포를 더욱 손쉽게 구하는 것 또한 가까운 미래에 가능해질 전망이다.

5) 생물학과 범죄수사

유전자의 본체는 바로 DNA이다. 그리고 사람마다 DNA 염기서열에 조금씩 차이가 있다. 이러한 점을 이용하여 범죄현장에서 발견한 머리카락이나 혈흔에서 DNA를 추출하여 용의자들로부터 범인을 가려낼 수 있다. 이 외에도 육안으로는 신원을 확인하기 힘든 사체로부터 DNA를 추출하여 신원 파악을 하는 등 생물학은 범죄수사, 친자확인 등에 이미 많은 도움을 주고 있다.

6) 생물학과 농업

생물학을 통해 농업의 향상도 꾀할 수 있다. 하나의 예로써 세균으로부터 질소를 고정할 수 있는 유전자를 분리하여 식물체에 넣으면 형질전환된 식물을 얻을 수 있다. 이는 질소비료를 사용하지 않아도 되는 형질전환식물로써 소득의 증대와 함께 친환경적 이점을 가지게 되는 것이다. 이렇게 형질전환식물뿐만 아니라 각종 병해충이나 환경호르몬, 농약으로부터 안전한 농산물의 생산에도 생명과학이 큰 도움을 줄 것으로 생각되고 있다.

7) 생물학과 산업

생물학은 이제 단순한 학문에서 벗어나 산업에도 막대한 영향을 미치고 있다. 생물학적 산물들과 기술들은 바이오벤처라는 이름으로 산업화되고 있다. 복제양 돌리(Dolly)를 만들어 낸 영국의 로슬린(Roslin) 연구소나 인간게놈프로젝트를 통해 유명해진 셀레라 제노믹스(Celera Genomics)사는 이제 바이오벤처의 대명사로 알려져 있다. 우리나라에서도 바이오벤처가 생명과학의 영향을 받아 많이 탄생하였고, 바이오벤처의 끊임없는 연구로 생명과학이 또다시 발전하는 상호 관계를 맺고 있다.

8) 생물학과 경제

앞에서 언급하였듯이 생물학은 산업에 영향을 미치면서 막대한 경제적 효과를 불러일으키고 있다. 형질전환동물을 통해 값비싼 의약품을 저렴하게 대량생산한다든지 인공장기를 만들어 수급하는 문제 등은 경제적으로도 가치를 인정받고 있다. 이러한 이유로 선진국에서는 21세기 고부가가치산업으로 생명과학을 집중 육성하고 있으며, 국민복지와 건강증진을 목표로 생물학 부문에 막대한 투자를 하면서 소리 없는 글로벌 경쟁을 준비하고 있는 중이다.

9) 생물학과 유전공학

생명공학의 기술 중 가장 뛰어난 것이 유전자재조합기술(recombinant DNA technology)이며, 이는 유전공학(genetic engineering)이라 불리기도 한다. 유전공학이란 특정한 유전자의 분리, 유전자재조합기술, 핵치환 및 외래 유전자의 도입 등에 의해 새로운 형질을 획득한 개체를 생산하는 기법을 통칭하는 학문이다.

10) 생물학과 윤리

최근 10여 년 동안에 생물학의 발전이 빠르게 가속화되었고 그 응용 범위 또한 넓어진 것이 사실이다. 이 때문에 예전에는 미처 생각할 수 없었던 윤리적 문제들이 대두되었고, 이러한 것들은 점차 사회적, 종교적 문제로까지 확대되고 있는 실정이다. 특별히 문제가 되는 것은 한 가지 실험결과에 대해 위험도를 충분히 조사하거나 윤리적인 판단이 내려지기도 전에 그리고 법적, 제도적 장치를 마련하기도 전에 현대생물학이 두 걸음, 세 걸음 저만치 앞서 나가 버린다는 것이다. 미국 등 선진국에서 법학도에게 생물학을 필수로 배우도록 권장하는 이유가 바로 이 때문이다.

생물학의 발전과 함께 윤리 문제가 심각하게 대두된 사건 중의 하나는 복제양 "돌리"의 탄생이다. 복제양 돌리는 아직 법적인 대응책이 마련되지 않은 상태에서 복제인간도 기술적으로 탄생시킬 수 있는 근거를 마련하여 전 세계를 경악에 빠지게 한 사건이다. 물론 생물학의 주체는 우리 인간이다. 실험을 수행하는 것도 인간이고, 실험의 목적도 인류의 미래 복지를 위한 것이다. 그러나 인간 자신이 복제되고, 또 실험의 대상이 되어야 한다면 이것은 대단히 불행한 일일 것이다.

최근에 암 치료 목적의 유전자 치료가 점차 가능해지고 있으며, 낙태아의 뇌세포를 이용하여 파킨슨병 같은 난치병을 치료하고자 하는 시도도 이루어지고 있다. 물론 이런 시도들이 아직은 아픈 사람들을 위한 치료가 목적이라 할지라도 언젠가 유전자 치료가 일반화된다면 누군가가 치료의 목적이 아닌 단순히 미용효과를 위하여 잘생긴 사람의 유전자를 이식받고 싶어 하거나 기억력을 조금 더 향상할 목적으로 태아의 뇌세포를 이식받으려 할 수도 있을 것이다. 만약에 누군가가 태아의 조직을 얻으려고 일부러 임신과 낙태를 되풀이하거나 태아를 암거래하려 한다면 과연 이를 쉽게 막을 수 있을까? 이렇게 상반된 견해 속에서 가장 중요한 것은 바로 젊은 과학자들의 올바른 양심과 도덕성이다.

6. 과학적 사고

과학적 사고란 치밀한 논리와 실험적 검증을 반복하면서 진리를 찾아가는 과정이다. 보통은 주어진 문제에 대하여 여러 개의 가설을 미리 설정해 놓고 실험을 통해서 적절하지 못한 가설들을 하나씩 지워나가며 그 범위를 줄이게 된다. 실험을 실시한 후에 전혀 새로운 가설들을 새로 설정할 수도 있을 것이다. 과학적 사고의 일반적인 절차는 "관찰(observation)−가설(hypothesis)−검증(test)"의 순서이다(그림 1−3).

한 가지 예를 들어 보자. 연어(salmon)가 어떻게 자신이 태어난 곳을 되찾아가는지에 대한 실험이다. 물론 여기서는 그 결론이 중요한 것은 아니고 논리적 절차에 관한 소개만 할 것이다. 논리의 시발점은 우연히 연어가 물을 거슬러 헤엄치는 것을 발견한 데에서 시작된다. 자세히 "관찰"한 결과 연어들은 태어난 지 몇 년 후에도 정확히 자기가 태어난 곳을 되찾아 가고 있음이 확인되었다. 이 사실을 본 사람이면 누구나 연어가 어떤 원리에 의해 자기가 태어난 곳을 기억할 수 있는지 궁금할 것이다. 여기에서 다음의 몇 가지 "가설"이 만들어질 수 있다.

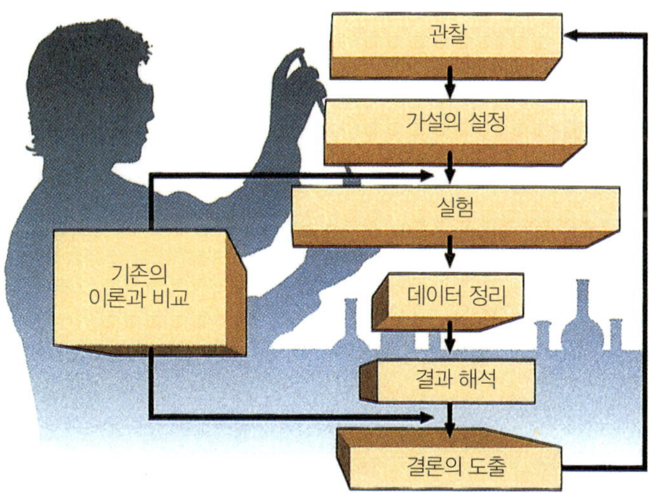

그림 1-3. 과학적 사고의 단계

그림 1-4. 과학적 사고의 발전

첫째, 눈으로 보고 길을 찾아 간다.

둘째, 냄새로 길을 찾아 간다.

셋째, 수압의 차이를 인식하여 길을 찾아 간다.

넷째, 위의 예측과는 전혀 다른 우리가 미처 생각하지 못한 또 다른 어떤 방법이 있어 이에 의해 길을 찾아 간다.

물론 여기 나열한 것 외에도 얼마든지 많은 가설을 스스로 생각해 볼 수 있다. 과학의 창의성은 바로 이렇게 생각해 보는 데서 시작하는 것이다. 그리고 생각하는 자체가 바로 과학자가 되기 위한 훈련 과정이다.

이 가설들은 간단한 "실험"으로 검증할 수 있다. 즉, 연어의 눈을 가린 뒤에 방류하고 여전히 집을 찾아갈 수 있는지 확인하는 것이다. 또 코를 가린 뒤에도 동일한 실험을 하는 것이다. 만일 실험 결과 연어가 눈을 가리고도 집을 제대로 찾아갈 수 있었다면 분명히 보면서 길을 찾는 것은 아닐 것이다. 하지만 코를 가렸을 때 상당수 집을 찾지 못하였다면 두 번째 가설은 상당히 신빙성이 있어 보일 것이다. 이런 방식으로 실험을 되풀이하면서 처음에 세웠던 가설들 중 "거짓(false)"으로 확인된 것들은 하나씩 지워나간다. 또 설령 두 번째 가설이 유력해 보이더라도 그 외에 다른 요인이 함께 작용할 수도 있으므로 세 번째, 네 번째 가설에 대한 추가적인 실험을 계속해야 할 것이다.

전체적인 "검증"이 끝나면 "참(true)"으로 확인된 가설들을 더욱 세분화한 새로운 가설들을 설정한다. 예를 들면, 냄새로 길을 찾아간다는 두 번째 가설에서 물의 냄새, 모래의 냄새, 해초의 냄새라는 세부 가설을 다시 세우고 실험을 되풀이한다는 뜻이다. 이렇게 과정을 되풀이하면서 하나씩 배제시키다 보면 끝까지 참(true)으로 남는 가설이 있을 것이다.

그러면 이제부터 이 가설은 "이론(theory)"이라고 부를 수 있게 된다. 시간이 흐르면서 보다 향상된 과학기술들이 나타나는 것은 당연한 일이고, 그러면 이에 의해 이론은 계속 재검증 받게 된다. 따라서 이론에 대한 검증은 상당히 오랜 시간이 필요하게 마련이다. 때로는 수백 년 이상 "원리(principle)"로만 남아 있을 수도 있는데, 이 과정을 모두 마치고 최종 합격하였을 때 드디어 "법칙(law)"으로 인정받는 것이다(그림 1-4).

크릭(Crick)의 "중심설"은 반세기가 지났어도 여전히 불완전하여 "설"에 머무르고 있고, 아인슈타인(Einstein)의 "상대성원리"도 아직 법칙으로 가는 중간 단계에 있다. 뉴턴(Newton)의 "만유인력의 법칙"이나 멘델(Mendel)의 "유전법칙"은 이런 과정을 모두 거쳐 최종 합격한 결과이다. 다시 정리하면 과학적 사고를 통해 "가설-이론-원리-법칙"의 순으로 진리가 한 걸음씩 탐구되어 나가는 것이다.

7. 생물학적 사고

생물학적 사고 역시 비슷한 절차에 의해서 논리를 펼치게 된다. 다만 생물은 "구조(structure)"와 "기능(function)"을 떼어 놓고 생각할 수 없다는 제약이 하나 추가된다. 즉, 구조(몸)가 없는 생물체는 생각할 수도 없으며, 반대로 구조(몸)

은 있는데 아무런 기능(예를 들면 숨을 쉰다, 달린다 등등)을 하지 않는다면 이는 죽은 물체라는 것이다. 때문에 생물학 연구에서는 구조와 기능을 반드시 함께 생각해야만 한다. 특정한 구조를 가졌으면 그것이 무엇을 하는지 또 왜 그렇게 생겨야만 하는지를 함께 생각해야 온전한 생물학적 사고이다.

8. 구조와 기능

우리 귀는 아주 좋은 예이다. 귀는 소리를 듣기 위한 것이다(기능). 그런데 귀의 생김새는 사방에서 들리는 소리를 모으기 좋게 되어 있다(구조). 즉, 그것이 귀가 왜 그렇게 생겨야 하는지의 이유이다. 이처럼 구조와 기능과의 관계를 설명하는 것이 바로 원리(principle)이다. 생물학자들이 행하는 수많은 실험들은 바로 이 원리를 찾아내기 위한 것이다.

또 다른 예로 소화관을 보자. 소화관은 입에서 큰창자에 이르기까지 하나의 긴 관이다. 다양한 음식물이 우리 몸에서 소화되려면 오랜 시간이 필요하다. 또 음식물에 따라서는 효소에 의한 화학반응을 필요로 하기도 한다. 이 때문에 소화관은 아주 길어야 할 것이다. 필요에 따라서는 위처럼 부풀어 오른 모양을 하고 있어 음식물을 일시 저장하기도 한다. 느리지만 온전한 영양분의 흡수를 위해서 장이 길게 늘어져 있고, 여기에 간과 췌장이 붙어서 소화효소를 분비해 준다(그림 1-5). 이처럼 생물의 구조는 특정한 기능과 반드시 연관되어 있다. 다시 말하면 특정한 기능을 수행하기 위해서는 이에 상응하는 구조가 반드시 있게 마련인 것이다. 구조를 설명하는 용어로는 크기, 색깔, 모양, 무게 등이 있다. 반면에 소화, 순환, 면역, 호흡, 내분비, 신경 등의 용어는 기능을 설명하기 위한 것이다.

생물의 구조를 공부할 때 단편적인 생각이나 편견을 갖지 않도록 각별히 주의할 필요가 있다. 예를 들어, 누가 세포를 그려보라고 했다면? 대부분 무의식적으로 동그랗게 그릴 것이다. 실제로는 같은 세포라도 신체 부위에 따라 그리고 그 세포가 무슨 일을 하느냐에 따라 형태가 둥글 수도 있고 납작할 수도 있다. 또 세포를 어떤 방향으로 절단해 보느냐에 따라서도 그 모양이 달라질 수 있다. 창의적인 생각만이 생물의 구조와 기능을 올바르게 이해할 수 있는 지름길이다(그림 1-6).

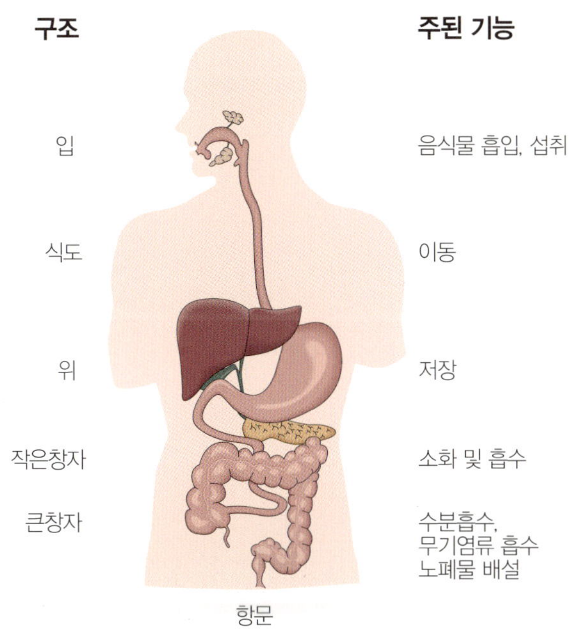

그림 1-5. 기능적 차원에서 본 소화관의 모습

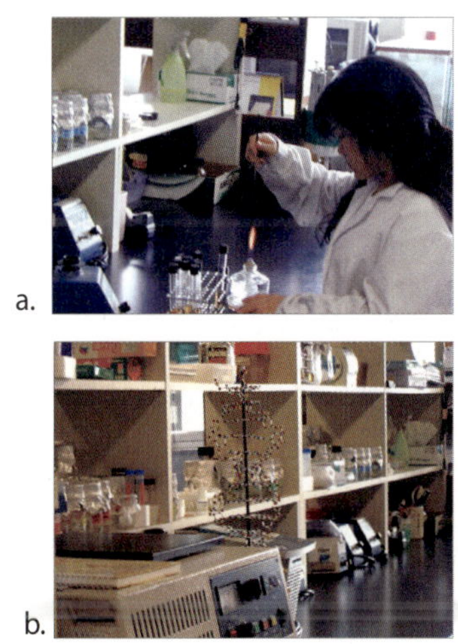

그림 1-6. (a) 생물학자, (b) 생물학실험실

요점정리

1. 생물이란 "생명이 있어 살아있는 물체"이다. 생물과 무생물을 구별하는 기준은 "생명현상"들을 살펴보는 것이다
2. "생명현상"은 8가지의 대표적인 특징을 나타낸다. 복잡한 구성 체계, 물질대사, 자극에 대한 반응, 조절 및 적응, 운동, 생장 및 성장, 생식, 유전과 진화 등이 그것이다.
3. 생물학은 최근에 그 영역을 넓혀 간호학, 보건학 등 여러 학문 분야와 연계되고 있다. 인공장기와 바이오센서의 개발, 유전자 치료 역시 그 중의 하나이다.
4. 생물학적 사고는 관찰, 가설, 검증의 순서를 거쳐서 결과를 도출하는 것이다. 일반적인 과학적 사고와 다른 점은 "구조"와 "기능"을 떼어 놓고 생각할 수 없다는 것이다. 구조가 없는 기능은 상상할 수 없으며, 기능이 없는 구조라면 죽은 물체이기 때문이다.
5. 생물의 구조를 공부할 때 단편적인 생각이나 편견을 갖지 않도록 각별히 주의할 필요가 있다. 창의적인 생각만이 생물의 구조와 기능을 올바르게 이해할 수 있는 지름길이다.

생각해 볼 문제

1. 과학적 사고와 생물학적 사고의 공통점과 차이점은 무엇인가?
2. 생물의 '구조'와 '기능'을 따로 떼어놓고 생각할 수 없는 이유 3가지를 예시를 들어 말하시오.

CHAPTER 02

생명체를 구성하는 분자

CHAPTER 02

생명체를 구성하는 분자

학습목표

생물은 정교하고 복잡한 구조로 되어 있다. 그러나 자세히 들여다보면 몇 가지 대표 성분들, 즉 4종류의 고분자와 비타민, 무기질, 물 등으로 구성되어 있다. 게다가 이들 고분자들은 중합체라는 일정한 패턴을 공식처럼 유지하고 있다. 우리는 이들의 구조와 기능을 먼저 살펴보고 생체 내에서 어떻게 작용하는지를 정리하도록 한다.

1. 생물의 화학적 구성 성분

생물은 크게 두 종류의 화합물인 유기화합물과 무기화합물로 이루어져 있다. 평균적으로 동·식물세포는 유기화합물 중 16~20%의 단백질, 2~3%의 지질, 1%의 탄수화물, 2%의 핵산 그리고 1%의 무기화합물로 구성되어 있다. 나머지 약 75~85%는 물이 차지한다.

2. 원자번호와 질량수

원소는 동일한 원자들이 모인 집합이다. 즉, 한 가지 원소를 구성하는 원자들은 모두 동일한 숫자의 양성자를 가지고 있으며, 양성자의 수를 '원자번호'라고 부른다. 수소는 양성자가 한 개이므로 원자번호가 1이고, 탄소는 원자번호가 6이다. 전기적으로 중성인 원자는 양성자와 전자의 수가 동일함으로 원자번호는 전자의 수를 나타내기도 한다. 즉, 탄소 원자는 양성자가 6개이고 전자도 6개이다(그림 2-1).

또한 각 원자는 고유한 질량수를 지니고 있다. 원자의 질량수는 양성자와 중성자의 수로 이를 합한 값이 된다. 전자 입자는 너무 작기 때문에 질량수 계산에 영향을 미치지 못한다. 탄소는 질량수가 보통 12이다. 통상적으로 원자번호는 원자기호의 왼쪽 아래에 아래첨자로 쓰고, 질량수는 원자기호의 왼쪽 위에 위첨자로 표기한다.

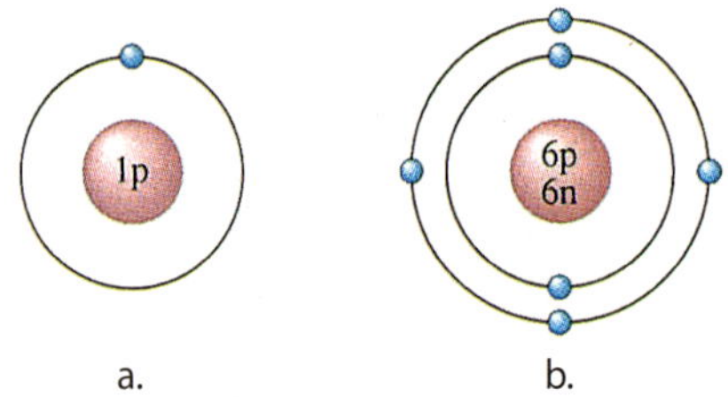

그림 2-1. 원자의 구조. (a) 수소, (b) 탄소

3. 원자와 동위원소

원자는 핵을 중심으로 궤도전자가 바깥쪽을 돌고 있는 구조로 되어 있다. 핵에는 양성자와 중성자가 들어 있는데, 원자번호가 같고 중성자의 수가 다를 경우 동위원소(isotope)라고 부른다. 예를 들어, 중수소(deuterium)는 양성자와 중성자가 각각 1개, 삼중수소(tritium)는 양성자가 1개, 중성자가 2개이다(그림 2-2). 또한 탄소원자는 자연 상태에서 ${}^{12}_{6}C$, ${}^{13}_{6}C$, ${}^{14}_{6}C$의 세 종류로 존재한다.

종류와 상관없이 모든 탄소는 6개의 양성자를 가지고 있다. 이들은 원자번호가 동일함으로 상호 동위원소 관계에 있다. 이들 중 ${}^{14}_{6}C$는 핵에 비해 질량수가 커서 구조적으로 불안정하기 때문에 자연 상태에서 존재할 수 있는 시간이 매우 짧다. 즉, 빠르게 붕괴해서 보다 안정된 형태로 바뀌려는 성향을 가지고 있다. 이렇게 한 원자가 붕괴될 때는 그 안에 들어 있던 에너지가 방사선의 형태로 방출된다. 방사선은 입자 또는 파장(빛)의 형태이다. 이렇게 방사선을 내는 불안정한 동위원소를 방사성동위원소(radioisotope)라고 부른다. 방사성동위원소는 DNA 분석이나 암 치료 등 의료적 목적으로 다양하게 활용된다.

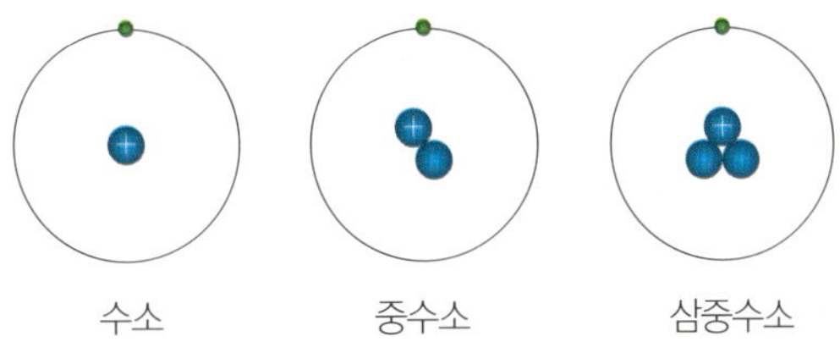

그림 2-2. 수소의 동위원소들

4. 수소결합

물의 분자식은 H_2O이다. 수소원자 두 개와 산소원자 하나로 되어 있다. 수소와 산소는 각각 전자를 하나씩 내어놓아 전자쌍을 공유하기 때문에 이를 공유전자쌍이라고 부른다. 산소와 수소 사이에는 끌어당기는 힘이 존재하며, 크기가 큰 산소가 당연히 인력이 커서 공유전자쌍을 더 가깝게 끌어당긴다. 그 결과 산소는 아주 약하게 (−) 전기를, 수소는 상대적으로 (+) 전기를 띠게 된다. 이때의 전기는 워낙 미미할 정도로 약하기 때문에 그리스어로 델타, 즉 δ^+와 δ^-라고 표시한다. 전기적 성질로 인해 물은 극성을 띠게 되고 각각의 물 분자들은 수소원자를 중심으로 결합하게 된다. 이것이 수소결합이다(그림 2-3). 물 분자들은 이 때문에 극성을 띠면서 동시에 강한 응집력을 가질 수 있다.

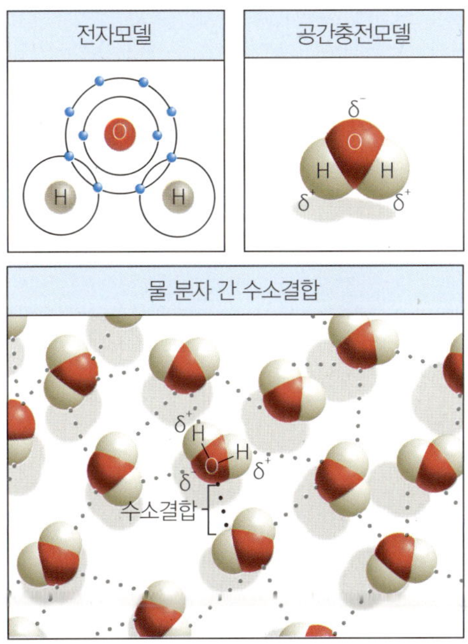

그림 2-3. 물과 수소결합

수소결합은 이온결합이나 공유결합보다 다소 약하지만 생물학적으로 대단히 중요한 결합이다. 물이 생화학반응들의 용매로 작용할 수 있는 것은 수소결합이 있기 때문이다. 개개의 수소결합은 약하지만 수천, 수만 개가 모여 동시에 작용하면 엄청나게 강해지는 특징이 있다. 이처럼 수소결합은 필요할 때는 쉽게 부서지면서도 안정성이 필요하면 그만큼 단단해질 수 있다는 유연성을 나타낸다. 즉, 수소결합은 모여 있으면 강하지만 약간의 에너지만 가해도 부분적으로 쉽게 부서지는 것이 특성이 있다. 이런 성질은 평소에 강하면서도 때로 약해져야 하는 생물학적 고분자의 특성을 잘 반영하는 것이다. 수소결합이 없다면 지구상의 생명체가 존재할 수 없다. 온도가 영하로 떨어져도 물이 응집하지 못하기 때문이다. 결국 물에 의존하는 생명체를 위해서는 수소결합이 필수불가결하다.

수소결합은 물외에도 우리 몸을 이루는 거의 모든 고분자에서 발견된다. 예를 들어, DNA의 이중나선 구조도 수소결합으로 유지되고, 단백질의 이차구조도 수소결합으로 인해 만들어진다. 개개의 수소결합은 약하지만 DNA나 단백질 같은 고분자들은 중합체(polymer)이기 때문에 많은 수소결합이 앞뒤로 연결되어 있어 전체적으로 안정된 구조를 하고 있다. 특히 DNA는 필요할 때마다 특정 유전자 부분이 쉽게 풀려 발현되었다가 다시 원상태로 감겨야 하기 때문에 염기쌍(base pair)의 수소결합이 중요한 역할을 한다.

5. 유기화합물과 생명의 4대 고분자

유기화합물이란 탄소를 함유한 화학물질을 말한다. 탄수화물(carbohydrate), 단백질(protein), 지질(lipid), 핵산(nucleic acid), 비타민(vitamin) 등이 이에 해당한다. 이들은 세포의 구성성분이나 에너지원으로 주로 사용된다. 특별히 탄수화물, 단백질, 지질, 핵산을 "생명의 4대 고분자"라고 지칭한다. 유기화합물의 공통된 특징은 중합체라는 점이다. 중합체란 유사한 구조의 단량체(monomer)들이 여러 개 모여서 사슬과 같은 구조를 이룬 상태를 말한다(그림 2-4). 대부분의 중합체는 결과적으로 분자량이 상당히 크므로 고분자(macromolecule)라고도 부른다.

예를 들면, 섬유소라는 탄수화물은 포도당이라는 단량체가 사슬처럼 모인 것이며, 지방은 지방산과 글리세롤, 단백질은 아미노산이라는 단량체가 사슬처럼 이어진 구조이다. DNA나 RNA와 같은 핵산들도 뉴클레오티드(nucleotide)라는 단량체가 사슬처럼 이어진 구조이다. 비타민을 제외한 모든 유기화합물은 이렇게 중합체의 구조를 하고 있다.

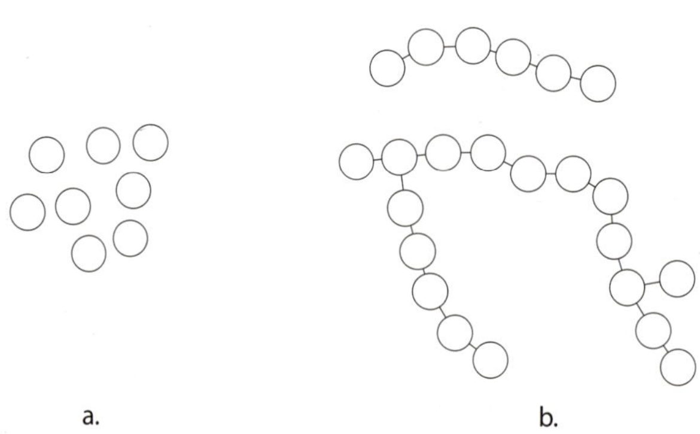

그림 2-4. (a) 단량체와 (b) 중합체

6. 탈수반응과 가수분해반응

중합체가 만들어지려면 단량체와 단량체 사이에 결합이 일어나야 한다. 이때 물이 반드시 1분자 빠져나가게 되는데, 이를 탈수반응이라 부른다(그림 2-5). 이와 반대로 중합체를 개개의 단량체로 분해하려면 물을 첨가해 주어야 하며, 이러한 반응을 가수분해라고 한다(그림 2-6).

우리가 섭취하는 음식물은 대부분 중합체이다. 소화효소는 섭취한 음식물들을 개개의 단량체로 분해하는 효소로써 모두 가수분해효소이다. 가수분해에 의해서 고기(단백질)는 아미노산으로, 전분(탄수화물)은 포도당으로, 지질은 지방산과 글리세롤로 각각 분해된다. 소장에는 혈관이 풍부하게 분포되어 있고, 소화된 단량체들이 혈액으로 흡수되어 적절한 조직으로 이동한 다음 그 곳에서 에너지원으로 사용되게 된다.

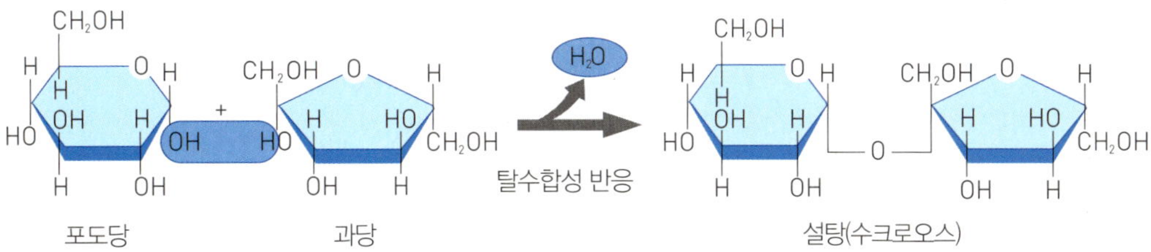

그림 2-5. 탈수반응

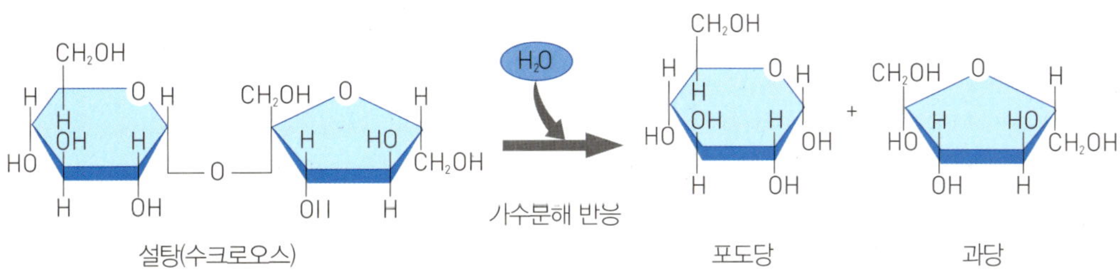

그림 2-6. 가수분해반응

7. 생명의 3대 고분자

유기화합물 중 핵산인 DNA와 RNA 그리고 단백질을 "생명의 3대 고분자"라 일컫는다(그림 2-7). 생명의 4대 고분자(탄수화물, 지질, 단백질, 핵산)와 혼동하기 쉬우므로 주의가 필요하다. DNA에는 단백질을 만들기 위한 유전정보가 들어 있고, 만들어진 단백질은 우리 몸의 모든 생화학반응(생물체에서 일어나는 화학반응들을 말함)과 생리현상들이 제대로 일어날 수 있게 조절해 준다. 따라서 DNA와 단백질의 두 가지만 있으면 생명 유지가 원칙적으로 가능하다. 그러나 DNA의 유전정보에 따라 단백질이 만들어지려면 RNA라는 중간매체가 또한 필요하다.

이제부터 각각의 구성 성분들에 대하여 조금 더 자세하게 살펴보도록 하자. 순서는 구조를 먼저 이해한 다음 기능을 연관시키는 것이다. "구조"와 "기능"은 앞서 말한 것처럼 생명현상의 필수 요건이기 때문이다. ① 각 고분자별로 단량체의 구조를 먼저 이해하고, ② 이들 단량체가 서로 어떻게 연결되어 있는지 살펴볼 것이다. ③ 그런 다음에 각 성분들이 우리 몸에서 수행하는 기능을 요약하여 설명할 것이다.

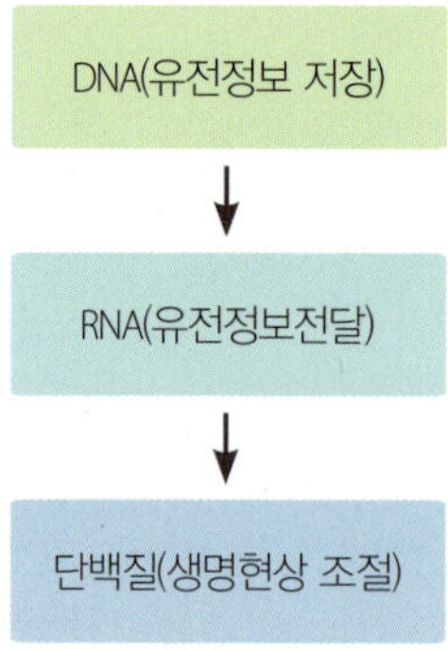

그림 2-7. 생명의 3대 고분자와 상호 기능적 관계

8. 탄수화물

1) 단당류

탄수화물의 단량체를 단당류(monosaccharide)라고 부른다. 단당류는 탄소와 수소 그리고 산소로 이루어져 있는데, 기본 구조식은 $C_n(H_2O)_n$이다. 즉, 이들의 상호 비율은 1 : 2 : 1이 되는 것이다. n의 값에 따라, n=3이면 3탄당(triose), n=4이면 4탄당(tetrose), n=5이면 5탄당(pentose), n=6이면 6탄당(hexose) 등으로 명명한다. DNA와 RNA의 구조에서 발견되는 당은 5탄당인 디옥시리보오스(deoxyribose)와 리보오스(ribose)이고, 에너지원으로 잘 알려진 포도당(glucose)은 6탄당이다(그림 2-8).

2) 이당류

단당류가 2개 모이면 이당류(disaccharide)라고 부른다. 대표적인 이당류의 예로는 포도당 1분자와 과당 1분자가 연결된 수크로오즈(sucrose)이다. 수크로오즈는 화학적 명칭이고, 일반명은 설탕이다. 갈락토오스와 포도당이 결합하면 또 다른 이당류인 젖당(lactose)이 된다.

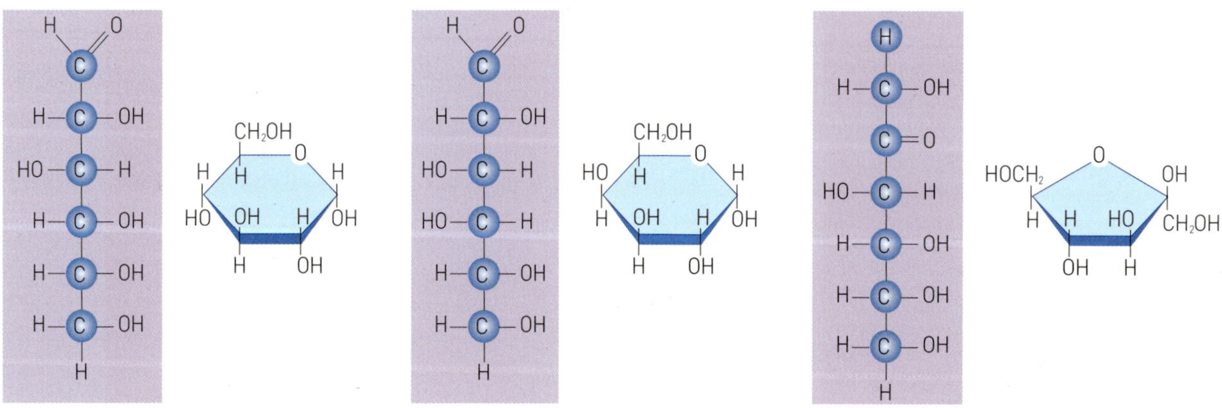

포도당(glucose) 갈락토스(galactose) 과당(fructose)

그림 2-8. (a) 고리구조와 (b) 직선구조

3) 다당류

다당류(polysaccharide)는 단당류가 3개 이상 모여서 만들어지며 대개 포도당으로 이루어진다. 결합은 역시 탈수반응이지만 특별히 1,4-글리코시드 결합이라 부른다. 포도당에는 6개의 탄소가 있기 때문에 이들을 구별하기 위하여 1부터 6까지 번호를 붙이는데, 이 중 1번과 4번 위치에 있는 탄소 사이에서 결합이 일어나기 때문이다.

대표적인 다당류에는 전분, 섬유소, 글리코겐이 있다. 전분과 섬유소는 식물에서 발견되며, 글리코겐은 동물에서만 발견되는 것이다. 일부 전분과 글리코겐에서는 1,6-글리코시드 결합도 발견된다(그림 2-9). 1,6-글리코시드 결합이 있는 경우에는 마치 나무가 가지를 친 것 같은 모양을 하게 되며, 예로는 전분의 한 종류인 식물성 아밀로펙틴이 있다. 반면에 섬유소나 아밀로오스 같은 전분은 1,4-글리코시드 결합만 있어 가지를 치지 않은 직선구조를 하고 있다(그림 2-10).

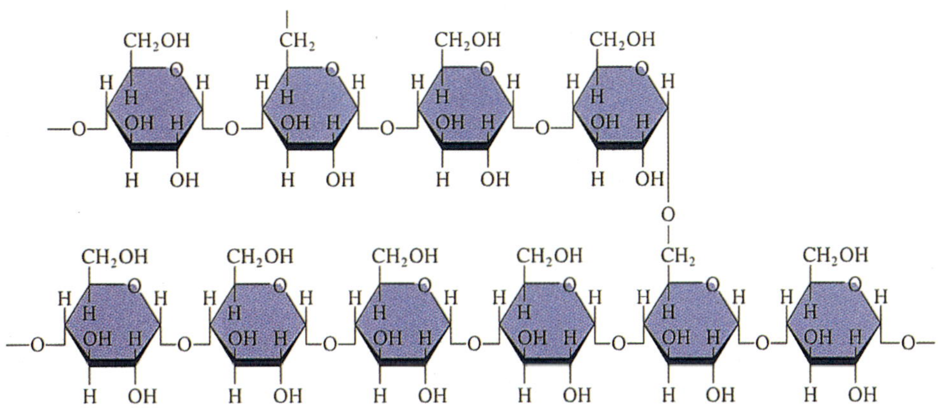

글리코겐(glycogen)

그림 2-9. 글리코겐

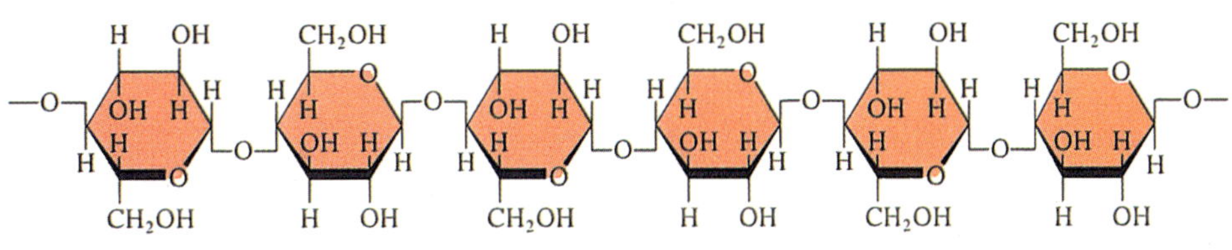

a. 섬유소(cellulose)

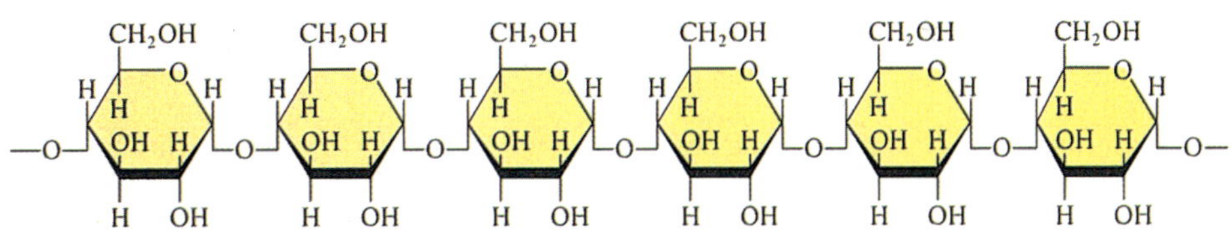

b. 전분(starch)

그림 2-10. (a) 섬유소와 (b) 전분

4) 탄수화물의 기능

단당류와 이당류는 에너지원으로, 다당류는 저장물질 또는 세포의 구성 성분으로 주로 사용된다. 저장물질의 대표적인 형태로는 감자와 고구마 같은 식물에서 발견되는 전분, 동물에서 발견되는 간과 근육에 저장되는 글리코겐이 있다. 우리가 섭취하는 음식물 중 전분은 소화효소에 의해 개개의 포도당으로 분해된 뒤 혈액으로 흡수되어 온 몸에 공급되게 된다. 이때 쓰고 남은 포도당은 인슐린이라는 호르몬의 작용으로 글리코겐으로 변한 뒤 간과 근육 속에 저장된다. 포도당 에너지가 다시 필요하게 되면 또 다른 호르몬인 글루카곤에 의해 저장되었던 글리코겐이 분해되어 혈액으로 나오게 된다.

섬유소는 물에 녹지 않고 견고하기 때문에 식물의 세포벽을 구성한다. 이로 인해 섬유소는 식물의 잎과 줄기가 꼿꼿하게 버티도록 만들어 준다. 대부분의 동물은 이 섬유소를 소화시킬 효소를 만들지 못한다. 대신 소화되지 않은 섬유소는 대변을 부드럽게 해 주는 역할을 한다. 그러나 초식동물은 섬유소를 먹고 소화시킬 수 있는데, 이는 소화관 내의 대장균이 섬유소를 대신 소화해 주기 때문이다. 사람의 장에도 대장균이 있기는 하지만 섬유소를 완전히 소화할 수 있을 정도는 아니다. 얼핏 생각하기에 대장균수가 증가하면 나무껍질이나 풀도 씹어 먹을 수 있어서 식량난 해결에 도움이 될 것 같지만 사실은 그렇지 않다. 사람의 장은 초식동물과 달라 섬유소가 지나치게 소화되면 견디지를 못하게 되고 삼투압의 변화 때문에 주변 조직에서 물이 장 속으로 흘러나와 설사를 하게 된다. 이것이 왜 대장균이 섞인 불량식품을 먹었을 때 설사를 하는지에 대한 설명이다.

9. 단백질

1) 아미노산

단백질의 단량체는 아미노산이다. 단백질을 구성하는 아미노산은 20여 가지이며, 이들이 어떤 순서로 조합되는가에 따라 다양한 종류의 단백질이 만들어진다. 우리 몸에는 약 5만여 종의 단백질이 있는 것으로 알려져 있다. 아미노산의 기본 구조는 그림 2-11과 같이 정가운데에 위치한 탄소를 알파(alpha) 탄소라 부르며 주위에 아미노기(NH_2)와 카르복시기(COOH) 그리고 수소원자(H)가 위치하고 있다(그림 2-11).

R은 곁사슬(side chain)을 뜻한다. R은 아미노산 종류에 따라 간단한 수소원자로부터 복잡한 고리 구조에 이르기까지

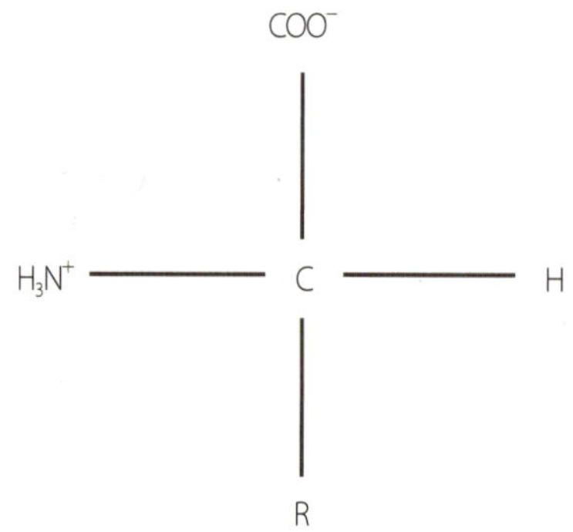

그림 2-11. 아미노산의 기본 구조

매우 다양하다. 아미노산마다 화학적 성질이 달라지는 것은 바로 이 곁사슬의 차이 때문이다. 수용액 속에서는 아미노기가 (+) 전기를, 카르복시기가 (−) 전기를 띠고 된다. 물론 서로 상쇄를 하기 때문에 전체적으로는 중성을 보이지만, 곁사슬에 (+)나 (−) 전기가 또다시 추가되면 그 아미노산은 산성(−전기) 또는 염기성(+전기)이 되게 된다. 20가지 필수아미노산의 곁사슬 구조는 그림 2−12에서 보는 바와 같다.

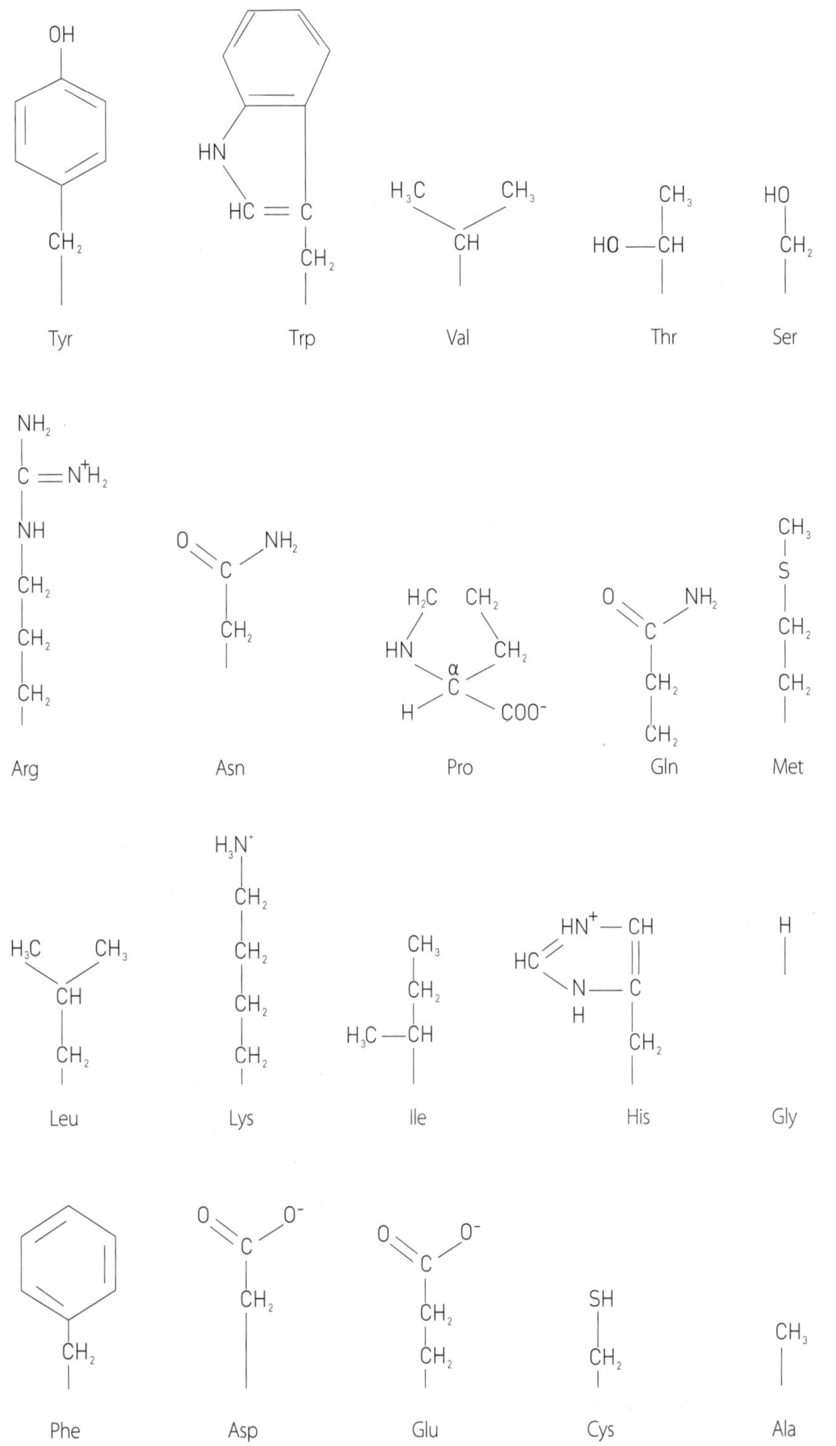

그림 2-12. 아미노산 20종류

2) 단백질의 다양한 구조

아미노산을 서로 연결시키는 결합은 펩티드 결합(peptide bond)이다(그림 2-13). 펩티드 결합 역시 탈수반응이다. 아미노산 두 개가 연결되면 디펩티드(dipeptide), 세 개가 연결되면 트리펩티드(tripeptide) 등으로 명명을 한다. 그 이상의 아미노산이 연결되면 그냥 폴리펩티드(polypeptide)라고 부른다. 폴리펩티드와 단백질은 흔히 같은 의미로 사용하지만 대개 분자량 5,000Da 이하일 때는 폴리펩티드로, 그 이상은 단백질이라 부르는 것이 통상적 개념이다. "Da"은 아미노산의 분자량을 나타내는 특수한 단위로서 달톤(dalton)이라 읽는다. 아미노산의 평균 분자량을 120Da으로 보면 폴리펩티드는 약 40개의 아미노산에 해당한다. 가장 간단한 아미노산은 곁사슬이 수소원자인 글리신(Gly)이다. 단백질은 일차구조에서 사차구조까지 다양한 형태로 존재할 수 있다

3) 일차구조

아미노산이 어떤 순서에 의해 결합되었는가 여부가 일차구조(primary structure)이다(그림 2-14). 일차구조에서는 펩티드 결합이 대표적인 결합이다. 즉, 단백질의 가장 기본적인 구조로서 단순히 직선구조이다. 일차구조만으로는 단백질이 기능할 수 없지만 이차구조, 삼차구조, 사차구조를 결정하는 기본이 되기 때문에 중요한 구조라고 할 수 있다.

4) 이차구조

단백질의 이차구조에는 알파(α)와 베타(β) 구조가 있다. 알파구조는 나선형태이고, 베타구조는 병풍형태이다(그림 2-15). 이차구조는 수소결합 때문에 생겨난다. 즉, 이차구조의 단백질은 펩티드 결합에 수소결합이 하나 더 첨가된 셈이다. 알파구조는 수소결합 때문에 아미노산들 사이의 간격이 줄어들다가 전체적으로 나선형태를 취할 수밖에 없는 것

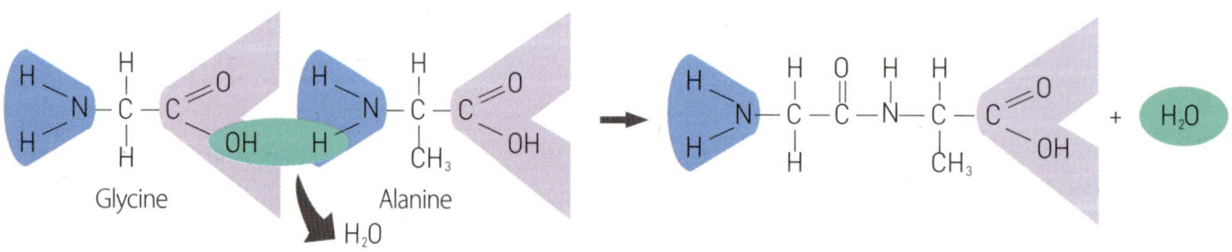

그림 2-13. 펩티드 결합

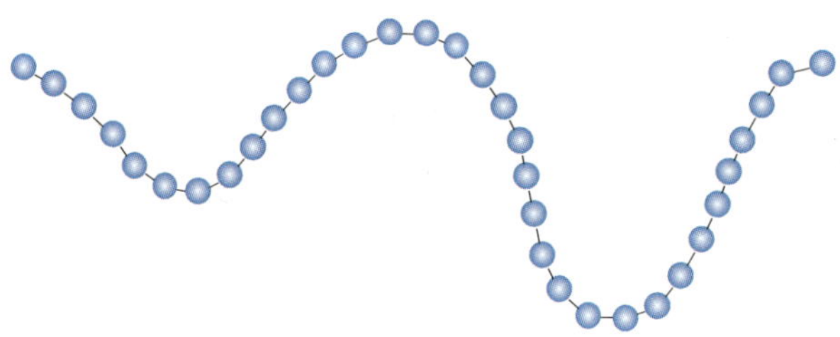

그림 2-14. 단백질의 일차구조

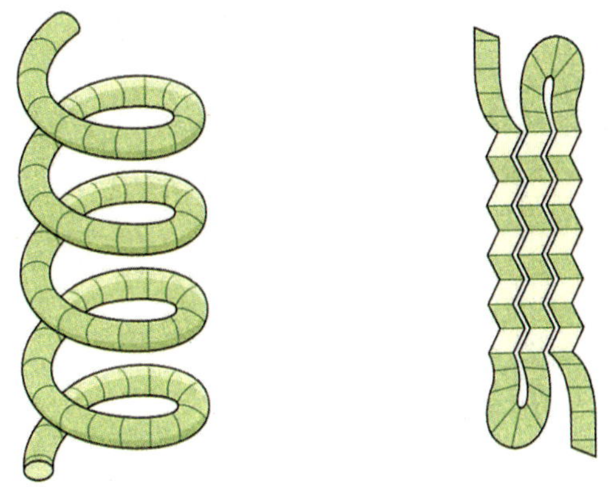

그림 2-15. 단백질의 이차구조. α구조(a)와 β구조(b)

이다. 베타구조는 긴 단백질이 엿가락처럼 구부러지면서 두 줄이 나란히 달리게 되는 부분 또는 두 개의 서로 다른 단백질이 나란히 배열되었을 때 역시 서로 간의 수소결합 때문에 만들어진다. 이차구조로도 대부분의 단백질은 아직 기능이 없다.

5) 삼차구조

단백질의 삼차구조는 두 개의 시스테인(Cys) 사이에서 일어나는 결합이다(그림 2−16). 시스테인은 황을 포함한 SH기를 가지고 있기 때문에 만일 두 개의 시스테인이 접촉하게 된다면 이 사이에서 −S-S− 결합이 생겨날 수 있다. 이 결합의 이름은 “이황화물 결합(disulfide bond)”이다. 먼 곳에 위치한 두 개의 시스테인 사이에서 이 결합이 생긴다면 단백질은 공간 속에서 집히게 될 것이나. 이렇게 섭히면 단백질 구조에는 이쪽 저쪽에 주머니가 생길 수 있고, 이 주머니

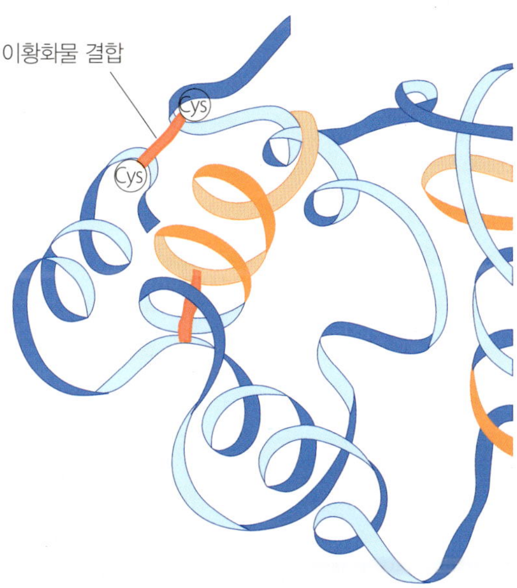

그림 2-16. 단백질의 삼차구조

의 형태는 그 단백질을 이루는 아미노산의 서열에 따라 다양할 것이다. 이 다양한 모양의 주머니들이 곧 다양한 기질(substrate)과 결합하는 단백질의 실질적인 기능 부위이다. 대부분의 단백질은 이렇게 삼차구조 단계에서 구형 모양을 취하면서 드디어 기능을 부여받게 된다.

6) 사차구조

일부 단백질은 사차구조가 되어야 제대로 기능을 할 수 있다. 사차구조란 여러 개의 삼차구조 단백질이 이온결합, 반데르발스결합(van der waals bond) 등에 의해 또다시 결합한 것이다(그림 2-17). 사차구조의 대표적인 예는 헤모글로빈이다. 헤모글로빈은 두 개의 α-글로빈과 두 개의 β-글로빈으로 되어 있는데, 각각의 글로빈들은 이차구조이다. 각각의 글로빈은 그 자체로는 산소를 운반할 수 없지만 일단 모여서 사차구조를 이룰 때 비로소 산소를 운반할 수 있게 된다.

어린이들이 열이 날 때 그 원인이 무엇이든지 간에 일단 빠르게 해열시키는 것이 중요하다는 것을 우리는 잘 알고 있다. 그 이유는 열이 계속 지속되면 삼차 또는 사차구조를 지탱하는 결합들이 풀려버리고 단백질의 기능이 없어지기 때문이다. 이렇게 결합이 풀려 기능이 없어지는 현상을 변성(denaturation)이라 한다. 만약 생명현상에 필수적인 단백질이 변성되어 버리면 치명적이며, 정신박약이나 심각한 신체적 장애가 뒤따를 수도 있다.

단백질의 이차구조, 삼차구조, 사차구조는 일차구조에 의해 자동적으로 결정되므로 아무리 변성되더라도 일차구조가 유지되고 있는 한 온도가 다시 낮아지면 원래의 정상적인 구조로 되돌아올 수 있게 마련이다. 이를 회복이라 말한다. 뒤에서 다시 언급되겠지만 DNA에 들어 있는 유전정보에 따라 단백질의 일차구조가 결정되고, 순차적으로 이차구조, 삼차구조, 사차구조가 결정되기 때문에 DNA를 생명의 근본물질이라고 부른다.

7) 단백질의 기능

단백질(protein)은 ① 효소(enzyme)로 작용한다. 효소는 우리 몸에서 일어나는 거의 모든 생화학 반응을 주관하고 있다. 소화효소도 이렇게 중요한 효소 중 하나이다. ② 액틴(actin)이나 미오신(myosin)같은 단백질은 수축과 이완작용으

그림 2-17. 단백질의 사차구조

로 우리 몸이 움직일 수 있게 해 준다. ③ 헤모글로빈은 산소를 운반해 주고, ④ 항체는 면역작용을 해서 우리 몸을 외부 병원체로부터 보호해 주고 있다.⑤ 인슐린 같은 호르몬은 우리 몸의 생리작용을 조절해 주며, ⑥ 필요할 때에는 단백질이 에너지원으로도 사용될 수 있다. 이처럼 단백질은 우리 몸에서 일어나는 모든 생리작용에 필수적으로 관여하고 있기 때문에 DNA, RNA와 함께 생명의 3대 고분자에 포함시키고 있다.

10. 지질

지질(lipid)에는 중성지방, 인지질, 왁스, 스테로이드 등이 있다. 이들은 종류에 따라 구조와 기능이 조금씩 다르기 때문에 각각에 대한 설명을 간략히 아래에 정리하였다.

1) 중성지방

중성지방은 글리세롤(glycerol) 1분자에 지방산(fatty acid) 3분자가 결합된 것이다(그림 2-18). 영어로는 트리글리세리드(triglyceride) 또는 천연지방이라고도 한다. 글리세롤은 탄소 세 개로 되어 있으며, 각 탄소마다 −OH기(수산화기)가 하나씩 붙어 있다. 지방산은 탄소의 긴 사슬인데(보통 R로 표시함) 한쪽 끝에 −COOH기(카르복실기, carboxyl group)가 붙어 있다. 지방산의 COOH기와 글리세롤의 OH기 사이에 일어나는 결합은 에스테르 결합(ester bond)이다(에스테르 결합이란 산과 알코올 사이의 결합을 의미한다. 여기서는 카르복실기가 산, OH가 알코올에 해당한다). 에스테르 결합 역시 물이 빠져나가는 탈수반응이다.

중성지방은 물에 녹지 않고 유기용매에만 녹는다. 중성지방이라도 지방산의 종류에 따라 화학적 성질이 다르게 마련이다. 포화지방산은 단일결합으로만 이루어진 지방산이고(예, 팔미트산), 불포화지방산은 이중결합이나 삼중결합 같은 불포화 결합이 있는 지방산이다(예, 올레산)(그림 2-19). 이들의 가장 큰 화학적 구별은 상온에서 포화지방산을 가진 중성지빙은 고세(지방)이며, 불포화지방산의 중성지방은 액체(기름)라는 것이다. 포화중성지방은 육류에 많기 때문에 이를 섭취하였을 경우 동맥에 축적되어 동맥경화증을 일으키는 원인이 된다. 반면에 불포화중성지방은 생선이나 야

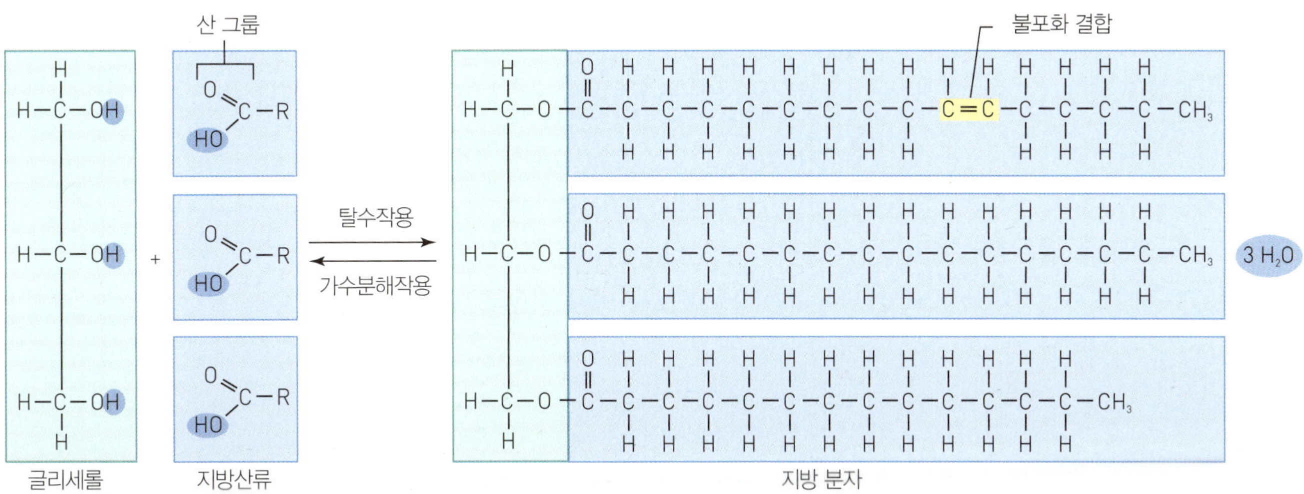

그림 2-18. 중성지방

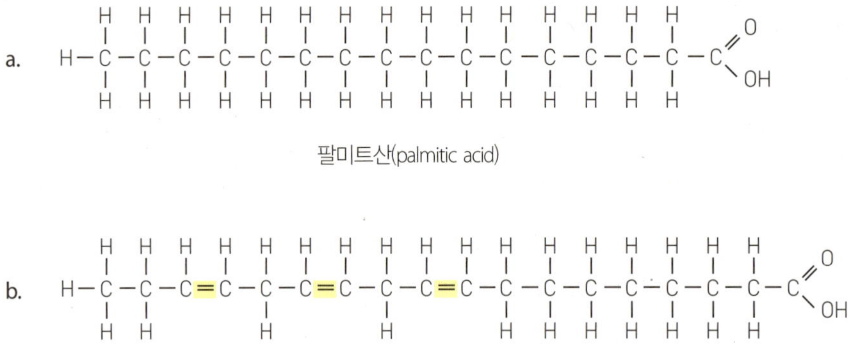

팔미트산(palmitic acid)

리놀렌산(Elaidolinoleic acid)

그림 2-19. (a) 포화지방산과 (b) 불포화지방산

채에 많은 것으로 보고되어 있다.

중성지방의 대표적 기능은 에너지원이다. 에너지원으로서는 단일 g당 탄수화물이나 단백질보다도 더 많은 열량을 낼 수 있다. 중성지방은 피하조직에 분포되어 있어 외부의 물리적인 충격으로부터 내부기관들을 보호하는 쿠션(cushion) 작용도 한다. 외부의 찬 공기로부터 내부를 차단해 주는 방열작용(insulation)으로 체온 유지에 중요한 작용을 하기도 한다.

2) 인지질

인지질은 중성지방과 비슷한 구조이지만 지방산 중 하나가 인을 포함하고 있다는 점이 다르다. 정확하게는 인산인 PO_4^-의 구조이기에 인지질로 하여금 (−)의 전기적 극성을 나타내도록 해 준다. 이렇게 극성을 나타내는 인과 글리세롤의 부분을 머리(head), 전기적 극성이 없는 지방산 부분을 꼬리(tail)라 부른다(그림 2−20).

극성부분은 물에 잘 녹을 수 있고, 비극성부분은 물에 녹지 않는다. 따라서 인지질을 물에 풀어 놓으면 극성부분은 물과 인접한 바깥쪽으로, 비극성부분은 물을 피해서 안쪽으로 위치하게 된다. 그러기 위해서는 결국 이중층으로 형성될 수밖에 없는 것이다. 이것이 왜 세포에서 발견되는 생체막들이 이중막 구조일 수밖에 없는가 하는 원리이다(그림 2−21). 세포의 밖은 조직액이고, 안은 세포질 용액으로 가득 차 있기 때문에 결국 비극성부분인 꼬리는 이중막의 안쪽으로 숨을 수밖에 없는 것이다. 인지질은 세포의 모든 막성분(세포막, 핵막 등)을 구성하고 있다.

3) 왁스

왁스(wax)는 식물의 잎, 새의 깃털, 동물의 피부 등에서 발견되는 지질의 종류이다. 식물의 잎은 하루종일 햇빛에 노출되어 있기 때문에 왁스 성분으로 덮여 있어 수분이 증발되는 것을 막아주고 있다. 오리가 물에 젖지 않고 떠 있을 수 있고, 기러기가 장거리를 지치지 않고 계속 날개를 치며 날아갈 수 있는 이유도 왁스 덕분이다. 왁스는 가구나 자동차의 광택제로도 사용된다.

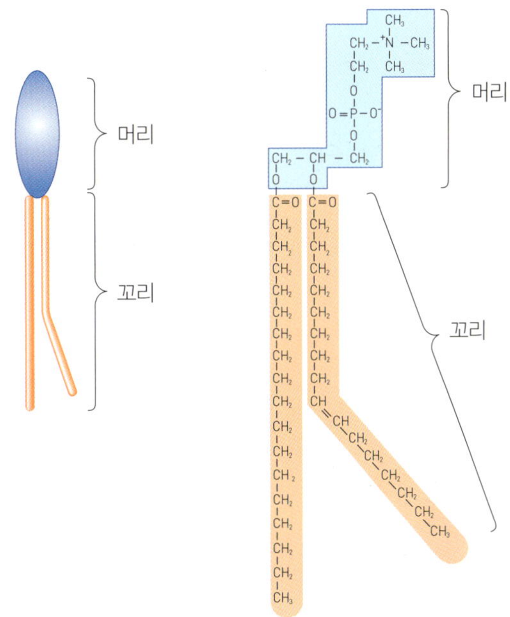

그림 2-20. 인지질

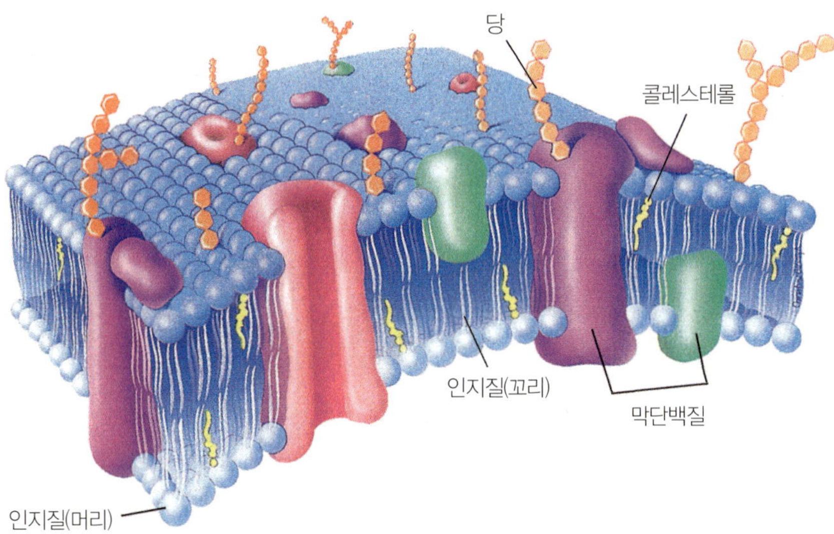

그림 2-21. 인지질의 이중막 구조

4) 스테로이드

스테로이드(steroid)는 4개의 탄소고리로 된 지질을 말한다. 스테로이드의 대표적인 예는 콜레스테롤(cholesterol) 및 콜레스테롤에서 유도된 호르몬들이다. 여성호르몬인 에스트로겐(estrogen), 남성호르몬인 테스토스테론(testosterone)과 같은 호르몬들이 여기에 속한다. 이들은 동물에서만 발견되는 것이 특징이다. 이외에도 비타민 D와 같은 스테로이드성 비타민도 있다(그림 2-22).

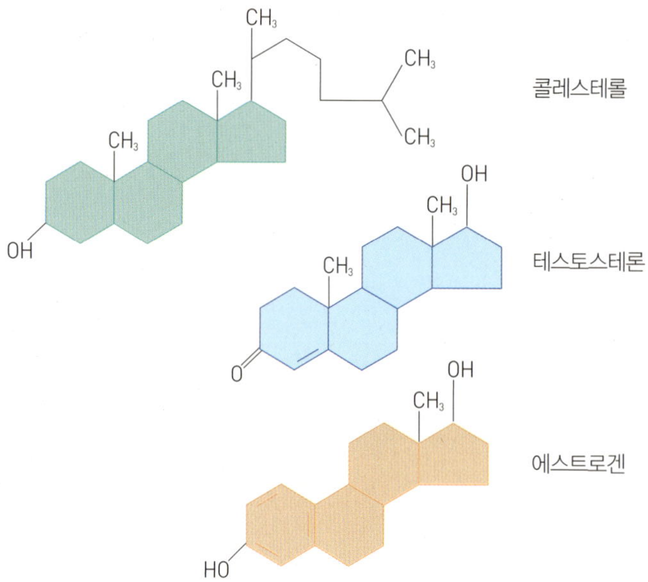

그림 2-22. 콜레스테롤과 스테로이드호르몬들

11. 핵산

1) 뉴클레오티드

핵산(nucleic acid)에는 DNA와 RNA의 두 종류가 있다. 쉽게 풀이하면 핵산은 핵에 들어 있는 산성물질이라는 뜻이다. 핵산의 단량체는 뉴클레오티드(nucleotide)이다. 뉴클레오티드는 당(sugar)과 염기(base) 그리고 인산(phosphoric acid)의 복합체이다(그림 2-23). DNA를 이루는 뉴클레오티드는 dATP, dCTP, dGTP, dTTP의 4종류이다. 반면에 RNA의 뉴클레오티드는 ATP, CTP, GTP, UTP의 4종류가 있다(그림 2-24).

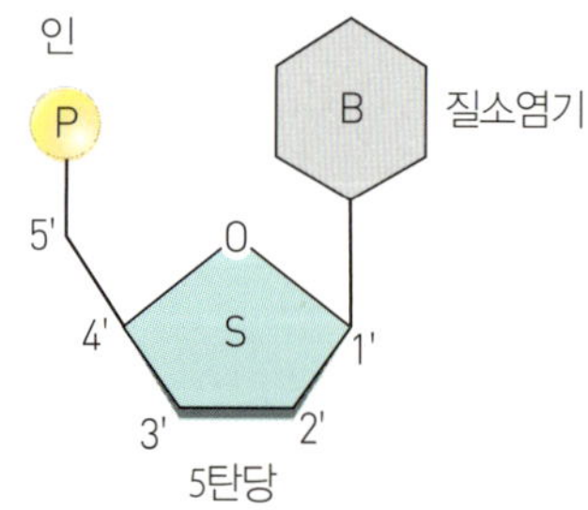

그림 2-23. 뉴클레오티드의 기본구조

뉴클레오티드의 당은 5탄당 중에서도 디옥시리보오스(deoxyribose, DNA의 경우) 또는 리보오스(ribose, RNA의 경우)이다(그림 2-25).

염기는 질소를 많이 함유하고 있어 질소염기라고 부른다. 염기에는 아데닌(adenine), 구아닌(guanine), 시토신(cytosine), 티민(thymine), 우라실(uracil) 등이 있는데, 이 중 티민은 DNA에만, 우라실은 RNA에만 존재하는 것들이다(예외적인 경우도 발견되기는 함). 분류의 목적상 이중고리를 하고 있는 아데닌과 구아닌을 퓨린(purine)계 염기로, 단일 고리인 시토신과 티민, 우라실은 피리미딘(pyrimidine)계 염기로 나눌 수 있다(그림 2-26).

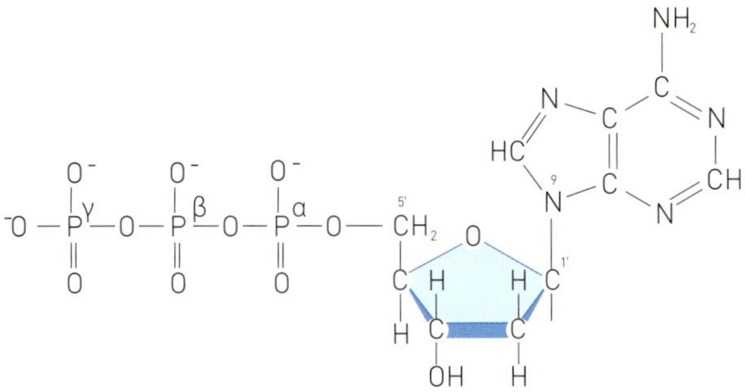

a. 2′–deoxyadenosine 5′–triphosphate

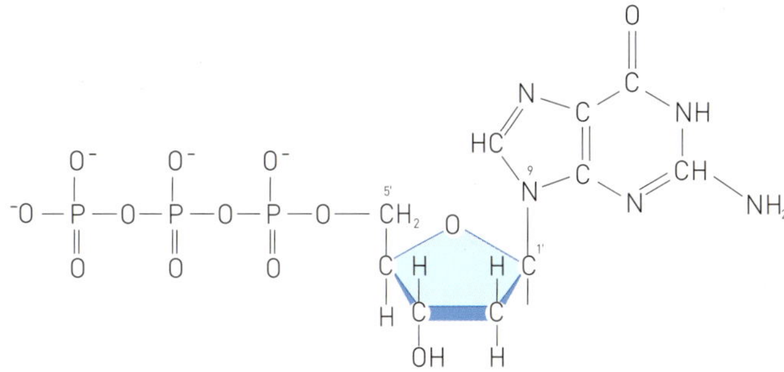

b. 2′–deoxyguanosine 5′–triphosphate

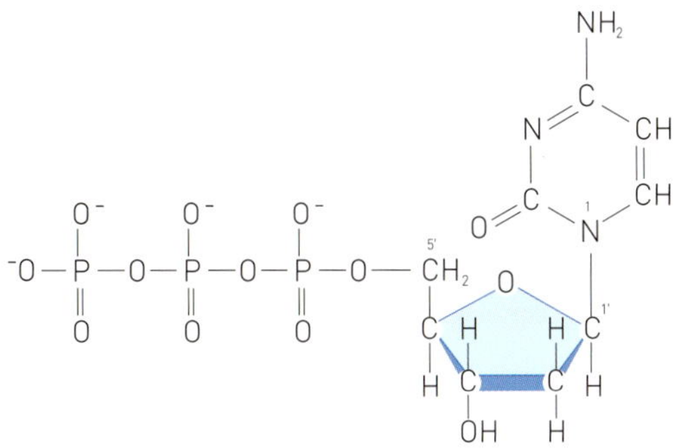

c. 2′–deoxycytidine 5′–triphosphate

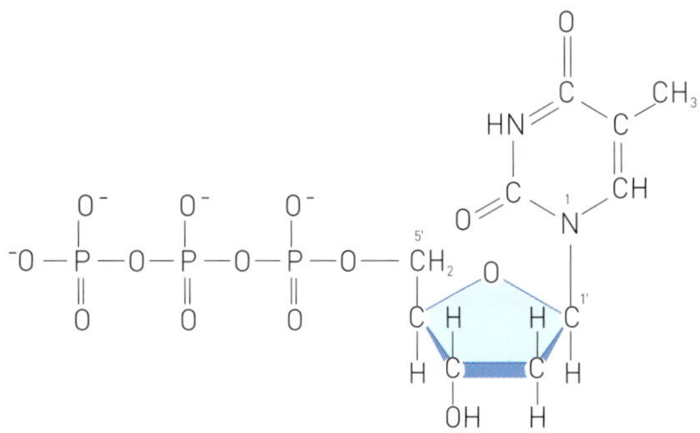

d. 2′–deoxythymidine 5′–triphosphate

그림 2-24. DNA의 뉴클레오티드

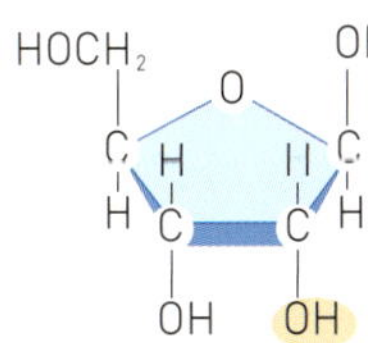

리보오스(RNA)

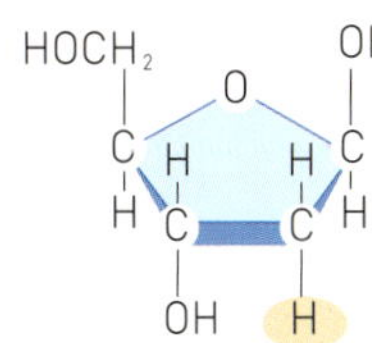

디옥시리보오스(DNA)

그림 2-25. 리보오스와 디옥시리보오스

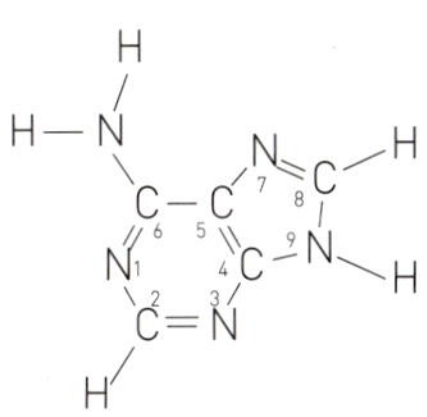

Adenine

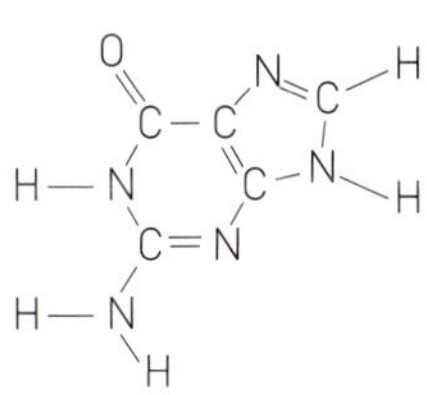

Guanine

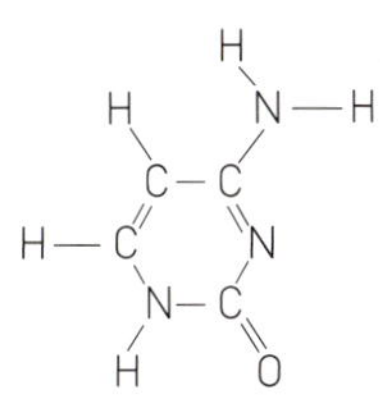

Cytosine

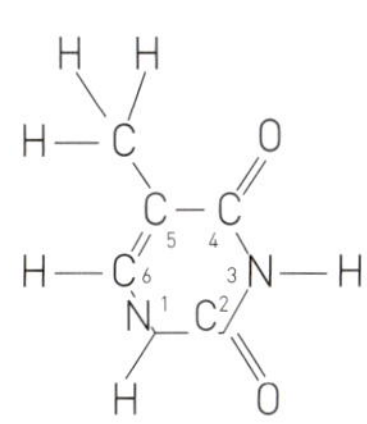

Thymine

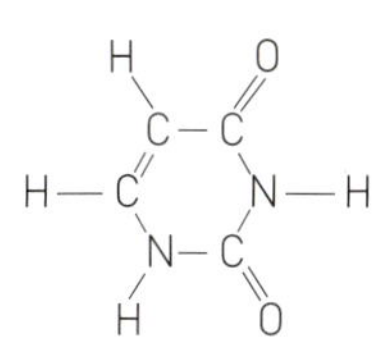

Uracil

그림 2-26. DNA와 RNA의 염기들

2) 폴리뉴클레오티드

뉴클레오티드들은 에스테르 결합에 의해 서로 연결된다. 이렇게 해서 뉴클레오티드는 사실상 무한정 길게 실처럼 연결될 수 있다. 이를 폴리뉴클레오티드(polynucleotide)라 부른다(그림 2-27). 폴리뉴클레오티드는 방향성이 있다. 한쪽이 5′ 방향이면, 다른 쪽은 3′ 방향이다. 이를 5′에서 3′로 "달린다" 또는 "합성된다"라고 표현한다.

3) RNA와 DNA

RNA는 외줄의 폴리뉴클레오티드인 반면 DNA는 두 줄로 되어 있다. DNA의 두 줄이 서로 붙어 있을 수 있는 이유는 염기와 염기 사이의 수소결합 때문이다. 아데닌은 항상 티민과 결합을 하며, 구아닌은 항상 시토신과 결합을 한다. 이러한 구조에서 결국 염기는 안쪽을 향하게 되고, 당과 인은 바깥쪽에서 염기를 보호하게 된다. 게다가 DNA는 꼬여 있어 나선 형태를 취하고 있다(그림 2-28). 이것이 바로 왓슨(Watson)과 크릭(Crick)이 1953년에 발표하여 노벨상을 수상한 유명한 "이중나선(double helix) 구조"이다.

유전정보는 뉴클레오티드의 염기서열에 들어 있고, 염기의 서열은 무제한으로 변화할 수 있기 때문에 사실상 DNA의 정보 저장 능력은 무한하다 할 수 있다. 예를 들어, 10개의 뉴클레오티드로 구성된 짧은 폴리뉴클레오티드일지라도 4^{10} = 1,048,576종류나 되는 정보를 암호화할 수 있다(그림 2-29).

대표적인 RNA는 3종류인데, mRNA는 DNA로부터의 유전정보 운반을, tRNA는 단백질의 재료인 아미노산을 리보좀으로 운반하는 일을 담당한다. rRNA는 리보좀의 구성성분이다. 리보좀은 DNA로부터 운반되어 온 유전정보에

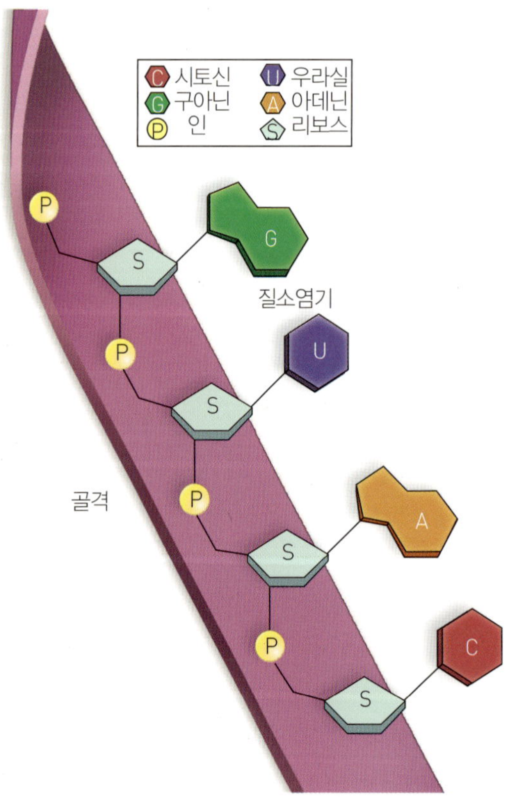

그림 2-27. 폴리뉴클레오티드

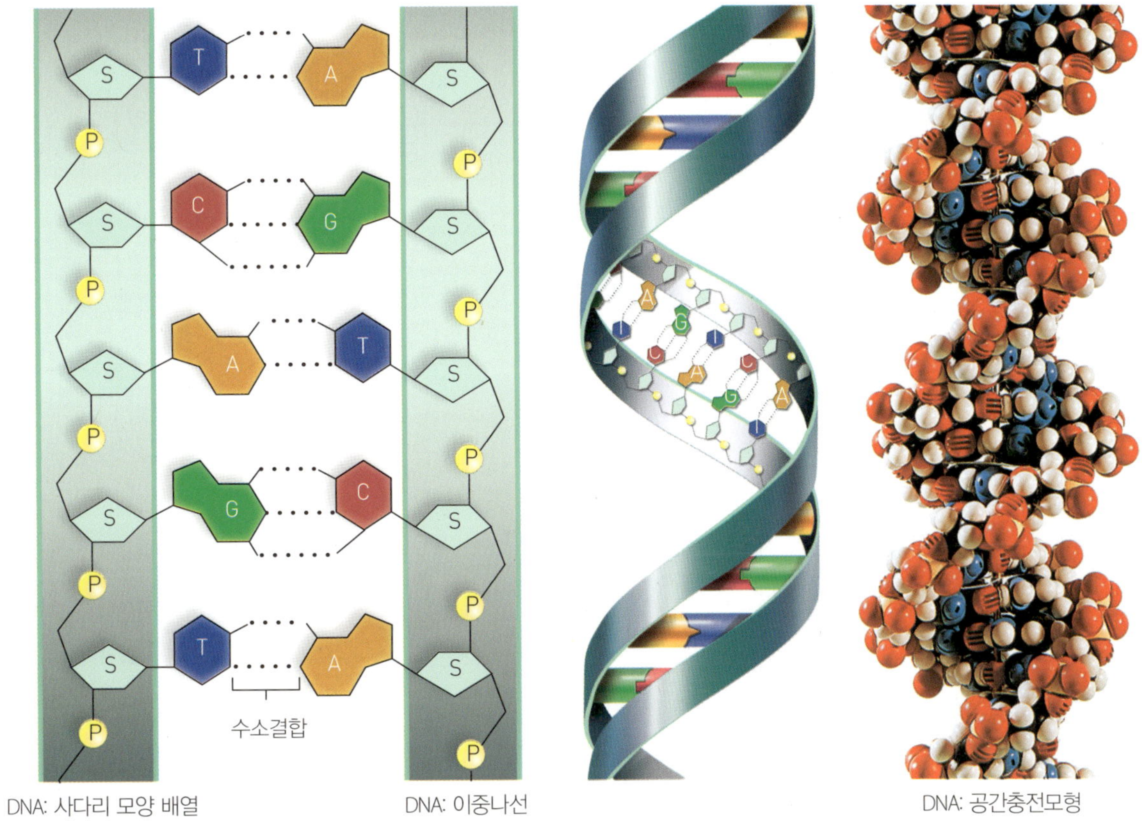

그림 2-28. DNA의 이중나선 구조

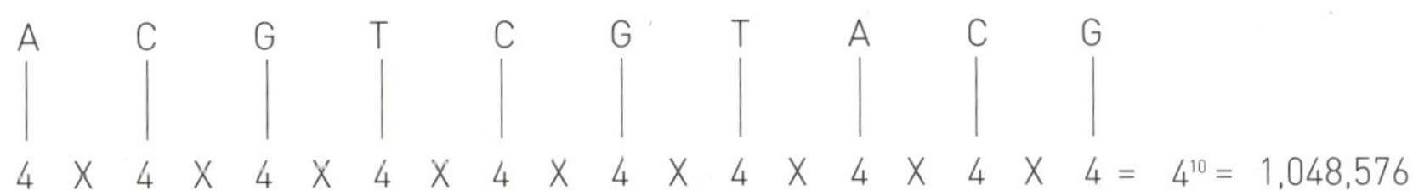

그림 2-29. DNA의 유전정보 능력

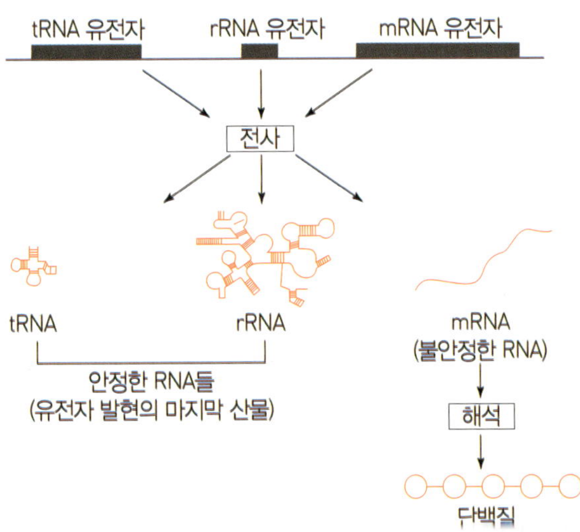

그림 2-30. mRNA, tRNA, rRNA의 기능적 상관관계

따라 아미노산을 순서대로 결합하여 단백질을 합성한다. mRNA가 필요할 때만 발현되었다가 사라지는 불안정한 형태라고 하면, tRNA와 rRNA는 상대적으로 구조가 안정된 편이라서 한 번 만들어지면 세포가 수명을 다할 때까지 계속 재활용된다(그림 2-30).

4) 사람의 DNA

눈에 보이지도 않는 세포 하나에서 꺼낸 모든 염색체의 DNA를 꺼내 길게 늘어뜨리면 약 2m에 달한다고 한다(그림 2-31). 사람의 몸은 약 10^{14}개의 세포로 되어 있으므로 한 사람에게서 나오는 DNA를 모두 연결할 경우 2×10^{11}km에 달할 것이며, 이는 태양과 지구를 왕복하고도 남을 정도의 길이다. 이것만 보더라도 사람이 얼마나 복잡하고 진화된 생물체인지를 충분히 알 수 있다. 이렇게 긴 DNA에서 극히 일부만 잘못되어도 유전병이나 선천성기형, 암 등에 걸리게 된다. 따라서 건강하다는 것이 얼마나 정교하고 소중한 것이지 새삼 느낄 수 있을 것이다. 아울러 생명의 존엄성도 함께 생각 할 수 있어야 한다. “인간게놈프로젝트(Human Genome Project)”는 바로 이 DNA 속에 들어 있는 엄청난 양의 유전정보를 완전히 밝혀서 생명의 기원을 알아내기 위한 대규모 프로젝트였다.

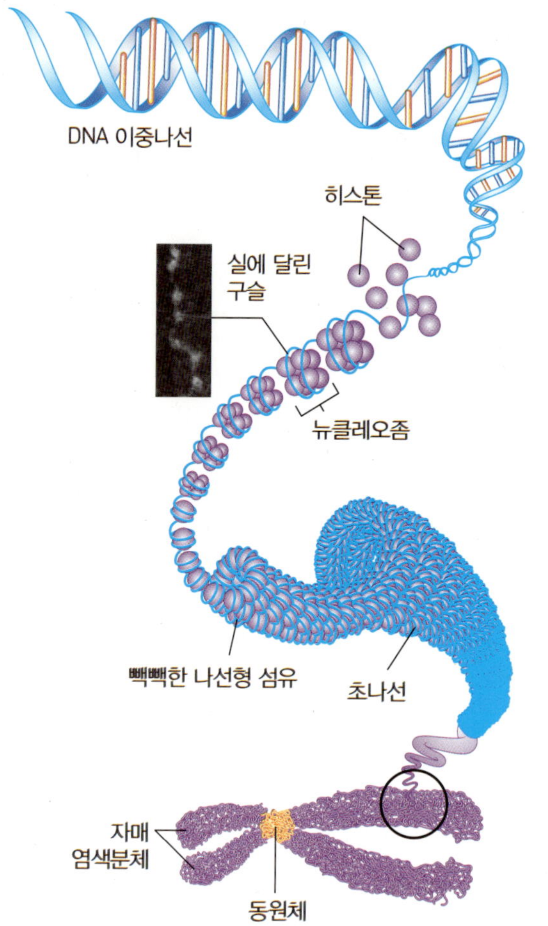

그림 2-31. 세포내 DNA

5) 핵산의 기능

DNA는 유전정보를 저장하는 역할을 한다. 일종의 원본 설계도와 같은 것이다. DNA의 유전정보는 앞에서 말했듯이 단백질을 만들기 위한 것이다. 일단 단백질만 만들면 모든 생리현상이 가능하기 때문이다. DNA는 이러한 단백질을 만들기 위한 생명현상을 총괄하는 작업 설계도 원본에 해당한다. 동식물의 세포는 이 중요한 원본을 핵(nucleus)이라는 장소에 안전하게 보관해 둔다. 대신에 공사현장에 해당하는 세포질에는 mRNA라는 복사본을 만들어 내보낸다. mRNA는 messenger RNA의 약어이다. “messenger”는 전령, 즉 DNA에 들어 있는 유전정보를 세포질로 운반하는 RNA라는 뜻이다.

mRNA가 복사해 온 유전정보에 따라 세포질에 있는 tRNA와 rRNA가 단백질을 합성한다. tRNA는 transfer RNA의, rRNA는 ribosomal RNA의 약어이다. tRNA는 단백질의 재료인 아미노산을 운반해 나르고, rRNA는 이 아미노산들을 연결하는 공장인 리보좀의 구성성분이다.

DNA는 한 세대에서 다음 세대로 유전정보를 전달해 주는 진정한 의미의 유전물질인 동시에, 생물이 살아가는 데 필요한 모든 단백질에 대한 유전암호를 저장하고 있다. RNA는 이 생명현상의 과정에서 DNA를 도와 단백질을 합성하는 역할을 담당하고 있다.

6) DNA의 진화

가설에 의하면 DNA도 진화를 하였다고 한다. 이 가설에 의하면 태초의 유전물질은 단순한 형태의 RNA에서 먼저 출발하였다고 한다. 그러다가 당인 리보오스가 불안정하기 때문에 디옥시리보오스로 바꾸어주었고, 염기도 우라실을 더욱 안정된 티민으로 바꾸어주었다는 것이다. 또한 외줄로서는 염기를 충분히 보호할 수 없었기 때문에 오랜 시간에 걸쳐 두 줄의 DNA 형태로 변화하였다는 것이다. 실제로 RNA가 DNA로 바뀔 수 있다는 것이 최근에 AIDS(후천성면역결핍증) 바이러스 등에서 확인되었으므로 이는 신빙성 있는 가설로 인정받고 있다. 계속 시간이 지나면서 두 줄만으로도 부족하여 나선 형태로 꼬아서 DNA를 더욱 안정화시켰고, 지금의 DNA인 "double helix"가 탄생하게 되었다.

12. 비타민

진화된 동물일수록 비타민을 스스로 합성할 수 없기 때문에 필수적으로 음식물로써 섭취해야 한다. 곤충은 비타민 B를 제외한 모든 비타민을 합성할 수 있으나 쥐와 개는 비타민 C를 합성하는 정도이다. 식물은 비타민을 섭취할 필요가 없다. 사람은 스스로 아무 것도 합성할 수 없기 때문에 음식물에 전적으로 의존해야만 한다.

표 2-1. 비타민과 결핍증상

	명 칭	주요 생리작용	결핍증
지용성	A 레티놀 (retinol)	로돕신(시홍의 구성성분), 세포의 정상 성장과 분화	야맹증, 성장불량
	D 칼시페롤 (calciferol)	장에서의 Ca^{2+} 흡수촉진, 뼈의 발육과 유지	구루병, 골연화증
	E 토코페롤 (tocopherol)	항산화작용, 불포화지방산의 산화방지	세포막 파괴
	K 필로키논 (phylloquinone)	프로트롬빈 합성에 관여	혈액응고

비타민은 지용성과 수용성으로 분류할 수 있다. 지용성 비타민에는 A, D, E, K 등이 있고, 수용성 비타민에는 B_1, B_2, B_6, 니코틴산(nicotinic acid), 판토텐산(pantothenic acid), 비오틴산(biotin), 엽산(folic acid), B_{12}, C 등이 있다.

비타민의 종류별 기능과 결핍될 경우 증상은 표 2-1에 요약되어 있다. 비타민은 우리 몸에 필수적인 요소인 만큼 각각의 비타민이 결핍될 경우 결핍증 질환에 걸리게 된다.

13. 무기화합물

무기화합물에는 무기염류와 물이 있다. 무기화합물이란 탄소를 함유하고 있지 않은 물질들이다. 무기화합물은 우리 몸에 미량으로 존재하면서도 삼투압과 pH를 조절하는 등 필수적인 생리 기능들을 수행하기에 대단히 중요한 것들이다. 무기화합물의 양이 불균형해지면 탈수 등 심각한 병리현상을 겪게 된다.

1) 무기염류

무기염류는 소량으로 필요하면서도 없어서는 안 될 중요한 요소들이다. 무기염류는 무기이온 또는 전해질이라고도 불린다. 무기염류들은 우리 몸에서 중요한 물질대사를 도와주거나 삼투압을 조절하는 등의 광범위한 기능을 수행한다. Na, K, Cl 등은 산과 염기의 평형을 조절해 주며, Ca와 P는 뼈의 정상적인 성장에 필수적이다. 또 Ca은 근육의 이완과 수축에 필수적이다. I와 Fe는 각각 갑상선호르몬인 티록신(thyroxin)과 헤모글로빈(hemoglobin)의 구성성분이다. 무기염류는 지나치게 섭취할 경우에도 독성을 나타낼 수 있다(표 2-2).

표 2-2. 무기염류

원소	기호	조성(%)
수소	H	63.0
산소	O	25.5
탄소	C	9.5
질소	N	1.4
칼슘	Ca	0.31
인	P	0.22
염소	Cl	0.03
칼륨	K	0.06
황	S	0.05
나트륨	Na	0.03
마그네슘	Mg	0.01
아연	Zn	미량
구리	Cu	미량

2) 물

우리 몸의 75~85%는 물이다. 그래서 생명의 근원과 시작은 물이라고도 한다. 최근에 외계생명체에 대한 호기심이 부쩍 늘어나고 있는데, 결정적 단서는 그 행성에 물이 있느냐 하는 것이다.

물은 극성(polarity)을 지니고 있다. 물의 구조는 수소원자 2개와 산소원자 1개이다. 산소와 수소는 서로 간에 전자쌍을 공유하고 있는데, 산소원자가 수소원자보다 훨씬 크기 때문에 인력에 의해 전자들이 산소 쪽으로 약간 치우쳐 있다. 이 때문에 산소가 수소에 비하여 약간의 (−) 전기를, 수소가 약간의 (+) 전기를 띠게 된다. 물 분자의 산소와 또 다른 물 분자의 수소 사이의 이러한 전기적 인력 때문에 생기는 결합을 수소결합(hydrogen bond)이라고 부른다. 물 분자들은 이 때문에 극성을 띠면서 동시에 강한 응집력을 가질 수 있다(그림 2-32).

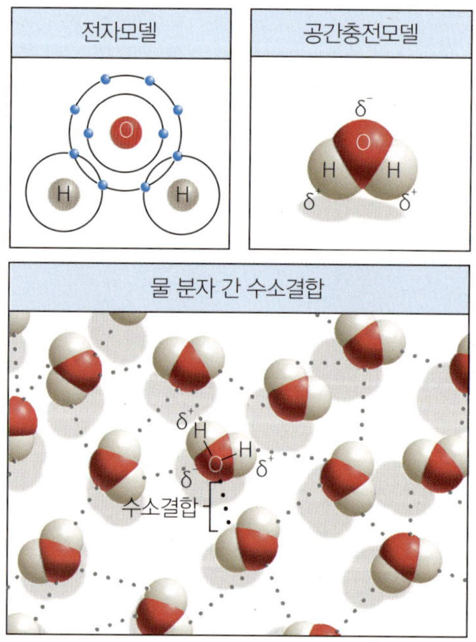

그림 2-32. 물의 구조

물은 각종 물질에 대한 용매로서 또 분산매로서 작용한다. 용매는 각종 세포내 물질들을 녹이는 작용을 말하고, 분산매는 녹이지는 않더라도 리보좀, 소포체 같은 세포소기관들을 세포내에 분산시켜 놓는 작용을 말한다. 물은 각종 효소반응이 세포에서 일어날 수 있도록 해 주며, 노폐물의 배설과 체온 유지 등 생명현상에 필수적이다.

요점정리

1. 생물은 유기화합물과 무기화합물로 구성되어 있다. 유기화합물 중 대부분은 단백질이며, 그 외 지질, 탄수화물, 핵산이 존재한다. 유기화합물과 무기화합물을 제외한 나머지 약 80%는 물이다.
2. 생물체에서 중요한 결합은 수소결합이다. 물의 응집력은 수소결합이 있기 때문이다. DNA 이중나선과 단백질에서도 수소결합이 발견된다.
3. 생명의 3대 고분자는 DNA, RNA 그리고 단백질이다.
4. 생명의 고분자들은 대부분 단위체(단량체)가 이어진 중합체 구조를 하고 있다
5. 단백질은 20여 종의 아미노산이 연결된 고분자인 동시에 중합체이다. 단백질은 효소, 수축작용, 면역작용, 운반작용 등 중요한 생리 작용에 깊숙이 관여하고 있다.
6. 지질에는 중성지방, 인지질, 스테로이드, 왁스 등이 있다. 생물학적으로 중요한 인지질은 세포막 또는 세포막의 주성분이다.
7. 탄수화물은 단당류의 중합체이다. 에너지원, 저장물질 또는 생체구성 성분으로 사용된다.
8. 핵산에는 DNA와 RNA가 있다. 기본 단위는 뉴클레오티드이다. DNA는 유전정보 저장에, RNA는 유전자 발현에 주로 사용된다.
9. 비타민은 고등한 동물일수록 스스로 합성할 수 없기 때문에 음식물을 통해 섭취해야 한다. 결핍될 경우 특별한 증상을 나타내기에 주의하여야 한다.
10. 무기화합물은 미량으로 다양한 생리작용을 조절해 준다. 전해질 또는 무기염류라고도 부른다.

생각해 볼 문제

1. 생명현상에서 수소결합의 중요성을 설명하시오.
2. 생체고분자들의 구조적 공통점을 찾아보시오.

CHAPTER 03

세포여행

CHAPTER 03 세포여행

☑ 학습목표

생명의 가장 작은 단위는 세포이다. 세포는 특이한 구조와 기능을 통해 생명현상에 관여한다. 세포는 마치 작은 우주와 같아서 내부 구조가 매우 복잡한데 이들의 정확한 기능에 대해서는 아직도 계속 연구 중이다. 세포는 외부 환경과 구별되기 위해서 막으로 둘러싸여 있으며, 항상성을 유지하여 생명을 이어간다. 세포는 크게 원핵세포와 진핵세포로 분류하며, 서로 공통된 구조도 있지만 각 세포별로 특징적인 차이도 많이 관찰된다. 세포설, 세포소기관들에 대해서 살펴보도록 하자.

1. 세포

세포(cell)는 생명의 기본 단위이다. 즉, 구조적인 단위일 뿐만 아니라 기능적으로 기본 단위이며 발생, 유전, 에너지 대사 등을 이해하기 위해서는 세포에 관한 지식이 선행되어야 한다(그림 3-1).

우리의 몸은 약 100조 개의 세포들이 모여서 만들어진 것이다. 조직에 따라 신경세포, 근육세포, 상피세포 등 다양한 세포들이 있고, 이들은 모두 다른 기능을 하고 있으나 근본은 같다. 모든 세포는 정자와 난자가 결합한 하나의 수정란에서 출발하였기 때문이다. 즉, 머리에서 발끝까지 동일한 유전자를 가진 세포라는 뜻이다. 결론적으로 우리 몸의 모든 세포가 유전자의 구성은 동일하지만 조직마다 발현되는 유전자의 조합이 다르기 때문에 특정한 조직으로 발달하는 것이다. 이러한 현상을 분화(differentiation)라고 말한다.

머리에서 발끝까지 모든 세포의 DNA가 같다는 것은 복제양 돌리(Dolly)가 탄생하면서 증명되었다. 유선(乳腺)에서 뽑아낸 세포 하나의 DNA를 가지고 완전한 양 한 마리를 복제할 수 있었기 때문이다. 이는 유선세포의 DNA가 유선 외에도 양의 다른 모든 조직을 만드는 데 필요한 유전정보를 전부 가지고 있음을 의미한다. 그럼에도 불구하고 이 세포가 유선에 있을 때는 유선에서 필요한 유전정보만을 발현(expression)시키고 있었던 것이다.

2. 세포설

1839년에 슐라이덴(M. Schleiden)과 슈반(T. Schwann)은 세포의 구조와 기능을 다음과 같이 "세포설(cell theory)"로 요약하였다.

첫째, 세포는 생명체의 구조 및 기능면에서 기본 단위이다.

둘째, 모든 생물체는 세포와 그 부산물로 구성되어 있다.

셋째, 세포는 반드시 기존의 세포로부터 만들어지고 다세포생물의 경우 생명체의 전체 기능은 개개 세포의 총합으로 이루어진다.

세포설은 전자현미경이 미처 발명되기도 전에 그리고 현재 세포 연구에 사용되는 생화학적 기술들이 발전되기도 전에 이미 발표되었다. 그만큼 세포에 대한 이해가 빨랐다는 뜻이다. 세포설 이후에 다양한 분석 기법들이 개발되면서 세포 구조가 어떻게 생명 유지에 필요한지 기능적인 차원에서의 질문들이 하나씩 밝혀지게 되었다. 기초적인 생명활동은 모든 세포들에게 공통적이지만 심장박동을 만들어내는 세포, 정자와 난자 같은 생식세포 등 특수화된 세포들도 많이 있다.

① 세포는 생명체의 구조 및 기능면에서 기본 단위이다. 이 말은 세포보다 작은 것은 아무 것도 살아있지 않다는 것을 의미한다. 세포보다 더 작은 단위는 생식이 불가능하고, 자극에 반응하지도 않으며, 항상성(homeostasis)을 유

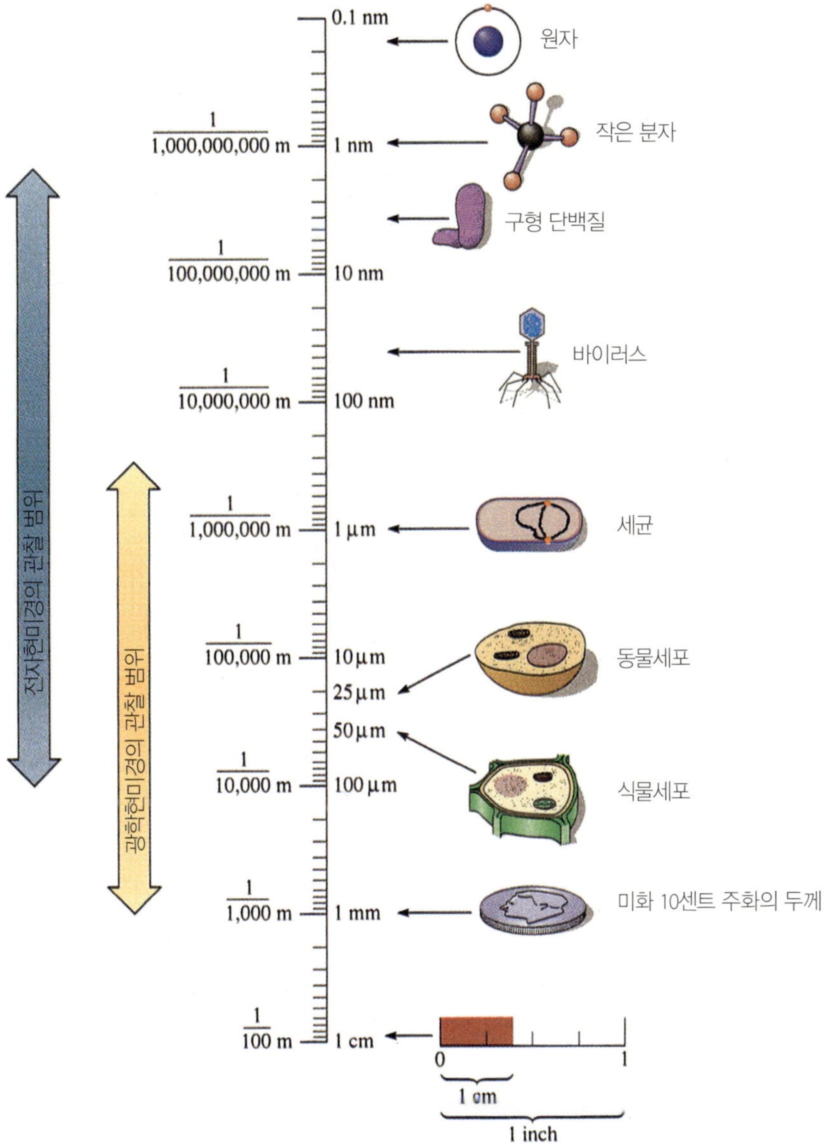

그림 3-1. 세포의 다양한 종류

지할 수 없어서 성장과 발생이 불가능하다. 또 환경으로부터 영양 물질을 취하거나 이용할 수도 없고 새로운 환경에 적응할 수도 없다. 결론적으로 생명은 세포에서 비롯되는 것이다.

② 모든 생물체는 세포와 그 부산물로 구성되어 있다. 단세포생물뿐 아니라 다세포생물 역시 기본 단위는 세포이다. 다세포생물의 세포들은 각각 조직별로 기능이 서로 다르며, 그 기능에 맞추어 형태도 특수화되어 있다. 방광세포가 소변이 차면 길게 늘어나지만, 소변을 보고 난 후에는 주사위 모양으로 오므라드는 것도 이런 특수화의 한 예이다. 뼈를 구성하는 세포는 신경세포와 분명히 다르고, 단세포인 대장균과도 당연히 다르다. 세포들은 이처럼 구조와 기능에서 전문화되어 있지만 그래도 어떤 부분들은 공통적이기도 하다. 세포뿐 아니라 세포의 부산물도 생물체를 이루는 근본 물질로 간주된다.

③ 세포는 반드시 기존의 세포로부터 만들어지고 다세포생물의 경우 생명체의 전체 기능은 개개 세포의 총합으로 이루어진다. 생명이 자연발생적으로 생겨났다고 믿었던 초기 과학자들에게는 이런 주장이 생소할 수밖에 없다. 그러나 우리는 지금 어미 소가 없이는 송아지가 태어날 수 없다는 사실을 잘 알고 있다. 사람은 생식을 통해 정자와 난자를 만들고, 수정란을 형성하고, 이것이 새로운 생물의 첫 번째 세포가 되는 것이다.

3. 세포의 일반적 성질

① DNA는 생명현상을 규정하고 지시해 주는 유전자 설계도이다. 세포는 이 DNA에 간직된 정보에 따라서 개개의 기능을 발휘한다. 세포의 유형에 상관없이 DNA의 정보는 그 세포에 고유한 모든 화학적 기능을 결정해 준다.

② 모든 세포는 유전정보에 따라서 단백질을 합성한다. 단백질 합성 장치는 리보솜으로써 소포체에 붙어 있기도 하지만 많은 경우에 따로 세포질에 퍼져서 존재한다.

③ 세포는 각종 유기화합물을 분해하고 변형시켜서 에너지를 만들어낸다. 생체에너지의 대표적인 형태는 ATP이며, 에너지는 ATP의 구조 중 인과 인 사이의 결합 속에 간직되어 있다(그림 3-2). 원핵세포에서는 세포막에서, 진핵

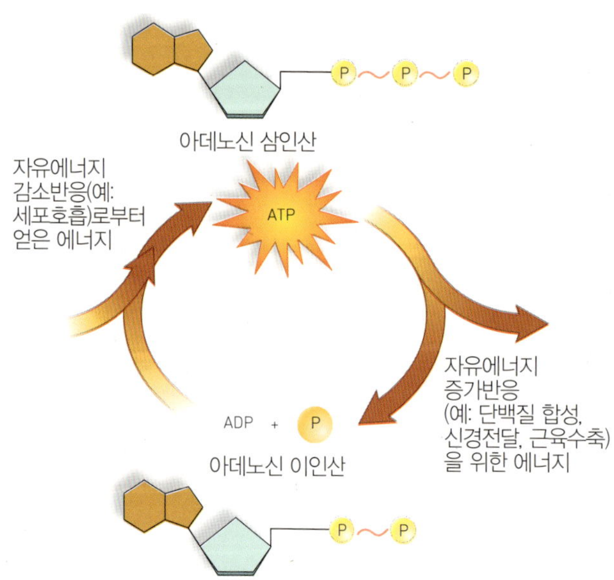

그림 3-2. ATP의 에너지 저장

세포에서는 미토콘드리아에서 에너지대사가 주로 진행된다.

④ 세포는 필요할 때 위치를 이동하기도 하고, 내부적인 수축 운동을 하기도 한다. 이 운동은 세포내 골격에 의해 이루어진다.

⑤ 세포는 막으로 둘러싸여서 외부와의 경계를 짓고 있다. 이는 세포가 내부적으로 항상성을 유지하기 위해 꼭 필요한 장치이다. 동시에 세포소기관, 즉 미토콘드리아, 골지체, 소포체 등도 역시 막으로 둘러싸여 있다. 어떤 생물학자는 생명의 근본이 막 구조에 있다고 말하기까지 한다.

4. 원핵세포와 진핵세포

세포에는 원핵세포(prokaryote)와 진핵세포(eukaryote)의 두 종류가 있다. 원핵세포란 핵이 없는 세포를 말한다. "karyo"는 핵을 의미하고, "pro"는 이전이라는 뜻이다. 즉, 원핵세포는 진화학상 핵이 나타나기 이전 단계의 원시적인 세포를 의미한다. 대장균을 비롯한 대부분의 미생물이 원핵세포에 속한다. 반면에 진핵세포는 핵이 있는 세포를 의미한다. "eu"는 진짜라는 뜻이다. 따라서 진핵세포는 진짜 핵이 있는 세포라는 뜻으로 진화된 세포를 의미한다. 일반적으로 동물과 식물의 세포가 진핵세포에 속한다(그림 3-3, 3-4). 진핵세포 중 가장 하등한 것은 효모(yeast)이다.

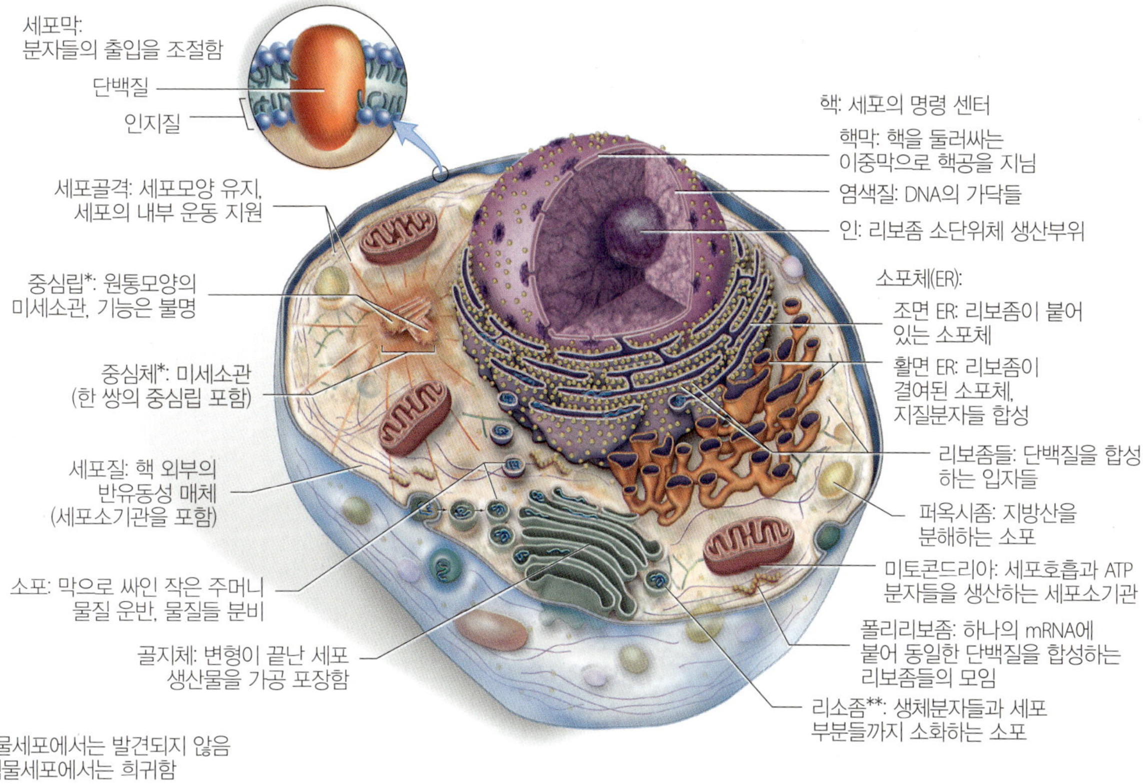

그림 3-3. 동물세포

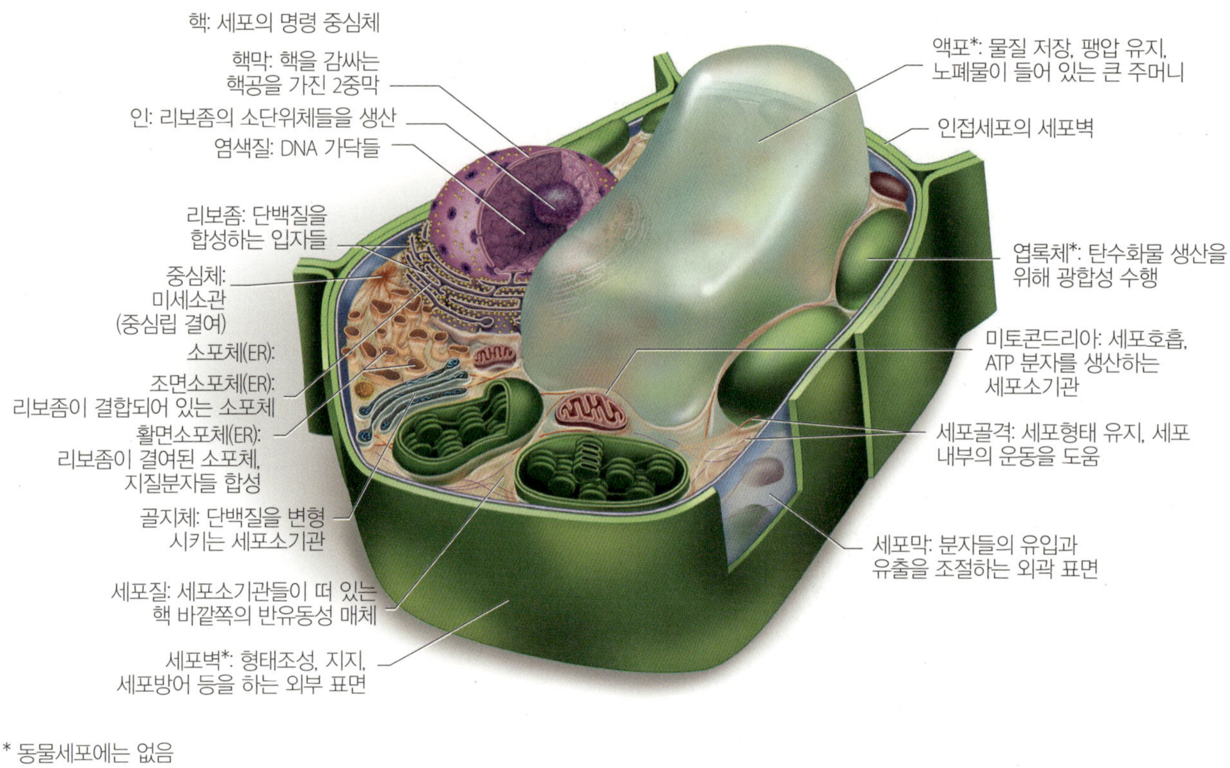

그림 3-4. 식물세포

5. 원핵세포

원핵세포는 구조가 단순한 것이 특징이다(그림 3-5). 미토콘드리아, 핵, 소포체 같은 세포소기관(organelle)들도 없다. 크기는 대략 0.001 mm 정도이다. 태초에 생명이 지구상에 나타났을 때부터 있었을 것으로 생각이 되며 다세포생물인 동물과 식물이 나타나기 전부터 단세포로 출현되어 있었을 것으로 알려져 있다. 원핵세포는 극한조건인 온천에서 심해에 이르기까지 지구상 모든 곳에 분포되어 있다. 대장균이나 유산균들은 심지어 사람의 소화관에서도 발견된다. 원핵세포의 대부분은 세균(bacteria)이다.

1) 고세균, 원시세균

미국 일리노이대학교의 우즈(Woose) 박사는 원핵세포 중에서도 극한조건에서 사는 미생물들의 유전자를 분석해 보았다. 즉, 뜨거운 온천에 사는 내열성 균들, 심해에 사는 염분을 좋아하는 균들 그리고 하수구에서 발견되는 메탄을 좋아하는 균들의 유전자를 조사하였다. 이런 조건들은 원시지구의 상태와 매우 유사한 환경들이다. 당시 지구는 화산활동으로 뜨거웠을 것이고, 바다로 뒤덮여 있으며, 아직은 산소가 충분치 않았을 것이기 때문이다. 그래서 이런 미생물들은 지구의 생성 초기부터 이어져 왔을 가능성이 높고, 생명의 기원을 밝힐 수 있는 단서가 되고 있는데, 연구 결과 재미있는 것은 이들의 유전자 체계가 보통의 원핵세포와 판이하게 다르며, 오히려 진핵세포와 유사했다는 점이다.

흔히 원핵세포가 진화되어 진핵세포로 발전했다고 생각하는게 정석이다. 그러나 태초의 지구에 서식했던 미생물의 유전자 체계가 진핵세포와 오히려 유사하다면 이것이 생명의 기원에서 의미하는 것은 무엇일까? 이에 대해서는 지금도 연구가 진행 중에 있지만 이로 인해 많은 과학자들은 태초에 공통 조상이 있었고, 그 공통 조상으로부터 원핵세포, 진핵세포 그리고 고생미생물세포가 처음부터 아예 따로 분리되어 나왔다고 생각하고 있다. 이렇게 핵은 없지만 태초로부터 이어져 내려온 균들을 원핵세포 중에서도 고생미생물(archaebacteria)이라고 따로 명칭한다(그림 3-6).

2) 세포벽

동물에는 없으나 식물세포와 세균에서 발견되는 세포의 가장 바깥쪽을 둘러싼 보호층이다. 식물의 세포벽(cell wall)의 주성분은 다당류이고 세포보호와 지지작용을 한다. 특히 식물은 늘 환경에 노출되어 있으므로 과다한 수분이 유입되었을 때 세포가 터지는 것을 막아준다.

원핵세포는 대부분 단세포로써 거친 외부 환경조건에 노출되어 살아가야 하기 때문에 세포벽이 필요했을 것이다. 세포벽은 가장 바깥쪽을 둘러싸고 있어 세포를 보호할 뿐만 아니라 견고성 때문에 세포가 형태를 유지하는 것을 도와준다(세포벽에 그람(Gram) 용액을 염색하였을 때 염색의 여부를 통해 그람 양성과 그람 음성의 세균을 분류하기도 한다).

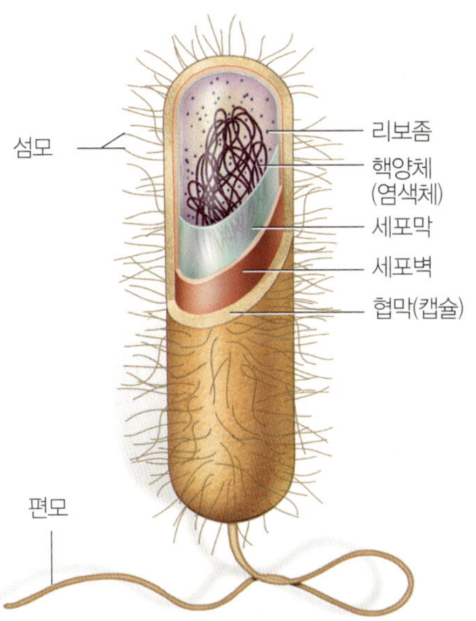

그림 3-5. 원핵세포의 구조

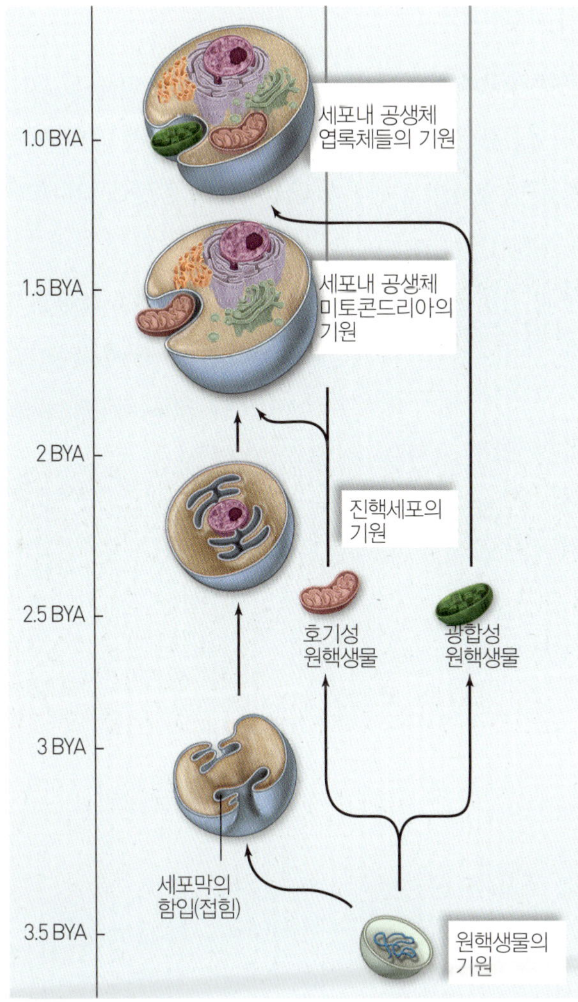

그림 3-6. 세포의 진화

3) 세포막

세포막(cell membrane)은 전형적인 인지질의 이중층으로 된 막이다. 세포내의 환경을 외부로부터 격리하여 일정하면서도 최적인 상태로 유지해 주는 역할을 한다. 또한 물질과 노폐물의 선택적 투과를 가능하게 한다.

4) 편모

세포에 운동성을 제공해 주는 기관으로써 파상운동을 하여 세포가 일정한 방향으로 움직일 수 있도록 해 준다. 세균 중에도 편모(flagella)가 있는 것도 있고 없는 것도 있다. 편모는 대체로 길며, 세포당 개수는 한두 개 정도이다.

5) 원핵세포의 DNA

단일 DNA로서 양쪽 끝이 세포막의 한 곳에 연결되어 있기 때문에 전체적으로 잘 펼쳐보면 둥그런 환상구조(circular form)를 하고 있다. 길이는 대개 3×10^6bp 정도라고 추산된다(bp는 base pair의 약어. DNA의 길이를 나타내는 단위로서 염기쌍의 수를 나타낸다). 사람의 DNA가 약 6×10^9bp인 것과 비교하면 약 1/1000에 해당하는 길이이다. 원핵세포에는 핵과 핵막이 없기 때문에 DNA가 그냥 세포질에 퍼져 있는 형태이다.

6) 플라스미드

어떤 세균에서는 주(主) DNA 외에 작은 여분의 DNA 조각이 또 따로 발견되는 경우가 종종 있다. 이 작은 DNA 조각의 이름은 플라스미드(plasmid)이다. 플라스미드에는 항생제 내성을 나타내는 유전자가 들어 있기 때문에 세균으로 하여금 항생제에 강하도록 만들어주는 역할을 한다(그림 3-7).

플라스미드는 세균에서 쉽게 빼내거나 다시 집어넣을 수 있다. 이를 이용하여 플라스미드 DNA에 우리가 원하는 유전자를 재조합한 다음 다시 세포에 넣어주면 세균은 이 유전자의 명령에 따라 우리가 필요로 하는 단백질을 생산하게 된다. 이것이 바로 유전공학(genetic engineering)의 원리이다. 1978년에 인슐린 유전자를 대장균에 재조합해 대량생산을 가능하게 했던 것은 유전공학이 최초로 의학에 응용된 예이다.

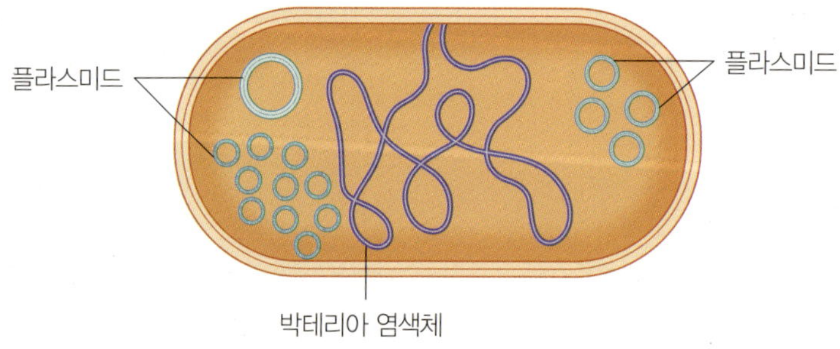

그림 3-7. 플라스미드

7) 세포질

세포질(cytoplasm)에는 세포가 살아가면서 필요로 하는 각종 아미노산, RNA, 지방산, 핵산, 무기물 등의 성분들이 분산되어 있다.

8) 리보좀

원핵세포도 생존에 필요한 단백질과 효소를 만들기 위해서 리보좀을 가지고 있다. 리보좀의 크기를 나타내는 단위는 S(Svedberg)값이다. 원핵세포의 리보좀은 약 70S이다(참고로 진핵세포의 리보좀은 약 80S이다).

6. 진핵세포

1) 공생설

오늘의 진핵세포가 어떻게 출현하게 되었는지에 대하여는 정확한 이론이 아직 없다. 다만 미토콘드리아(mitochondria)와 엽록체(chloroplast)가 커다란 원핵세포 속으로 공생하여 들어와 에너지를 공유하게 되었을 거라는 공생설이 지배적이다. 공생설은 이들이 처음에는 단독 개체로서 생명활동을 하던 세균의 일종이었다는 생각에서부터 시작된다. 즉, 미토콘드리아와 엽록체는 스스로 분열할 수도 있었고, 자체 DNA와 유전정보를 가지고 있었으며, 필요한 단백질을 합성하는 능력도 가지고 있었다. 게다가 미토콘드리아는 에너지를 스스로 만들어 낼 수 있었으며, 엽록체는 광합성을 통하여 포도당을 만들 수 있었다. 이를 통한 가설이 바로 공생설이다(그림 3-8).

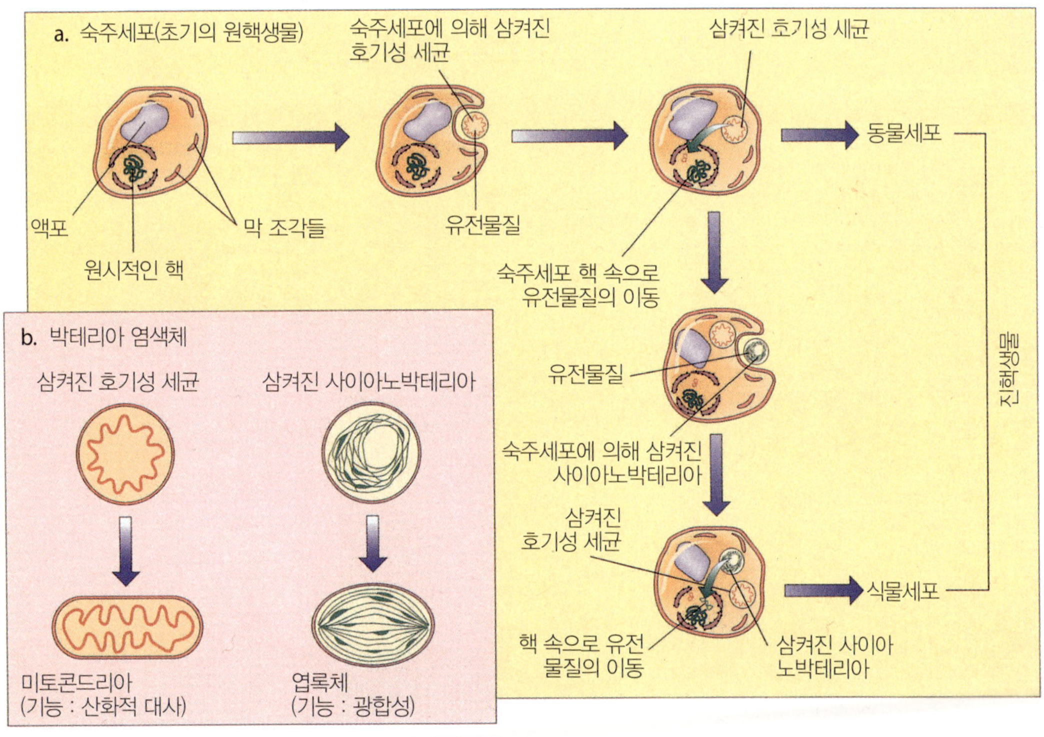

그림 3-8. 공생설

2) 핵

진핵세포는 핵(nucleus)을 가지고 있기 때문에 그만큼 크고 복잡하다. 핵 속에는 DNA가 있는데 염색체라는 형태로 되어 있다.

핵은 핵막(nuclear envelope)으로 둘러싸여 있다. 핵막은 인지질의 이중막으로 핵공(nuclear pore)이 있어 세포질과의 물질교류가 가능하다. 그러나 아무 물질이나 무조건 통과할 수 있는 것은 아니기 때문에 핵의 내부조건은 항상 최적한 상태로 유지되고 있다.

염색체는 히스톤(histone)이라는 단백질에 DNA가 감겨 있는 형태로 되어 있다(그림 3-9, 그림 2-31 참조). 사람은 46개의 염색체를 가지고 있는데, 이 중 44개는 상염색체이고, 2개가 성염색체이다. 여성은 성염색체가 XX, 남성은 성염색체가 XY이다.

핵에서는 또 인(nucleolus)이라는 구조가 발견된다. 인의 정확한 기능은 아직 알려져 있지 않지만 리보좀의 구성성분인 rRNA를 합성하는 것으로 보고되어 있다.

3) 세포질

세포에서 핵을 제외한 모든 다른 부분으로 간혹 원형질이라고도 한다. 아미노산, 무기염류 등 영양분들과 함께 세포소기관(cellular organelle)들이 여기에 위치하고 있다. 개개의 세포소기관은 운동, 물질유입과 생성, 소화, 호흡, 노폐물 제거 등 생물체의 특성을 나타낸다. 세포질은 젤리와 같은 성질이 있어서 그 내부의 물질들이 어느 정도 유동적일 수는 있지만 완전히 자유스럽게 흘러 다니지는 못한다. 특히 눈으로는 보이지 않지만 세포내골격(cytoskeleton)이라는 미세

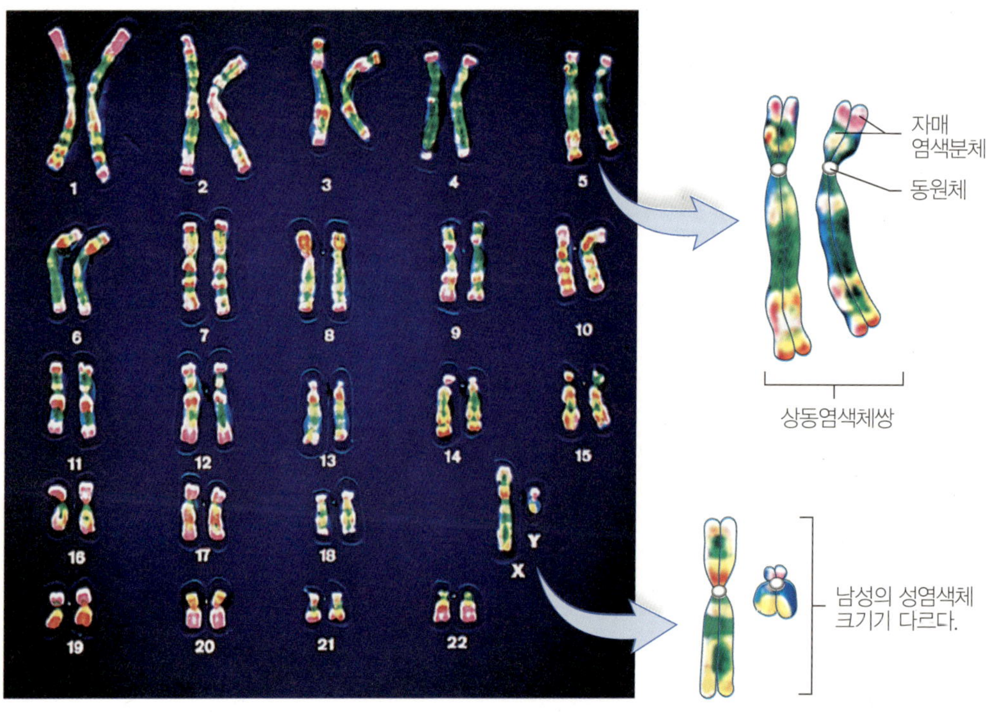

그림 3-9. 사람의 염색체

한 섬유성 단백질이 실처럼 퍼져 있어 뼈대와 같은 역할을 해 준다. 우리가 몸을 마구 움직이고 세포의 방향이 바뀌더라도 세포소기관들의 위치가 항상 일정할 수 있는 이유는 이들이 세포내골격에 닻을 내리듯이 걸려 있기 때문이다.

4) 세포막

세포막 또는 원형질막(plasma membrane)은 인지질의 이중막이다. 외부환경과 내부환경을 구분짓는 경계막이며, 영양분과 노폐물 등 각종 물질의 출입을 통제하고 세포내 환경이 적절하게 유지될 수 있도록 조절해 준다.

5) 리보좀

대체로 구형인 세포소기관으로 rRNA와 단백질의 조합으로 크고 작은 두 개의 소단위체(subunit)로 되어 있다. 리보좀은 단백질을 합성하는 공장과 같은 장치이다. 리보좀은 세포질에 자유롭게 떠 있을 수도 있고, 소포체에 붙어 있을 수도 있다. 진핵세포의 리보좀은 약 80S이다(참고로 원핵세포의 리보좀은 약 70S이다).

6) 소포체

소포체(endoplasmic reticulum)는 핵막으로부터 뻗어 나와 가지를 친 것 같은 막성분의 구조로써 리보좀이 붙어 있는 조면소포체(rough endoplasmic reticulum)와 리보좀이 없는 활면소포체(smooth endoplasmic reticulum)의 두 가지가 있다(그림 3-10). 조면소포체에서 합성된 단백질은 소포체 끝부분 막에 둘러싸여서 세포내외의 목적지로 운반된다. 이 과정에서 막성분은 재활용된다.

활면소포체는 리보좀이 없어 단백질을 합성하지는 못한다. 그 대신에 활면소포체에서는 지질과 당이 합성된다. 또한 근육세포에서는 활면소포체가 칼슘을 저장하는 역할을 하며, 칼슘은 근육의 수축과 이완에 관여하기도 한다. 더불어 간세포의 활면소포체는 해독작용을 담당하기도 한다.

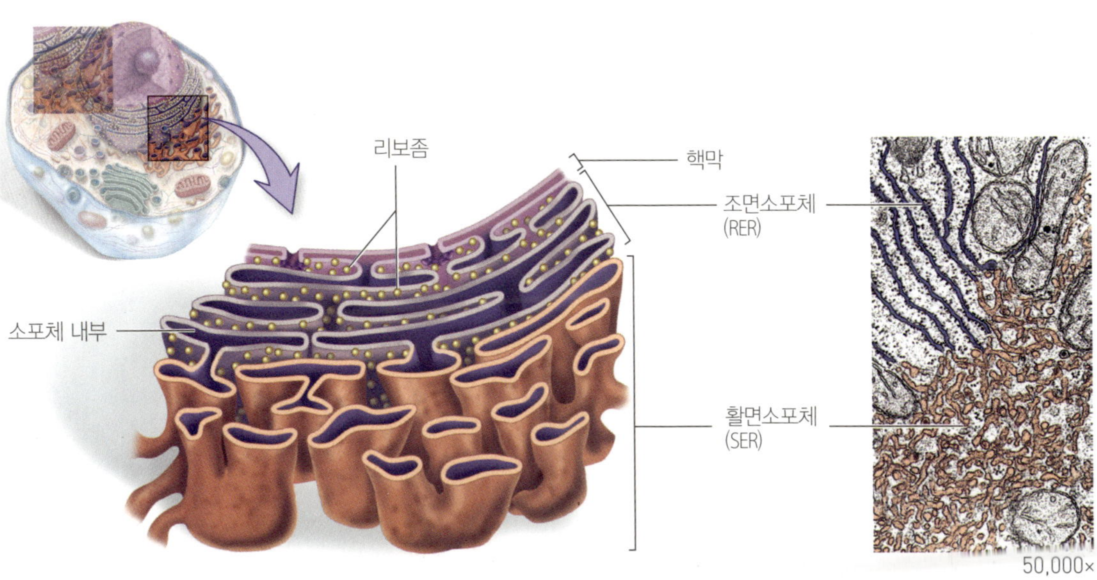

그림 3-10. 소포체와 리보좀

7) 소낭

소포체 막의 일부가 떨어져 나와 단백질을 둘러싸는 것처럼 막성분으로 된 작은 주머니 구조를 소낭(vesicle)이라 부른다. 소낭은 이처럼 세포내에서의 물질 이동에 중요한 역할을 한다. 일단 물질을 목적지로 옮긴 다음에는 막이 재순환되기 때문에 세포 전체로 볼 때 막성분은 항상 일정한 양으로 유지된다.

소낭 중에서 특별히 분화된 예가 리소좀(lysosome)이다. 리소좀은 그 안에 약 40여 종의 가수분해효소들을 가지고 있어 세포에 세균이 침범하면 달라붙어 분해해버리는 역할을 한다. 또한 동물이 발생하면서 손가락, 발가락들이 생기게 될 때 사이사이의 필요 없는 세포들을 분해해 주기도 한다. 변태 과정에서 올챙이의 꼬리를 분해해 주는 것도 리소좀의 역할이다. 리소좀은 세포의 생육조건이 아주 나빠지면 스스로 터져서 세포를 분해해버리기 때문에 자살기관이라 불리기도 한다.

8) 골지체

소포체에서 만들어진 단백질은 그 자체로서 기능이 있기도 있지만, 많은 경우 당이나 지질, 인 등이 부가되어 형태 변화가 있은 다음에야 제대로 기능을 할 수 있다. 소포체에서 만들어진 단백질은 앞서 말한 대로 소낭에 의해 골지체(Golgi apparatus)로 옮겨지게 되고 여기에서 인, 당, 지질 등이 붙게 된다. 이렇게 해서 기능이 완벽해진 단백질은 다시 소낭에 의해 최종 목적지로 옮겨지게 된다.

9) 미토콘드리아

세포가 살아가기 위해서는 호흡을 해야 하고, 그 결과로 에너지를 만들어내야 한다. 세포내에서 일어나는 호흡을 세포호흡이라고 한다. 세포호흡이 일어나는 곳이 바로 미토콘드리아(mitochondria)이다(그림 3-11). 이처럼 미토콘드리

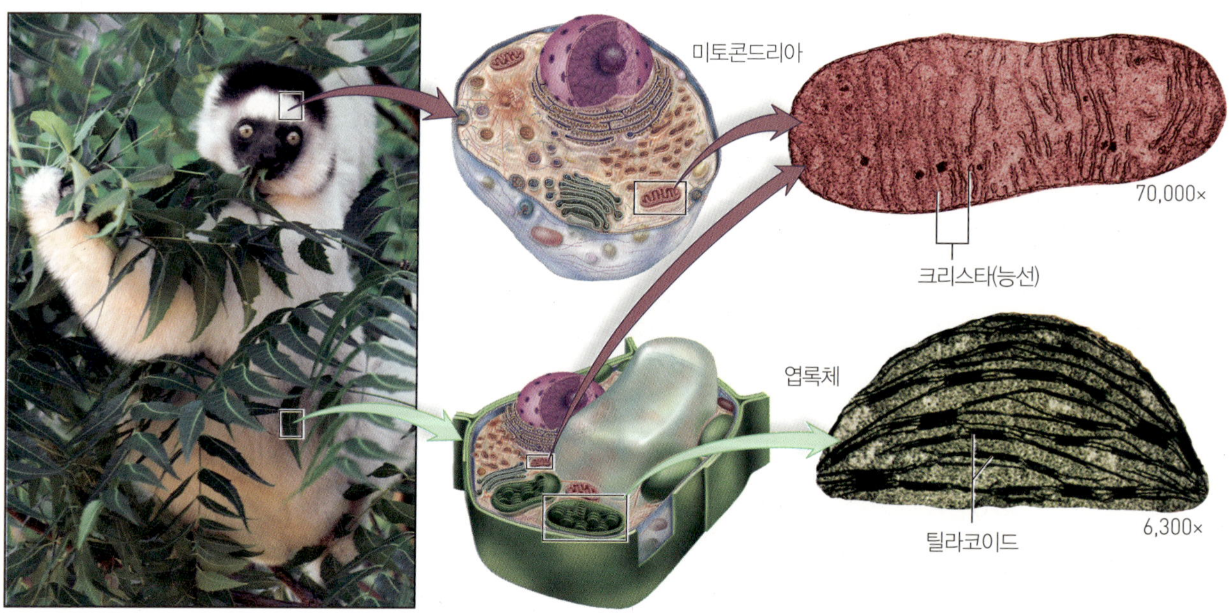

그림 3-11. 미토콘드리아와 엽록체

아는 에너지대사를 주도하는 힘의 공급처이다. 미토콘드리아에서는 세포호흡 중 TCA 회로와 전자전달계가 일어난다. 미토콘드리아는 두 개의 막으로 둘러싸여 있다. 외막은 전형적인 단위막이고, 내막은 크리스테 구조로 되어 있다. 외막과 내막 사이의 공간은 기질로서 각종 효소들이 위치해 있다. 미토콘드리아는 자체 DNA를 가지고 있어서 스스로 분열이 가능하다. 또한 리보좀이 있어서 단백질을 합성할 수도 있다.

10) 색소체

식물이나 조류(algae) 등에서 발견되는 것으로, 물질저장의 역할을 담당하고 있다. 색소체(plastid) 중에서 특별히 광합성을 할 수 있도록 분화된 것이 엽록체(chloroplast)이다(그림 3-11). 엽록체에는 클로로필(chlorophyll)이라는 색소가 있어 태양 빛을 받아들일 수 있고, 여기에서 광합성이 일어난다.

11) 퍼옥시좀

퍼옥시좀(peroxisome)은 동물세포뿐 아니라 식물세포에서도 발견되며, 카탈라아제(catalase)라는 효소를 포함하고 있다. 세포내에서 독성물질인 과산화수소가 발생할 경우 카탈라아제에 의해서 물과 산소로 분해가 된다.

12) 액포

식물에서 주로 발견되는 구조로서 물, 당, 유기산, 단백질, 무기이온, 색소, 노폐물 등 각종 물질을 저장하도록 특별히 발달된 구조이다. 노화된 세포에서는 특히 크게 관찰된다. 짚신빌레 같은 단세포생물에서는 액포(vacuole)가 음식물을 저장하거나 소화운동, 수축운동 등의 기능을 담당하기도 한다.

13) 섬모와 편모

세포의 운동은 편모와 심모의 운농에 의해 조절된다. 길고 서 너 개 이하면 편모(flagella), 짧고 그 수가 많으면 섬모(cilia)로 분류한다. 모두 일정한 방향으로의 파상운동을 만들어낸다. 정자는 편모인 꼬리의 운동으로 이동할 수 있고, 호흡기에 있는 섬모들은 오염물질을 밖으로 배출시킨다. 편모는 숙주세포에 부착하는 역할을 하기도 한다.

요점정리

1. 세포는 구조적, 기능적으로 생명의 기본 단위이다.
2. 각 조직별로 다양한 형태의 세포들이 있으며, 이들은 서로 다른 기능을 책임지고 있다.
3. 세포에는 원핵세포와 진핵세포의 두 종류가 있다. 원핵세포는 핵이 없는 세포이고 진핵세포는 핵이 있는 세포이다. 그만큼 진핵세포는 크고 복잡하다.
4. 대부분의 미생물은 원핵세포에 속한다. 반면에 동물세포, 식물세포는 진핵세포에 해당한다.
5. 세포에는 다양한 세포소기관들이 있다. 세포벽은 세포가 형태를 유지하는 것을 도와준다. 세포막은 물질의 선택적 통과를 가능하게 한다.
6. DNA는 유전정보를 담고 있다. DNA는 염색체라고 부르는 특수한 구조에 감겨져 있다.
7. 세포질에는 그 외에도 리보좀 등 다양한 소기관들이 있다. 소포체는 리보좀이 붙어 있어 단백질을 합성하는 기관이다. 일부 세포에서는 소포체가 칼슘을 저장하고 해독작용을 수행한다.
8. 미토콘드리아는 세포호흡을 통해 에너지를 만들어낸다.
9. 편모와 섬모는 정자와 호흡기세포 등에 운동성을 부여해 준다

생각해 볼 문제

1. 세포설을 자신의 표현으로 정리해 보시오.
2. 원핵세포와 진핵세포의 '유사한 점'과 '차이점'을 말하시오.

CHAPTER 04

세포막을 통한 수송

CHAPTER 04 세포막을 통한 수송

학습목표

세포막은 원형질막이라고도 한다. 세포막은 세포의 안과 밖을 나누는 경계이다. 세포막은 세포의 경계를 나타낼 뿐만 아니라 분자들이 세포의 안과 밖으로 출입하고 통과하는 것을 선택적으로 조절하며, 한 세포가 이웃한 세포들과 소통할 수 있도록 해 준다. 세포막을 경계로 물질들이 이동하는 데에는 법칙이 있다. 확산, 삼투 등이 그것들이다. 세포막의 구조와 물질 이동 법칙에 대하여 살펴보도록 하자.

원핵세포인 세균부터 진핵생물에 이르기까지 모든 세포막은 '인지질의 이중막'으로 되어 있다. 인지질의 머리 부분은 극성이며 친수성이고, 꼬리 부분은 비극성이며 소수성이다. 인지질의 극성 머리 부분은 친수성이므로 수분이 있는 세포 외부 그리고 내부를 향해서 배열되어 있다. 비극성의 꼬리 부분은 안쪽을 향해 서로 마주 보고 있는데, 그럼으로써 수분을 피해 나란히 두 줄로 배열될 수 있다(그림 4-1).

세포막은 인지질의 이중막(phospholipid bilayer)이다(그림 4-2). 세부적인 구조는 유동모자이크 모델(fluid mosaic

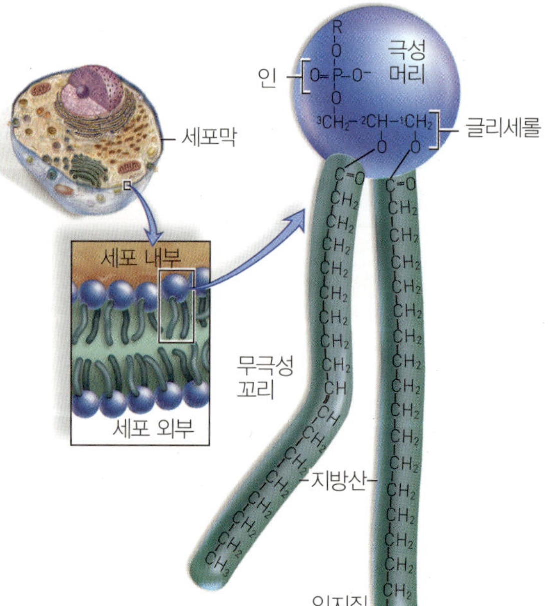

그림 4-1. 인지질

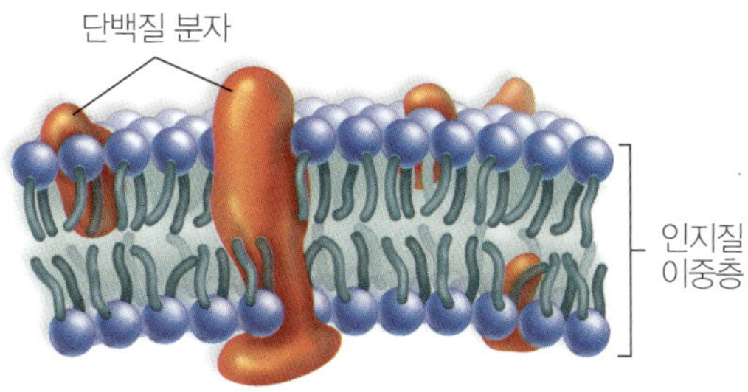

그림 4-2. 인지질의 이중막

model)로 설명이 된다. 유동모자이크 모델에 의하면 세포막의 구조는 마치 바다와 같다는 것이다. 즉, 지질이라는 넓은 바다 표면에 단백질들이 섬처럼 모자이크 형태로 이쪽저쪽 박혀 있는 모습에 비유할 수 있다.

인지질은 바다물과 같아서 유동적이기에 혹시 충격으로 일부분이 파괴된다 해도 곧 주변에서 또 다른 인지질들이 밀려들어와 깨끗이 수선된다. 세포들이 끊임없이 외부로부터 충격을 받음에도 불구하고 쉽게 파손되지 않는 이유가 바로 이것이다. 한편 단백질들은 외부에서 신호를 받아들이는 안테나 역할을 하거나 세포내외의 물질이동을 돕는 터널의 역할, 효소작용 등을 한다. 어떤 것은 외부 물질과 결합하는 수용체(receptor)로도 작용한다.

동물세포에는 지지해 줄 세포벽이 없기 때문에 세포막 자체의 견고성을 높일 필요가 있다. 또 작은 틈새이기는 하지만 인지질과 인지질 사이의 틈새도 확실하게 메꾸어 주어야 아무 물질이나 마구 통과하는 것을 막을 수 있다. 이를 위해서 동물의 세포막에는 콜레스테롤이 많이 들어 있다(그림 4-3).

세포막은 세포를 외부환경으로부터 보호하고, 물질 출입을 적절히 통제해 줄 뿐만 아니라 인접한 세포들을 서로 결

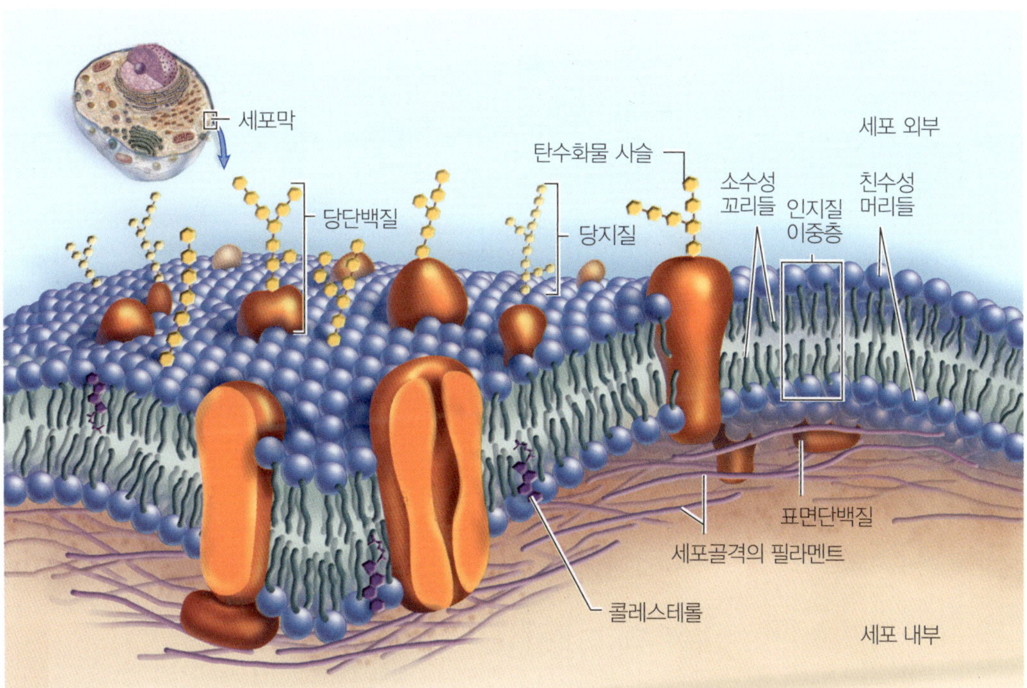

그림 4-3. 동물 세포막의 구조

합시켜 주기도 한다. 세포소기관들의 막에도 이러한 유동모자이크 성질은 동일하게 적용된다.

막에 위치한 단백질들은 내재성 단백질과 표재성 단백질의 두 종류로 분류된다. 내재성 단백질은 막 속에 박혀 있는 것들이고, 표재성 단백질은 막의 안쪽과 바깥의 표면으로 돌출한 것들이다. 내재성 단백질의 구조는 2개 부위로 나뉘어지는데, 막 속에 묻힌 소수성 부위와 막 표면으로 뻗어 나온 친수성 부위이다. 이런 부위들이 있기 때문에 내재성 단백질은 그 자리에서 뒤집히지 않으면서도 측면을 따라 조금씩 움직일 수 있다(그림 4-4).

① 통로단백질

통로단백질은 평소에는 닫혀 있지만 필요할 때 열려 통로를 제공함으로써 분자들을 막의 반대편으로 이동시켜 준다. 수소이온을 미토콘드리아 내막을 통해 이동시키는 통로가 좋은 예이다. 수소이온의 이동 없이는 전자전달계를 통한 ATP 생산이 일어나지 못한다.

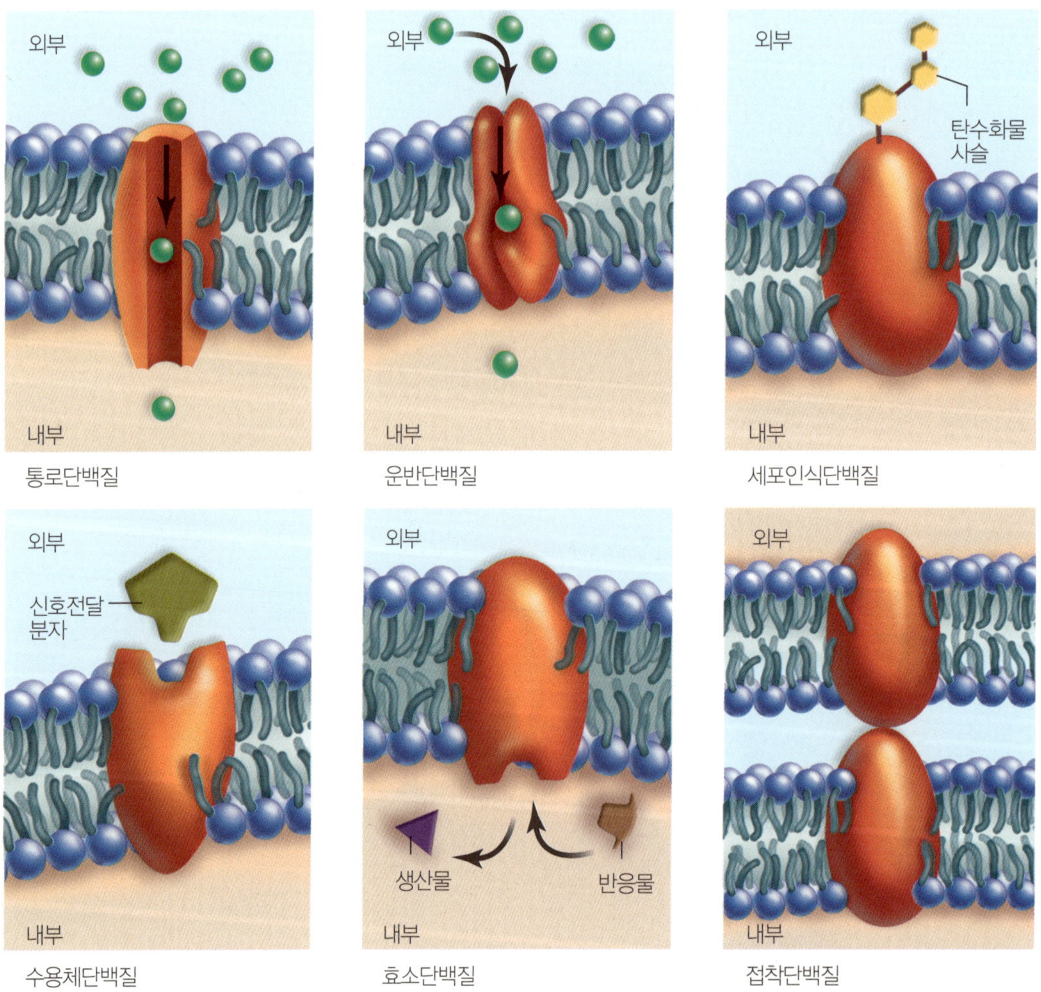

그림 4-4. 다양한 세포막 단백질들

② 운반단백질

운반단백질은 물질과 직접 결합해서 막 건너로 이동시켜 준다. 단순히 통로만 제공하는 통로단백질과 근본적으로 차이가 난다. 배로 사람을 강 건너편에 무사하게 이동시키는 것으로 비유할 수 있다. 운반단백질은 신경세포막을 경계로 하여 나트륨과 인을 수송해 준다. 운반단백질 없이는 신경 자극의 전도가 불가능하다.

③ 세포인식단백질

세포인식단백질의 기본구조는 당단백질이다. 외부에서 유입되는 항원, 즉 외부세포들의 표면에는 이런 당단백질들이 많이 붙어 있다. 우리 몸의 면역체계는 바로 이 당단백질을 인식하여 방어 작용을 강화하는 것이다. 이 인식작용이 없으면 방어를 할 수 없어 유해한 생물체(병원체)들이 체내로 자유로이 침입하고 말 것이다.

④ 수용체단백질

수용체단백질에는 특이한 분자와 결합하는 부위가 따로 있다. 이렇게 특이 분자와 결합하면 단백질 구조가 변형되고, 그에 따라 다양한 세포내 반응이 야기된다. 신체 여러 기관들의 총체적 조화는 수용체와 신호전달분자 사이의 결합에 의해 이루어진다. 예를 들면, 간세포는 인슐린으로부터 신호를 전달받아 포도당을 저장한다.

⑤ 효소단백질

세포막의 단백질 중 일부는 생화학반응을 직접 수행하는 효소단백질이다. 이런 효소들은 다양한 세포들의 세포막에 부착되어 있다. 효소 없이는 세포의 생명 유지와 기능에 필요한 물질대사가 일어날 수 없다.

⑥ 접착단백질

접착단백질은 다세포생물에서 세포들이 서로 떨어지지 않도록 부착시켜 주는 역할을 한다. 접착 방식에는 여러 유형이 있으며, 접착을 통해 세포 간 연락 또한 가능하다.

1. 세포막을 통한 물질의 이동

세포막의 가장 큰 특징은 선택적 투과이다. 이는 특정한 물질들만 막 자유롭게 통과할 수 있고, 다른 물질들은 그렇지 않다는 것을 의미한다. 자유로운 확산이 어려운 물질들을 위해서는 별도의 운반체나 에너지가 있어야 한다. 확산은 물질을 높은 농도에서 낮은 농도의 방향으로 이동시키는데, 간혹 운반체가 필요하지만 에너지는 불필요하다. 능동수송은 반대로 물질들을 고농도 방향으로 움직이게 하며, 이때는 운반체와 에너지가 모두 요구된다. 세포내로 물질을 직접 섭취(bulk transport)할 때에는 농도의 기울기가 영향을 주지 않는다.

2. 단순확산

확산은 농도가 높은 곳에서 낮은 곳으로 물질이 이동하는 방법이다. 확산은 농도차에 의해 자연스럽게 이동하는 방법이기 때문에 에너지를 필요로 하지 않는다(그림 4-5). 전기를 띠지 않으며 분자량이 작은 물질들이 주로 단순확산(simple diffusion)에 의해 이동한다. 이런 것들은 특별한 단백질의 도움 없이도 세포막을 자유로이 통과할 수 있으며 온도와 농도를 높여 주면 더욱 촉진된다. 확산은 경계를 중심으로 양쪽의 분자 농도가 균등해질 때까지 고농도에서 저농

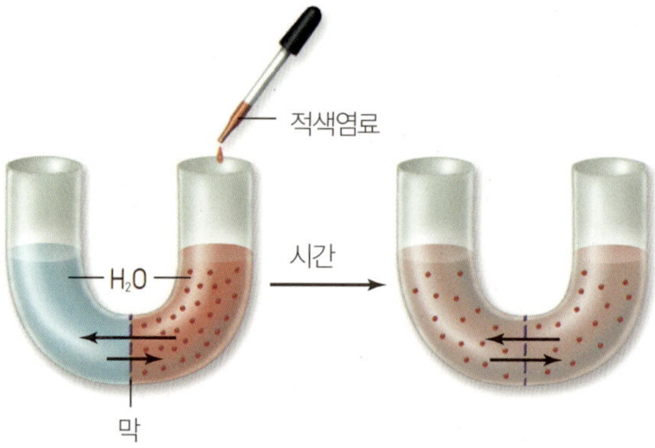

그림 4-5. 단순확산

도로 계속해 일어난다. 다시 말해, 기울기가 없어질 때까지 그 '농도기울기'를 따라 이동한다. 확산은 분자의 종류를 가리지 않고 언제 어디서나 관찰될 수 있는 일반적인 물리 현상이다. 예를 들면, 방 한 구석에서 향수를 뿌리면 그 냄새는 확산에 의해 방 전체 구석구석까지 퍼져나간다.

세포에서는 지극히 적은 양의 분자들만 세포막의 소수성 부분을 통해 단순확산을 할 수 있다. 알코올 분자들은 막을 건너 확산할 수 있으며, 산소(O_2)와 이산화탄소(CO_2)도 마찬가지로 확산이 가능하다. 확산으로 인해 O_2가 폐의 공기주머니에서 나와 혈액으로 들어갈 수 있다. 이때 CO_2의 움직임은 반대 방향이다. 이때 에너지는 불필요한데, 기체는 단순히 농도기울기만 따라 확산되기 때문이다.

3. 촉진확산

농도가 높은 곳에서 낮은 곳으로의 확산이라는 점은 단순확산과 동일하다. 따라서 역시 에너지가 필요 없는 확산이다. 그러나 물질의 이동이 세포막에 있는 단백질 터널의 도움을 받아 일어난다는 점이 다르다. 촉진확산(facilitated diffusion)은 전기를 띠고 있는 이온이나 비교적 분자량이 큰 물질들이 이동하는 방법이다(그림 4−6). 대표적인 예로는 포도당, K^+, Na^+ 등의 세포막을 통한 이동이 있다. 촉진확산은 기질에 따라 특정한 단백질의 도움을 필요로 하기 때문에 세포막을 통과하는 물질들을 통제하는 방법이 된다. 또 한편으로는 세포막을 자유로이 통과하지 못하는 이온 같은 물질들도 출입할 수 있도록 해 준다. 촉진확산은 온도와 농도가 높으면 촉진되며, 특히 세포막에 위치한 통로단백질이나 수용체가 많으면 촉진이 된다.

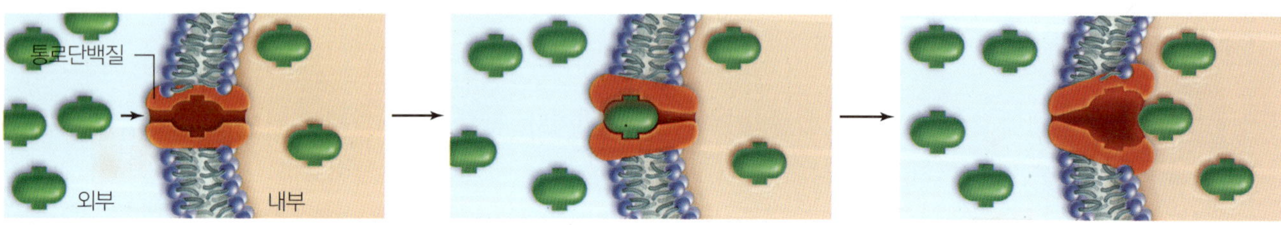

그림 4-6. 촉진확산

다시 설명하면 어떤 분자들(물, 포도당, 아미노산류)과 이온들(Cl^-, Ca^{2+})은 그 크기나 극성으로 볼 때 예상되는 것보다 훨씬 빠른 비율로 세포막을 건너간다. 이렇게 '촉진확산'은 운반체를 필요로 하지만 분자나 이온들이 농도기울기를 따라서 움직이기 때문에 별도의 에너지는 필요 없다는 것이다. 각각의 통로단백질은 자신만의 특수한 물질만 통과시키기 때문에 선택적 투과를 나타낸다.

4. 삼투

삼투(osmosis)는 확산 중에서도 특별히 물의 확산을 지칭하는 용어이다. 물은 용질(solute)의 농도가 낮은 곳에서 높은 곳으로 이동하게 마련이다. 용질이란 물에 녹아있는 물질을 말한다. 한 용액에서 용질의 농도가 낮다는 것은 상대적으로 물의 농도가 높다는 것이다. 용질의 농도에 따라 용액은 등장액(isotonic solution), 고장액(hypertonic solution), 저장액(hypotonic solution)으로 분류를 한다(그림 4-7). 예를 들어, 세포가 고장액에 들어 있으면 농도 차에 의해 물을 빼앗기게 된다. 우리가 라면을 먹은 후 갈증을 느끼는 이유도 나트륨 농도 차이에 의해 세포가 물을 빼앗기기 때문이다.

삼투의 농도차로 인해 세포막 건너로 물이 확산되는 현상을 '삼투'라고 한다. 삼투가 일어나면 용질은 세포막을 건널 수 없는 반면 물(용매)은 자유롭게 막을 통과할 수 있다. 즉, 삼투현상은 물의 움직임을 뜻한다. 어떤 길로 물이 움직이느냐는 것은 막 양쪽의 용질 대 용매인 물의 농도에 달려 있다.

5. 능동수송

능동수송(active transport)은 낮은 농도에서 높은 농도로의 물질 이동이다. 농도를 거슬러가는 이동이기 때문에 에너지가 반드시 필요하며, 단백질의 도움을 필요로 한다.

능동수송에 이용되는 단백질을 펌프(pump)라고도 한다. '나트륨(Na^+)−칼륨(K^+) 펌프'는 신경 기능에 절내적으로 중요한데, ATP를 가수분해할 때 생성되는 에너지에 의해 그 형태가 바뀌게 된다. 즉, 구조상 통로가 생기면서 나트륨 이온들과 칼륨 이온들이 신경세포막을 경계로 서로 반대 방향으로 움직인다(그림 4-8).

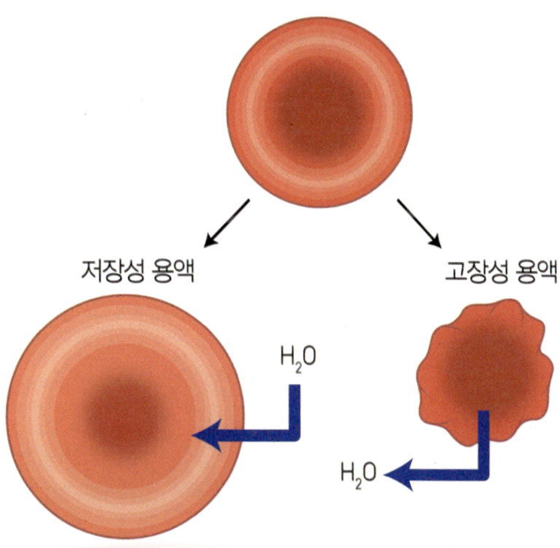

그림 4-7. 등장액, 고장액, 저장액에서의 적혈구 변화

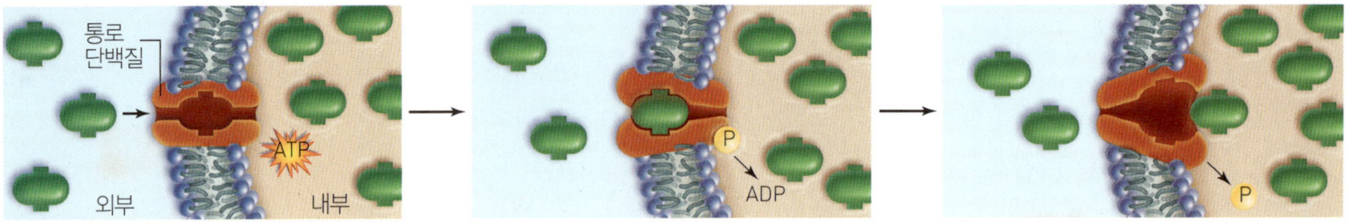

그림 4-8. 능동수송

6. 대량수송

에너지를 필요로 하는 운반으로서 막주머니를 이용하는 방법이다. 대량수송(bulk transport)에는 물질을 안으로 받아들이는 세포내이입(endocytosis)과 거꾸로 밖으로 배출하는 세포외유출(exocytosis)의 두 가지가 있다. 세포내이입은 또 액체성분이나 분자 차원의 작은 물질들을 이입시키는 음세포작용(pinocytosis)과 고체성분을 이입시키는 식세포작용(phagocytosis)으로 나누어진다(그림 4-9).

음세포작용은 액체나 작은 입자들을 섭취할 때 작은 소낭(소포)이 형성되면서 일어난다. 이렇게 작은 물질을 삼키는 음세포작용을 하는 세포들 중에는 백혈구, 신장 미세소관의 막세포들, 소장 내벽 세포들이 있다. 단세포생물이 음식물을 섭취하거나 백혈구가 세균을 퇴치하는 식작용이 좋은 예이다. 세포외유출의 예로는 호르몬, 신경전달물질(neurotransmitter), 소화효소, 노폐물 등을 세포가 분비하는 것을 들 수 있다(그림 4-10). 세포외배출(exocytosis)이 활발한 소포가 많이 발견되며, 소포들은 분비 신호가 오면 세포막에 융합되어 그 내용물들을 방출하는데, 이는 잘 조절된 분비 방식이다.

폴리펩티드, 다당류들, 입자들은 일반적으로 세포막 단백질로만 운반하기에는 분자량이 너무 크다. 때문에 세포내이입을 통해 세포로 들여오거나 반대로 내보낼 수도 있다. 때로는 세포내로 섭취한 입자들이 아주 큰 경우가 있는데, 이럴 때

a.

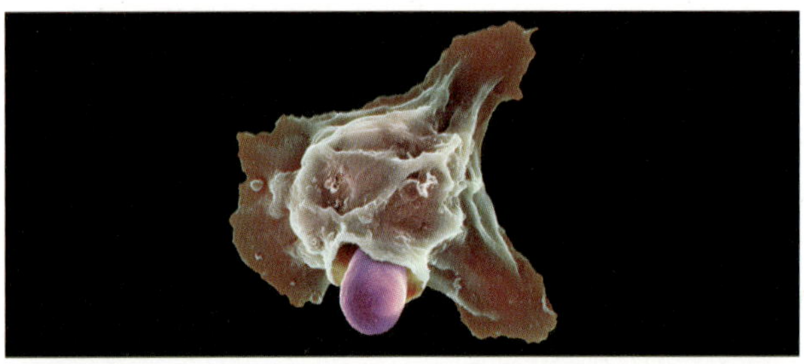

b.

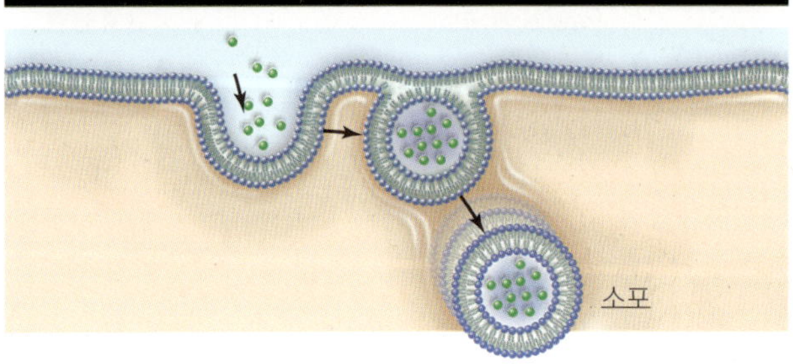

그림 4-9. 세포내이입

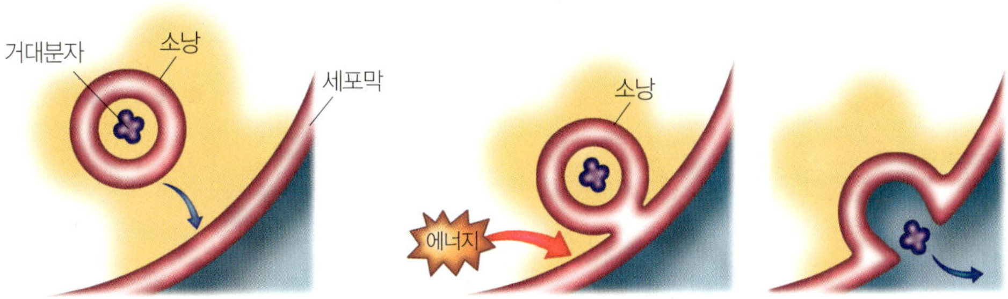

그림 4-10. 세포외유출

는 따로 '탐식'이라는 용어를 사용한다. 세포내이입으로 들어온 외부 물질은 리소좀과 융합되어 가수분해되어 버린다.

7. 수용체 매개 세포내유입

수용체를 매개로 한 세포내유입(receptor-mediated endocytosis)은 세포막에 위치한 수용체를 통해서 외부 물질을 유입하는 방식이다. 수용체 매개 세포내유입은 수용체에 붙을 수 있는 물질만 이동시키기 때문에 선택적이다. 음세포작용보다 효율면에서도 월등하다. 모체의 태반에서 물질들이 모체 혈액으로부터 태아 혈액으로 들어갈 때도 이런 작용이 일어난다.

요점정리

1. 모든 세포의 세포막 또는 세포막은 유동모자이크 모델인 인지질의 이중막으로 되어 있다. 머리 부분은 극성으로 친수성이고, 꼬리 부분은 비극성으로 소수성이다.
2. 동물세포에는 지지해 줄 세포벽이 없으므로 세포막 자체의 견고성을 높이기 위해 콜레스테롤이 많이 들어 있다.
3. 세포막은 세포를 외부 환경으로부터 보호하고, 물질 출입을 적절히 통제하며, 인접한 세포들을 서로 결합시켜 주기도 한다.
4. 세포막에는 다양한 단백질들이 위치해 있다. 통로단백질과 운반단백질은 물질을 이동시켜 주는 단백질이다. 그 외에도 수용체 단백질, 효소단백질 등이 있다.
5. 세포막의 가장 큰 특징은 선택적 출입이다. 특정한 물질만 자유롭게 통과할 수 있고 다른 물질들은 그렇지 않다는 것이다.
6. 확산은 물질을 낮은 농도의 방향으로 이동시킨다. 따라서 에너지를 필요로 하지 않는다. 반대로 능동수송은 물질들을 고농도 방향으로 움직이는데, 이때는 운반체와 에너지가 모두 요구된다.
7. 확산에는 단순확산과 촉진확산의 두 종류가 있다. 촉진확산은 세포막에 위치한 단백질 터널의 도움을 받는다는 점이 단순확산과 다르다.
8. 삼투는 확산 중에서도 특별히 물의 이동을 표시하는 용어이다. 물은 용질의 농도가 낮은 곳에서 높은 곳으로 이동한다.

생각해 볼 문제

1. '유동모자이크 모델'의 개념을 정리하시오.
2. 세포막을 경계로 한 물질의 선택적 통과가 왜 중요한지를 설명하시오.

CHAPTER 05
효소

CHAPTER 05 효소

학습목표

효소는 체온에서 다양한 생화학반응들이 일어날 수 있도록 활성화에너지를 낮추어주는 물질이다. 효소의 종류는 다양하지만 화학적 성분은 대부분 단백질이다. 최근에 RNA 효소인 리보자임(ribozyme)도 일부 보고된 바 있다. 효소반응은 여러 조건에 의해 영향을 받는데 온도, pH 등 단백질의 삼, 사차구조 유지와 밀접한 관계가 있다. 효소마다 특수한 기질이 정해져 있어서 체내 물질대사는 정해진 순서에 의해서만 질서있게 촉진될 수 있다. 효소반응은 피드백에 의해 조절되며 그 결과 항상성을 유지시켜 준다. 대표적인 생체에너지는 ATP로 단기 에너지 형태이다. 효소의 반응기작과 조절요인들, ATP에 대해 살펴보도록 하자

1. 효소

효소(enzyme)는 세포에서 일어나는 각종 화학반응에 촉매(catalyst)로서 작용하여 반응속도를 촉진시켜 준다. 세포에서 일어나는 화학반응들을 생화학반응이라 한다. 대부분의 효소는 단백질이지만, 최근에는 RNA가 효소로 작용하는 리보자임(ribozyme)도 몇 가지 알려져 있다. 이 장에서는 단백질효소들에 대해서만 설명하기로 한다.

2. 효소의 기능과 물질대사

세포의 물질대사는 효소에 의해 지배된다. 만약 효소가 없다면 생물체에서는 아무 반응도 일어날 수 없다. 효소는 두 개의 반응물들을 한자리에 모아서 서로 접촉이 쉽게 해 줌으로써 반응이 일어나도록 도와준다. 화학적으로는 활성화에너지를 낮추어 주는 방식이다.

3. 활성화에너지

생화학반응들은 고온, 고압, 강산, 강알칼리 등의 거친 조건이 아닌, 생체 내 온화한 조건, 중성 pH, 대기압 등에서 일어날 수 있어야 한다. 효소가 반응속도를 촉진할 수 있는 원리는 반응이 일어나는 데 필요한 활성화에너지(activation energy)를 낮추어주는 것이다(그림 5-1). 활성화에너지는 자전거로 언덕을 넘는 것에 비교할 수 있다. 일단 넘기만 하면 내리막길이지만 문제는 언덕꼭대기까지 자전거를 타고 올라가야 한다는 것이다. 당연히 언덕이 높을수록 넘기 힘들 것이다. 그렇지만 이 고개를 깎아서 낮추어 버린다면 그만큼 올라가는 데에 힘도 덜 들어가고 빨리 올라갈 수 있는데, 바로 이것이 효소의 역할이다.

그림 5-1. 활성화에너지와 효소의 역할

저녁 식사로 섭취한 음식들은 소화기관으로 들어가 효소와 만나야 영양을 지닌 생체고분자들로 분해될 수 있다. 효소는 화학적으로 볼 때 대부분 단백질이다. 자신은 반응에 영향을 받지 않고, 화학작용을 촉진시키는 유기촉매로 볼 수 있다. 앞서 설명한 소화관의 경우처럼 세포에는 많은 유형의 효소들이 존재한다. 효소반응은 어디에서나 일어날 수 있는데, 효소의 기본 작용 방식은 반응속도를 높여 주는 것이다.

효소마다 특정 기질에 대해 특이성이 있다. 그렇기 때문에 세포내에는 여러 종류의 상이한 효소들이 존재하는 것이다. 어떤 기질이 특별한 효소에 특이성을 보이는 까닭은 그 효소와 결합하여 효소-기질 복합체를 형성하기 때문이다. 효소에는 활성 부위가 있고, 이 활성 부위가 기질들과 결합하여 효소-기질 복합체를 형성한다. 예를 들어, 폴리펩티드를 소화해 디펩티드(dipeptide) 생산물을 만드는 반응은 다음과 같이 표시할 수 있다.

E + S	→	ES	→	E + P
효소 기질		효소-기질 복합체		효소 생산물

4. 구조

효소는 대부분 단백질로서 삼차 또는 사차구조이므로 보통은 둥근 모습을 하고 있다. 효소는 단순단백질 또는 복합단백질로 되어 있다. 복합단백질은 단순단백질 부분과 결합한 보결분자단(prosthetic group)이 있는 경우이다. 여기서 보결분자단은 구리, 철, 망간 같은 다양한 금속이온이나 비타민 같은 유기물, 각종 조효소 등을 지칭한다.

효소에는 주머니처럼 움푹 들어간 부분들이 있게 마련이다. 주머니의 모습은 그 부분의 아미노산 곁사슬들이 어떻게 배열되느냐에 따라 결정된다. 이 주머니와 반응기질(substrate)은 열쇠와 자물쇠처럼 모양이 서로 꼭 들어맞게 되어 있다. 이것이 열쇠와 자물쇠 이론(key and lock theory)이다(그림 5-2).

그러나 많은 경우 처음부터 구조가 맞아 들어가는 것이 아니고 반응이 일어날 때 활성 부위의 형태가 약간 변하면서 기질과 결합하는 것이다. 이것을 '유도적합모델'이라고 부른다. 효소의 최적 활성을 위해 약간의 변형이 일어났기 때문

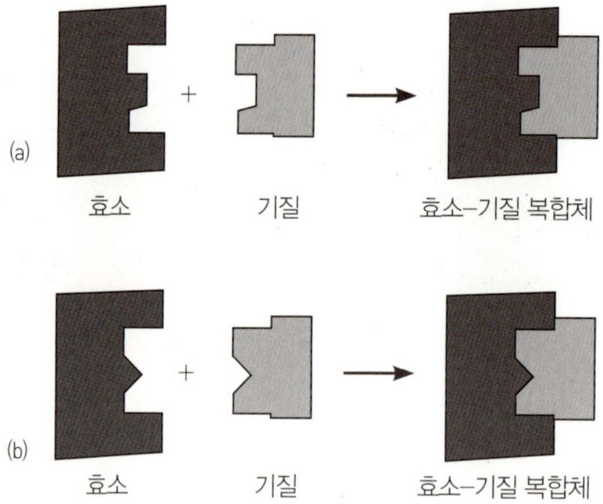

그림 5-2. 열쇠와 자물쇠 이론

이다. 이렇듯 활성 부위의 형태 변화는 반응을 더욱 용이하게 촉진해 준다. 일단 반응이 완료되고 생산물이 만들어지면 활성 부위는 원래 모습으로 돌아가서 또 다른 기질과 결합할 준비를 한다.

결국 효소의 구조는 활성 부위(active site), 결합부위(binding site), 촉매부위(catalytic site)의 세 개 부위로 나뉘어져 있다. 세포에는 소량의 효소만이 필요한데, 그 이유는 효소들이 계속적으로 반복 순환하여 사용되기 때문이다. 효소마다 주머니의 모습이 다르기 때문에 각각의 효소들은 기질특이성(substrate specificity)을 보이게 마련이다(그림 5-3).

5. 효소의 이름

효소의 이름은 보통 반응 기질의 이름에 "-아제(-ase)"라는 접미사를 붙인다. 예를 들면, 산소를 더해 주는 효소는 옥시다아제(oxidase), 인을 제거하는 효소는 포스파타아제(phosphatase) 등으로 부른다. 우리 몸에는 약 2,000여 종의 효소가 보고되어 있다.

6. 기능

물질대사는 효소군에 의한 연속적인 반응이다. 즉, 한 반응의 반응산물은 연이어 다음 반응의 기질로 작용한다는 말이다. 대부분의 생화학반응은 여러 단계를 거쳐야 하기 때문에 일련의 효소군에 의해 일어나게 마련이다. 예를 들어, 1분자의 포도당이 2분자의 피르브산(pyruvic acid)으로 깨지는 해당작용(glycolysis)은 여러 중간단계를 거쳐서 완성되는

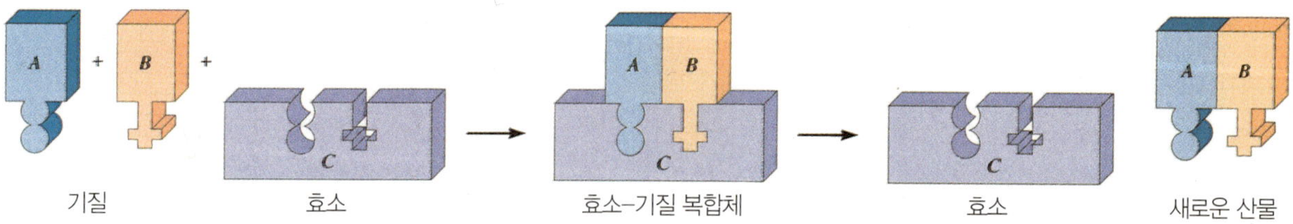

그림 5-3. 효소의 기질 특이성

데 모두 10가지의 효소가 필요하다. 각각의 단계에서 만들어진 반응물은 이어서 다음 단계의 기질이 된다.

대부분의 효소들은 단백질이기 때문에 DNA에 저장된 유전정보에 따라 만들어진다. 만약 선천적으로 유전자가 발현되지 못해 특정한 효소가 만들어질 수 없다면 해당되는 생화학반응이 일어나지 못할 것이다. 그 때문에 그 사람은 선천성질환에 걸리게 된다. 예를 들어, 갈락토오스분해효소를 만드는 유전자가 선천적으로 발현되지 못해 갈락토세미아(galactosemia) 환자의 경우 어릴 때 우유를 먹이면 젖당의 갈락토오스가 소화되지 못하고 뇌에 쌓이면서 정신박약의 원인이 될 것이다. 지금은 태어나자마자 이 효소의 유무를 간단히 조사할 수 있고, 만일 이 효소가 발현되지 못할 경우 갈락토오스를 제거한 음식물을 제공함으로써 정신박약을 피할 수 있다.

7. 효소에 영향을 주는 인자들

효소의 반응속도는 단위 시간에 생산되는 반응산물의 양이다. 일반적으로 효소작용이 빠르기도 하지만, 어떤 경우에는 반응속도를 만 배 이상 증가시킬 수도 있다. 최고의 반응률을 달성하려면 무엇보다도 기질의 양이 충분해야 한다. 그래서 효소분자들의 활성 부위를 반응시간 내내 비우는 일이 없이 계속 채워 줄 수 있어야 한다. 기질의 양을 늘리고, 충분한 온도를 맞춰 주고, 적정 pH가 갖추어지면 효소의 반응률은 당연히 올라가게 된다.

1) 기질의 농도

분자들이 반응을 하려면 가능한 가까운 공간에 서로 붙어 있어야 한다. 일반적으로 효소활성은 기질 농도가 증가함에 따라 같이 증가하는데, 그 이유는 효소가 기질분자들과 부딪칠 기회가 더 많아지기 때문이다. 더 많은 기질분자들이 활성 부위를 채울수록 단위 시간당 생성물은 더 많아진다. 그러나 효소의 활성 부위가 계속 기질로 채워져 있다면 활성률이 더 이상 증가할 수 없다. 이미 최고조에 도달해 포화상태이기 때문이다. 기질의 양이 효소반응률을 증가시키거나 제한할 수 있는 것 같이 효소의 양도 효소반응률을 증가시기거나 세한할 수 있다.

2) 온도

온도가 상승함에 따라 효소활성도 증가한다. 열에너지가 더해질수록 효소와 기질들 간에 보다 효과적인 접촉이 일어날 수 있기 때문이다. 그러나 체온은 일정 수준 이상 올릴 수가 없다. 오히려 너무 높이면 효소활성이 급속하게 저하된다. 이는 효소의 변성 때문이다. 효소의 삼차, 사차 입체 형태가 변하고, 그 효소는 더 이상 기질과 효율적으로 결합할 수 없게 되기 때문이다.

3) pH

각 효소마다 적정 pH 범위가 있다. 이 pH값에서는 효소가 정상적인 구조를 하고 있다. 효소의 입체 구조는 수소결합 그리고 곁사슬들 사이의 상호작용에 달려 있는데, pH가 변하면 R기가 변해서 기질과의 적절한 반응이 깨지게 된다. pH의 극한 조건에서는 결과적으로 변성이 일어난다.

4) 보조인자

앞에서 설명하였듯이 많은 효소들은 최적의 활성을 위해 무기 이온이나 비단백질성 유기분자를 필요로 한다. 이들 이온들과 분자들을 통칭하여 '보조인자'라고 부른다. 무기이온은 구리, 아연 또는 철분 등과 같은 금속들이다. 비단백질성 유기분자들은 '조효소(coenzyme)'라고 불리는 것들이다. 보조인자들은 효소를 도와 반응에 필요한 전자를 제공하거나(산화제) 받아들이는(환원제) 역할을 한다.

8. 조절

세포는 필요 없는 효소를 과잉으로 만드는 등의 에너지 낭비를 절대 하지 않는다. 이렇게 하기 위해서는 필요한 만큼만 적절한 양의 효소가 만들어질 수 있도록 정확히 조절하는 기작이 필요하다. 세포는 두 가지 차원에서 이런 조절을 하고 있다. 한 가지는 기질의 양에 따라 조절하는 것이고, 또 다른 한 가지는 반응산물(product)의 양에 따라 조절하는 것이다. 기질이 많을 때는 이를 반응시키기 위해 효소 생산과 활성이 따라서 증가하고, 반응산물이 지나치게 많이 만들어지면 이에 의해 효소작용이 억제된다. 이렇게 반응산물에 의해 효소가 억제 받는 현상을 피드백억제(feedback inhibition)라고 한다(그림 5-4). 포도당이 세포에 지나치게 공급되면 이를 빨리 저장하기 위해 글리코겐으로 전환시키는 효소의 합성이 증가한다든지 해당작용의 결과로 ATP가 지나치게 많이 만들어지면 이에 의해 대사가 억제되는 것들이 좋은 예이다.

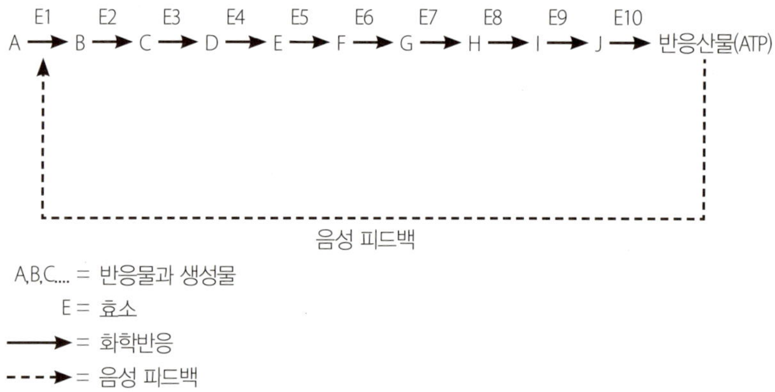

그림 5-4. 피드백억제

요점정리

1. 효소는 세포에서 일어나는 각종 화학반응의 촉매로 작용해서 반응속도를 촉진시켜 준다.
2. 효소에는 특정한 조건에서만 만들어지는 유도 효소와 항상 발현되어 일정하게 만들어지는 기초 효소의 두 종류가 있다.
3. 효소가 반응을 촉진하는 원리는 생체반응의 활성화에너지를 낮추어주는 것이다.
4. 대부분의 효소는 화학적으로 단백질이지만 일부 RNA 효소도 발견되고 있다. 이를 리보자임이라고 부른다.
5. 효소가 기능을 나타내려면 최소한 단백질의 삼차 또는 사차구조가 되어야 한다.
6. 효소단백질에는 단순 단백질과 복합 단백질의 두 종류가 있다. 복합 단백질에는 보결분자단이라 불리는 금속 이온이나 비타민 등이 추가로 붙어 있다.
7. 효소에는 활성화 부위, 기질결합 부위, 촉매 부위의 세 가지 구조가 있다.
8. 효소의 활성화 부위와 기질은 마치 열쇠와 자물쇠처럼 모양이 서로 꼭 들어맞게 되어 있다. 그러나 많은 경우 처음부터 구조가 일치하는 것은 아니고 반응이 일어날 때 활성 부위의 형태가 약간 변하면서 기질과 결합하는 유도적합모델을 따르고 있다.
9. 효소의 명명법은 기능을 나타내는 용어 뒤에 '–아제(–ase)'라는 접미사를 붙이는 것이다.
10. 효소는 보통 단백질이기 때문에 pH와 온도, 기질의 농도 등에 의해 반응속도가 결정된다. 때로는 반응 산물의 농도에 따라 반응 속도가 조절되는 피드백 현상이 일어난다.

생각해 볼 문제

1. 해당과정에 포함된 효소들을 살펴보고 이들의 이름과 생화학적 기능을 설명하시오.
2. 체내에서 일어나는 효소반응 중 '피드백 억제'와 '피드백 촉진'의 예를 각각 찾아보시오.

CHAPTER 06 물질대사

CHAPTER 06

물질대사

학습목표

생물체는 고도의 규칙성과 항상성을 지니고 있으며 이 두 가지 성질을 유지하기 위해서 에너지를 필요로 한다. 생물체들은 끊임없이 에너지를 획득하고, 저장하며, 한 가지 형태의 에너지를 다른 형태의 에너지로 전환시킨다. 에너지란 일을 할 수 있는 능력, 즉 생명현상을 일으키는 능력이다. 에너지대사의 대표적인 두 가지 – 세포호흡과 광합성에 대하여 살펴보도록 하자.

1. 에너지

에너지에는 5가지 형태, 즉 방사선에너지, 화학에너지, 기계에너지, 전기에너지 그리고 핵에너지가 있다. 이 장에서는 특별히 방사선에너지, 화학에너지, 기계에너지에 초점을 맞출 것이다.

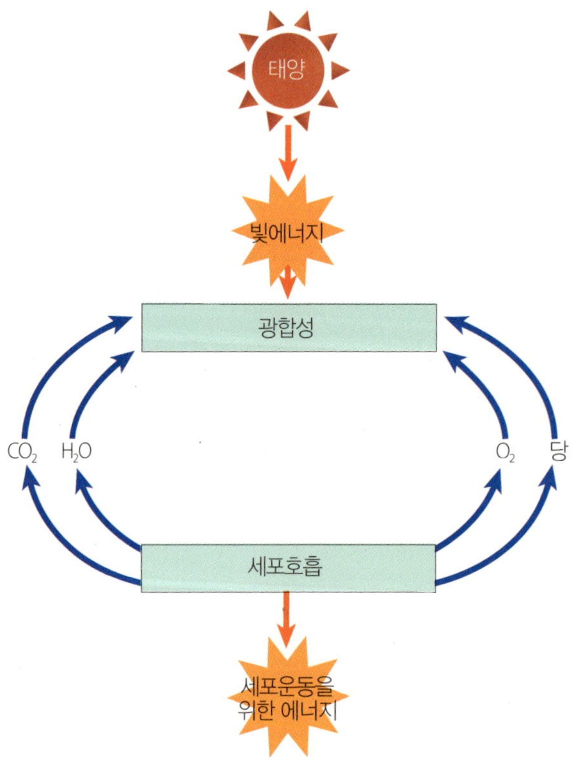

그림 6-1. 방사선에너지–태양

방사선에너지의 대표적인 것은 태양에너지이다(그림 6−1). 태양에너지는 식물들에 흡수되어 광합성을 통해 유기화합물을 생산하는 데 사용되는 에너지이다. 즉, 식물들 자신과 지구 생물권 모두를 위해 사용되는 에너지이다. 화학에너지는 유기분자들 속에 존재하며 식품 형태로 섭취된다. 다시 말하면 식품은 화학에너지의 주원료이다. 기계에너지는 운동과 연관된 에너지이다. 축구선수가 몸을 유연하게 움직이는 외형적인 운동뿐 아니라 원자, 이온 또는 분자들의 내부적인 운동에 소요되는 에너지가 모두 여기에 속한다. 열(heat)은 에너지이기는 하지만 쉽게 분산되어 버리기 때문에 효율이 낮은 저품질의 에너지이다. 일반적으로 열을 이용해 몸을 따뜻하게 할 수 있지만 열이 지나치면 땀을 증발시켜 체온을 낮추어주기도 한다.

'잠재에너지'는 저장에너지이며 '운동에너지'는 활동에너지이다. 잠재에너지는 필요할 때 언제든지 운동에너지나 기타 형태로 변환될 수 있다.

스쿠버 다이버가 저녁으로 먹은 음식에는 화학에너지가 들어 있다. 이 화학에너지는 잠재에너지 형태로 함유되어 있으며, 분자 또는 원자의 결합 형태로 들어 있다. 다이버가 사다리를 타고 다이빙대로 오를 때는 음식의 잠재에너지가 운동에너지로 전환되어 쓰이게 된다. 일단 다이버가 다이빙대 꼭대기에 도달하면 운동에너지는 다시 잠재에너지인 위치에너지로 전환된다. 선수가 몸을 움직여 다이빙을 하면 이 위치에너지는 다시 운동에너지로 전환된다. 즉, 에너지가 운동에 소요되어 버린 것이다. 때문에 운동을 지속하려면 끊임없이 새로운 화학에너지가 공급되어야 한다. 동물이 지속적으로 식사를 해야 하는 이유가 이것이다.

잠재에너지와 운동에너지는 이처럼 모든 생물체들에게 필수이다. 세포가 계속해서 에너지를 만들어 저장하고 또 필요할 때 방출하기 때문이다. 예를 들면, 간세포들은 평상시 에너지를 포도당(글리코겐) 형태로 저장하지만, 운동 시에는 ATP 분자들을 만들기 위해 저장된 글리코겐을 다시 분해한다.

여기서 에너지의 단위와 측정 방법을 알아야 한다. 에너지의 대표적인 단위는 칼로리(calory)이다. 대개는 약어로 "cal"이라 쓴다. 1칼로리란 물 1g의 온도를 1°C 올리는 데 요구되는 열량이다. 1,000cal는 kcal 또는 대문자 "C"로 표시한다.

2. 에너지 법칙

열역학 법칙이라고 부르는 두 개의 법칙이 있다. 이들은 에너지 보존과 사용에 있어 매우 중요한 의미를 갖는다. 이 법칙들은 여러 형태의 에너지들 상호 관계에 대한 것으로, 무생명체들이나 생명체들 모두 이 법칙을 피해갈 수 없다.

열역학 제1법칙(에너지 보존의 법칙)은 새로운 에너지가 만들어지거나 파괴되지는 않지만, 한 형태에서 다른 형태로 바뀔 수는 있다는 것이다. 개나리를 예로 들어 보자. 개나리는 광합성을 통해 태양에너지를 화학에너지로 전환시킬 수 있으며, 개나 사람 같은 동물들은 이렇게 만들어진 화학에너지를 섭취해서 운동에너지로 전환시킬 수 있다. 주목해야 할 것은 에너지의 형태가 전환될 때 일부 에너지는 열로 잃어버린다는 것이다. 여기서 "잃어버린다"라는 말은 더 이상 효율적인 일을 위해 사용될 수 없다는 뜻이다.

열역학 제2법칙은 유용한 에너지의 손실 없이는 에너지가 한 형태에서 다른 형태로 변화될 수 없다는 것이다. 개나리가 광합성을 할 때는 태양에너지와 이산화탄소, 물로부터 탄수화물을 형성한다. 탄수화물은 에너지가 풍성한 분자들인 반면 이산화탄소와 물은 에너지가 거의 없는 분자들이다. 포획된 태양에너지 전부가 탄수화물이 되는 것은 아니다.

게다가 일부는 열로 방출되어 주변으로 사라져버린다. 식물세포들은 이 과정에서 에너지를 만들지도 파괴하지도 않는다. 지구상의 생명체들이 사용하는 근본적인 에너지원은 태양이다. 그리고 일에 사용할 수 없는 열조차 여전히 에너지의 한 형태이다. 사람이 탄수화물에서 추출한 에너지를 사용해 근육을 움직이는 것처럼, 에너지의 형태가 바뀌는 과정에서 어떤 에너지도 파괴되지는 않는다. 다만 일부가 열로 바뀌고 이 열은 환경 속으로 날아가 버린다. 에너지 전환이 되풀이되면 될수록 결국 광합성에 포획되었던 태양에너지는 최종적으로 모두 열로 변환된다. 이를 우리는 에너지가 생물체들을 통하여 흐르는 것이며, 순환되지는 않는다고 말하는 것이다. 이처럼 모든 생물들은 지속적인 태양에너지 공급에 전적으로 의존하고 있다.

열역학 제2법칙에 의하면 에너지 변환이 일어날 때마다 "무질서"가 증가한다. 무질서는 '엔트로피(entropy)'이다. 에너지 전환이 일어날 때 전환된 에너지의 효율이 항상 100%가 되지 않기 때문에 엔트로피가 증가하는 것이다. 자동차의 휘발유 엔진은 30% 정도의 효율로 화학에너지를 기계에너지로 전환시킨다. 나머지 에너지는 열로 잃어버리는 것이다. 세포들은 약 40%의 효율을 낼 수 있다. 역시 나머지 에너지는 열로서 주변 환경으로 사라진다.

3. 세포호흡과 광합성의 관계

에너지대사에는 두 가지 측면이 있다. 에너지의 생성과 소비가 바로 그것이다. 인간을 비롯한 동물이 사용하는 에너지의 근원은 태양이다. 그러나 동물은 태양에너지를 직접 이용할 수는 없다. 대신에 식물이 태양에너지를 이용하여 만든 포도당을 섭취하여 에너지의 근본으로 사용한다.

포도당의 에너지는 화학에너지이다. 이 화학에너지는 해당과정(glycolysis), TCA 회로(TCA cycle), 전자전달계(electron transport system)의 3단계를 거쳐 ATP라는 생체에너지로 변환되어야 사용할 수 있다. 이 과정에서 물과 이산화탄소가 부수적으로 만들어진다. 숨 쉴 때 나오는 이산화탄소와 추운 겨울날 유리창에 "하아" 하고 내뿜으면 서리는 물방울이 바로 이렇게 해서 만들어지는 것이다. 입으로 숨을 쉬는 것이 체호흡이라면 세포 차원에서 포도당을 분해하여 에너지 변환하는 과정은 세포호흡이라 한다(그림 6-2). 세포호흡이 가장 활발한 세포는 간세포(liver cell)이다

동물이 배출한 물과 이산화탄소는 식물에 의해 재활용되어 태양에너지와 합쳐 다시 포도당을 만드는 데 이용된다. 이 과정을 광합성(photosynthesis)이라 부른다. 광합성의 결과 포도당 외에 산소가 함께 만들어진다. 그리고 이 산소는 동물의 호흡에 사용된다(그림 6-3).

이처럼 동물과 식물은 에너지면에서 서로 연결되어 있다. 동물 없이는 식물의 삶이 불가능하고 식물 없이는 동물의 삶이 불가능하다. 태초에 지구가 생성될 당시에는 비교적 단순한 식물이 먼저 발달하였고 점차 광합성량이 증가하면서 대기 중의 산소량도 엄청나게 늘어났을 것으로 생각된다. 그 결과 산소를 이용하여 호흡하는 동물의 출현이 가능하였던 것으로 생각되는 것이다.

생물이 살아가는 데에 가장 중요한 것이 "물"과 "산소"임은 새삼 이야기할 필요가 없다. 물과 산소야말로 생명을 유지하기 위해 필요한 에너지의 근원이다. "산다는 것"은 생물학적으로는 에너지를 한 형태에서 다른 형태로 변환하는 과정의 연속인 것이다.

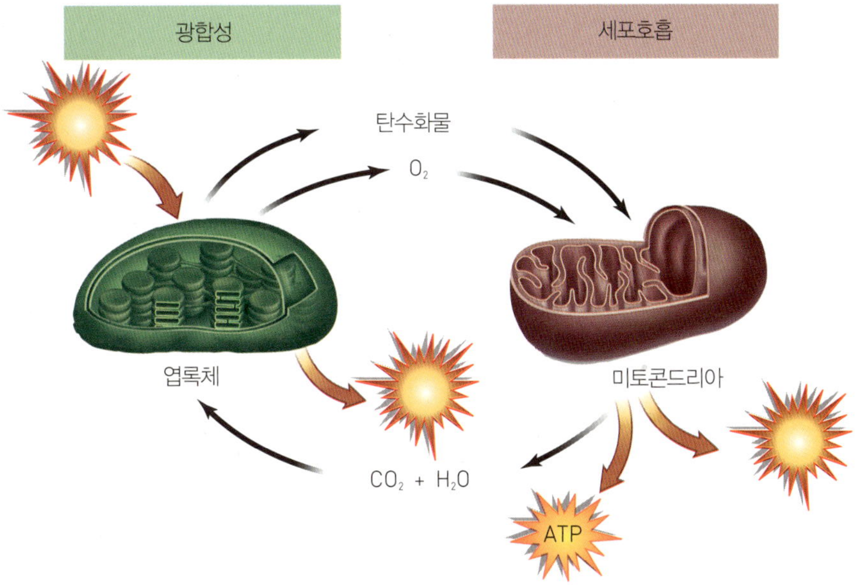

그림 6-2. 세포호흡과 광합성의 관계

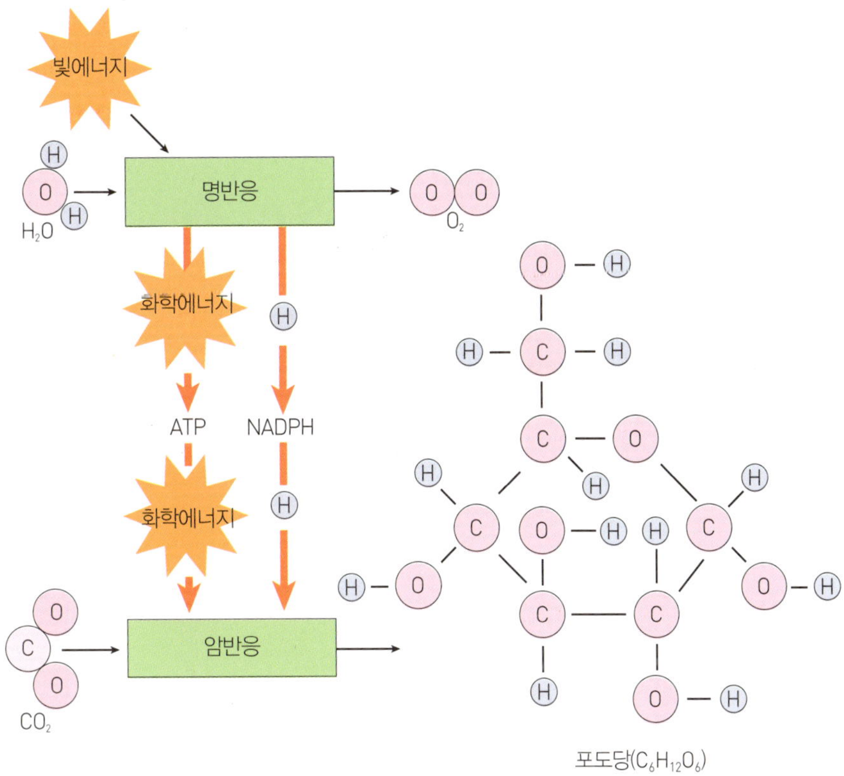

그림 6-3. 태양에너지와 광합성의 관계

4. 생체에너지 ATP

우리가 체내에서 사용할 수 있는 에너지는 ATP이다(그림 6-4). 전분, 단백질, 지질할 것 없이 우리가 섭취한 음식속의 에너지는 최종적으로 ATP로 전환되어야 사용될 수 있다. ATP는 뉴클레오티드의 한 종류이다. 전분이나 단백질 등에 들어 있는 에너지가 정기예금이라면 ATP는 아무 때나 인출해서 쓸 수 있는 현금과 같은 것이다.

ATP의 당은 5탄당인 리보오스(ribose)이고, 염기(base)는 아데닌(adenine)이며, 인이 모두 3개 달려 있다. 이 인들은 당에서 가까운 쪽부터 각각 알파(α), 베타(β), 감마(γ)로 명명된다. ATP의 에너지는 베타와 감마 인 사이에 들어 있는 결합에너지이다.

ATP가 가수분해되면 ADP로 변한다. 이때 결합이 끊어지면서 에너지가 방출되어 나오게 된다. 반응은 가역반응으로서 탈수반응에 의해 다시 ATP로 변환될 수 있다(그림 6-5). 음식물이 세포호흡으로 생체에너지로 전환되는 과정에서 전체 에너지 중 약 40%만이 ATP 형태로 저장이 되고, 나머지 60%는 열에너지로서 체온 유지에 이용된다.

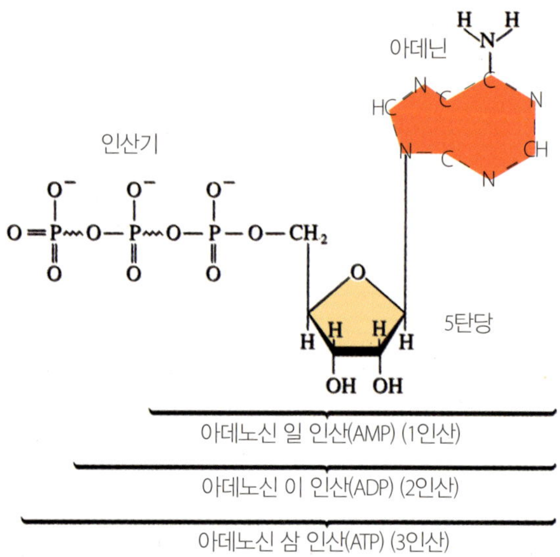

그림 6-4. ATP

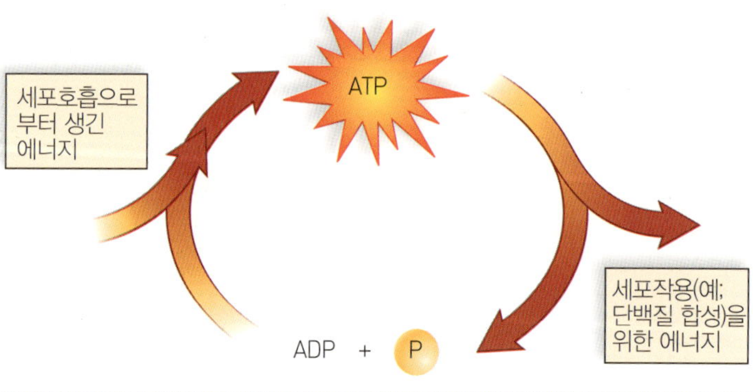

그림 6-5. ATP와 ADP의 관계

5. 세포호흡 개요

모든 에너지대사의 기본은 탄수화물대사이다. 그중에서도 포도당대사가 근본이다. 단백질이나 지질도 결국은 포도당대사 과정의 한 부분으로 들어가 에너지로 변환되기 때문이다. 따라서 포도당대사를 기본으로 공부하면 기타 대사들은 어렵지 않게 터득할 수 있다.

포도당이 특별히 중요한 이유는 뇌가 사용할 수 있는 대표적인 에너지이기 때문이다. 포도당의 공급이 수분간만 멈추면 뇌세포는 회복이 불가능할 정도로 파괴되고 만다. 물질대사를 공부할 때 주의할 점은 개개의 반응식이나 화학 구조를 암기하는 것보다 전체적인 흐름을 이해하는 것이다. 포도당대사는 산소가 공급될 경우 3단계로 이루어진다(그림 6-6).

첫째 단계는 해당과정(glycolysis)이다. 해당과정은 6탄당인 포도당이 2분자의 3탄당인 피르브산(pyruvic acid)으로 깨지는 단계이다. 이 과정에서 ATP와 NADH가 만들어지게 되고 NADH는 연이어 전자전달계를 거치면서 궁극적으로는 ATP로 변환되게 된다. 두번째 단계는 TCA 회로(TCA cycle)이다. 피르브산이 더욱 많은 반응을 거치면서 연속하여 NADH와 $FADH_2$ 그리고 GTP 등을 만들어내는 과정이다. 마지막 단계인 세 번째는 전자전달계(electron transport chain)이다.

전자전달계는 해당과정과 TCA 회로에서 만들어진 NADH와 $FADH_2$의 전자들이 계속 에너지 전위가 낮은 단계로 이동하면서 방출하는 에너지가 ATP로 전환되는 최종 단계이다. 여기서 전자는 NAD^+와 FAD에 결합된 수소 형태로 운반되는데, 수소 원자가 궤도에 전자를 하나 가지고 있기 때문이다. 즉, 수소의 운반은 곤 전자의 이동을 의미한다. 포도당 1분자로부터 미생물은 38개의 ATP를, 동 · 식물세포는 36개의 ATP를 만들어낸다. ATP 한 분자의 에너지는 약 7,300cal에 해당한다.

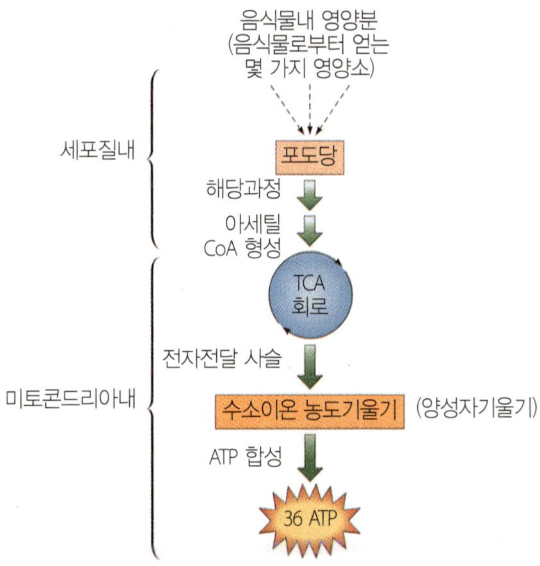

그림 6-6. 세포호흡 모식도(진핵세포)

6. 해당과정

해당과정은 세포질에서 일어나는 반응이다. 해당과정은 6탄당인 포도당 1분자가 3탄당인 피르브산 2분자로 분해되는 과정이다. 해당작용은 이소머라아제(isomerase) 를 포함하여 모두 10종류의 효소에 의해 단계적으로 일어난다. 이 과정에서 약간의 포도당 에너지가 ATP 형태로 그리고 전자들이 NADH 형태로 튀어나오게 된다. 정확하게는 1분자의 포도당으로부터 최종 2개의 ATP와 2개의 NADH가 해당과정에서 만들어진다(그림 6−7).

7. TCA 회로

TCA 회로(tricarboxylic acid cycle)는 초기물질이 구연산이므로 구연산회로(citric acid cycle)라고도 부른다. TCA 회로라는 이름은 구연산을 비롯하여 이 회로에 관여하는 물질들이 카르복실기(COOH)를 3개 가지고 있음으로써 붙여진 이름이다. 또한 크렙스에 의해 수립되었으므로 그 업적을 기리기 위해 Krebs 회로라고도 부른다. TCA 회로는 진핵세포의 미토콘드리아에서 일어나는 반응이다. 원핵세포에서는 미토콘드리아가 없으므로 그냥 세포질에서 일어난다.

피르브산은 아세틸 CoA(acetyl CoA)라는 중간물질로 전환된 다음 TCA 회로로 들어간다. 이 과정에서 NADH가 1분

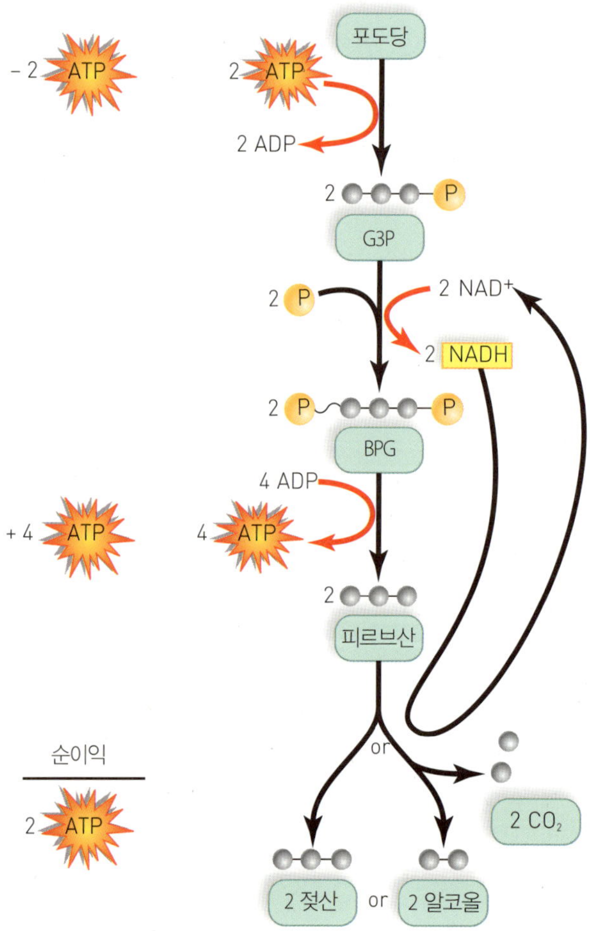

그림 6-7. 해당작용

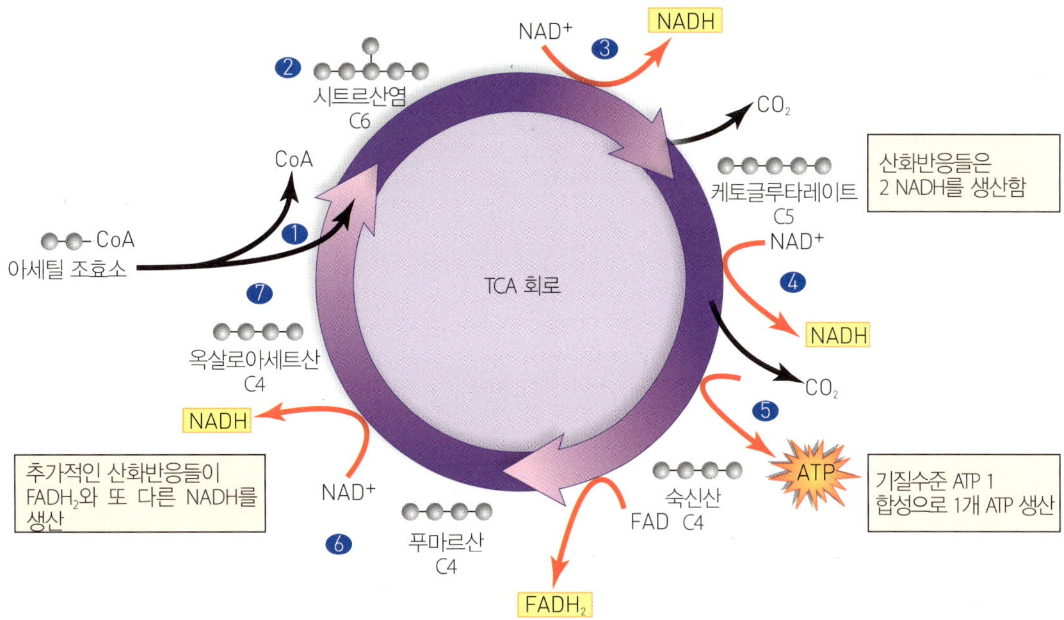

그림 6-8. TCA 회로

자 생기고 회로를 한 바퀴 도는 동안에 또 3분자의 NADH가 생겨난다. 또 $FADH_2$가 1분자, GTP가 1부자 만들어진다. GTP는 차후 쉽게 ATP로 형태 변환될 수 있다. NADH와 $FADH_2$는 계속해서 전자전달계로 들어가게 된다. GTP는 태초에 원시세포 때에 만들어지던 생체에너지라고 추정된다. 그만큼 TCA 회로가 오랜 역사를 가진, 생명에 필수불가결한 에너지대사 과정임을 말해 주는 것이다(그림 6-8).

8. 전자전달계

전자전달계는 NADH와 $FADH_2$의 전자에너지가 ATP로 변환되는 과정이다(그림 6-9). 전자전달계에는 문이 3개 있다고 생각하면 이해하기가 쉽다. 전자가 이 문들을 통과하면서 가지고 있는 에너지를 조금씩 내어놓으면서 ATP를 만드는 것이다. NADH나 $FADH_2$는 반드시 이 문들을 통과해야 하고, 각각의 문이 열릴 때마다 ATP가 하나씩 만들어진다. 세포내에서 이 문들은 시토크롬(cytochrome) 효소들이다.

전자전달계 역시 미토콘드리아에서 일어나는데 원핵세포에서는 세포막에 효소들이 위치해 있어 그냥 세포질에서 반응이 일어난다. NADH는 첫 번째 문부터 통과할 수 있기 때문에 전자전달을 완료하면 3개의 ATP가 만들어진다. 반면에 $FADH_2$의 경우는 두 번째 문부터만 통과할 수 있기 때문에 2개의 ATP가 만들어진다. 전자전달계의 마지막 단계에서 전자가 수소의 형태로 산소에 전해지면 물이 형성되게 된다. 이것이 바로 우리가 호흡을 할 때 입김의 형태로 나오는 수분이다(그림 6-10).

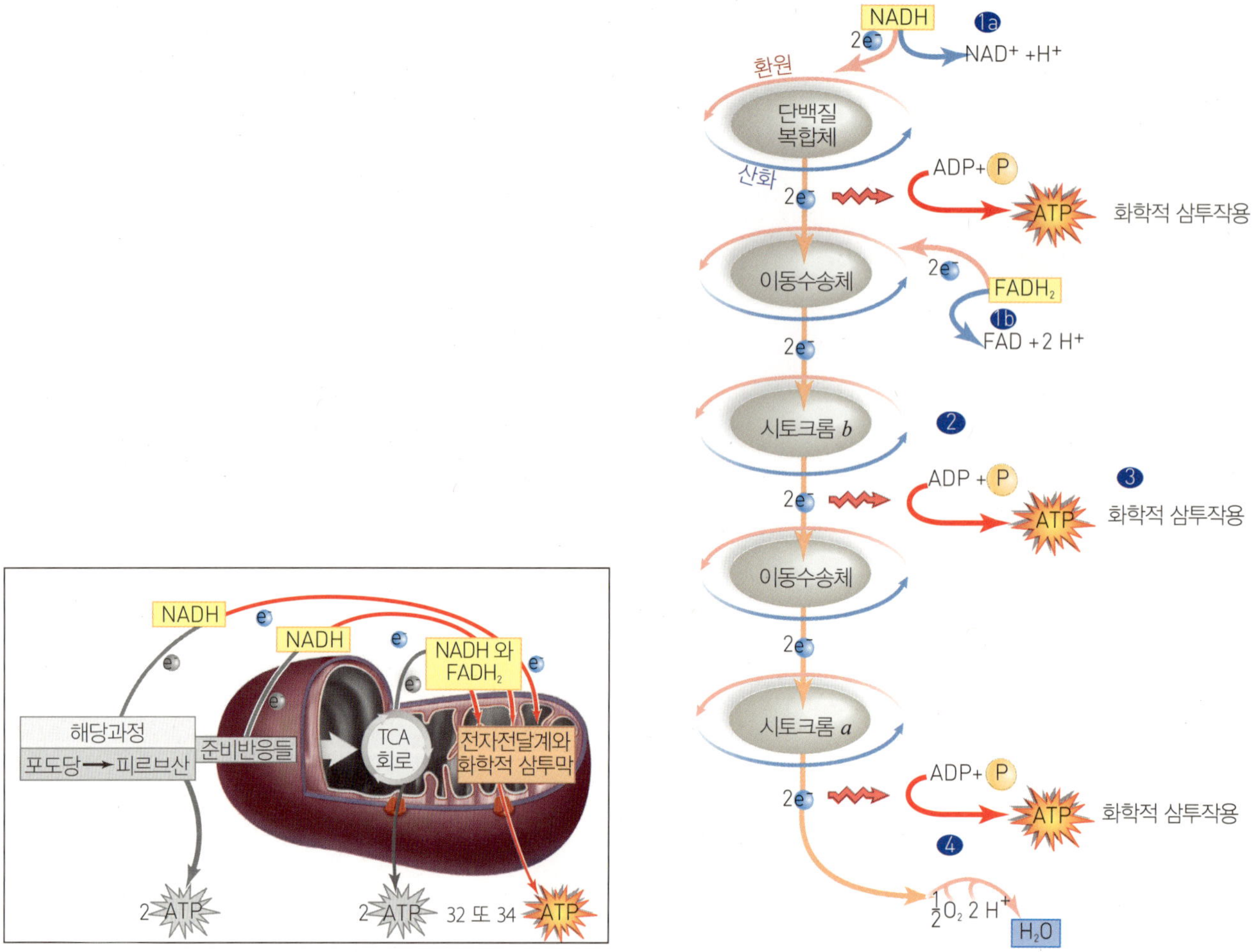

그림 6-9. 전자전달계

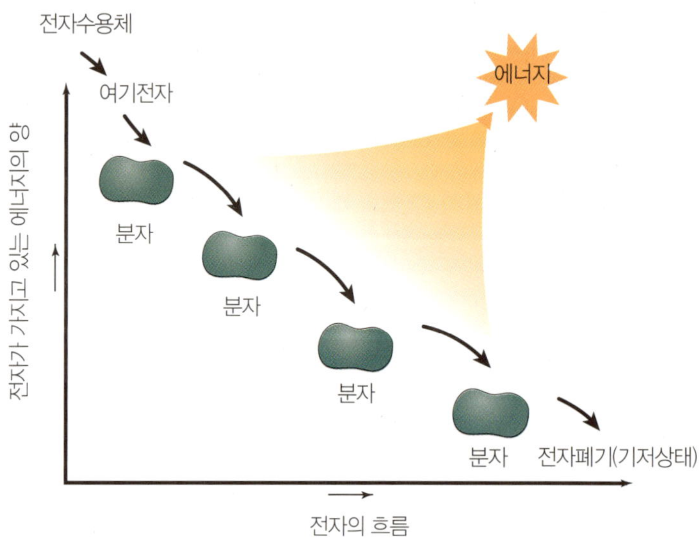

그림 6-10. 전자전달계를 통한 수소의 이동

9. 알코올발효와 젖산발효

피르브산은 산소가 공급되지 않을 경우에는 TCA 회로로 가지 못하고 대신에 젖산발효나 알코올발효를 하게 된다. 그러나 발효가 끝나도 젖산과 알코올에는 쓰이지 않은 에너지가 아직도 많이 들어 있기 때문에 에너지 효율면에서 대단히 비효율적이다. 효모는 알코올발효를 하는 대표적인 예이고, 유산균은 젖산발효를 하는 좋은 예이다. 비록 에너지면에서는 비효율적이지만 알코올발효는 술을 제조하는 데 이용되며 젖산발효는 요구르트나 치즈를 만드는 데 이용이 된다(그림 6-11).

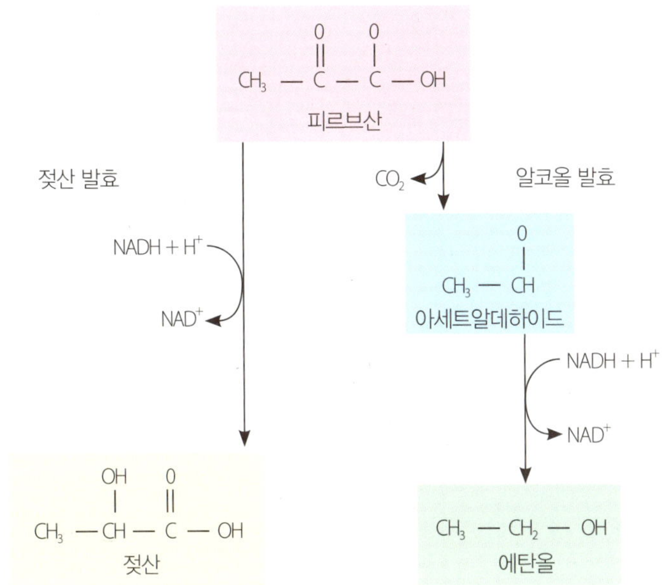

그림 6-11. 알코올 발효와 젖산발효

운동을 할 때 호흡이 가빠지는 이유는 가능한 한 산소공급을 많이 해서 TCA 회로 및 전자전달계로의 피르브산 유입을 촉진하기 위한 것이다. 그래야만 운동을 위한 에너지, 즉 ATP가 많이 생기기 때문이다.

사람의 세포는 알코올발효를 하지 않는다. 그러나 젖산발효는 할 수 있다. 심하게 운동을 하면 근육에 산소가 극도로 부족하게 되고 이때 근육세포는 젖산발효를 하게 된다. 이 젖산 때문에 근육이 일시적으로 산성화되면서 통증으로 느껴지게 되는 것이다. 극심한 운동 뒤에 쉬면서 설탕 한 숟가락을 물에 타서 마신 기억이 있을 것이다. 이는 분해가 쉬운 이당류인 설탕을 공급함으로써 필요한 에너지를 빠르게 공급받기 위한 현명한 민간요법이다.

10. 음식물의 소화와 세포호흡

탄수화물 이외에 음식물로 섭취한 단백질, 지질 역시 소화효소에 의해 각각의 단량체로 분해된 다음 세포호흡 경로 중 적당한 곳으로 유입되어 사용될 수 있다. 예를 들면, 중성지방의 글리세롤은 해당작용의 Dihydroxyacetone phosphate(DHAP)를 거쳐 에너지로 변환이 된다. 그림 6-12은 고분자별로 어떻게 이용되는지 간단하게 표시한 것이다. 대부분의 아미노산 그리고 지방산, 핵산은 Acetyl CoA 또는 피르브산으로 변환된 뒤 상기한 과정을 거쳐 에너지로 전환된다.

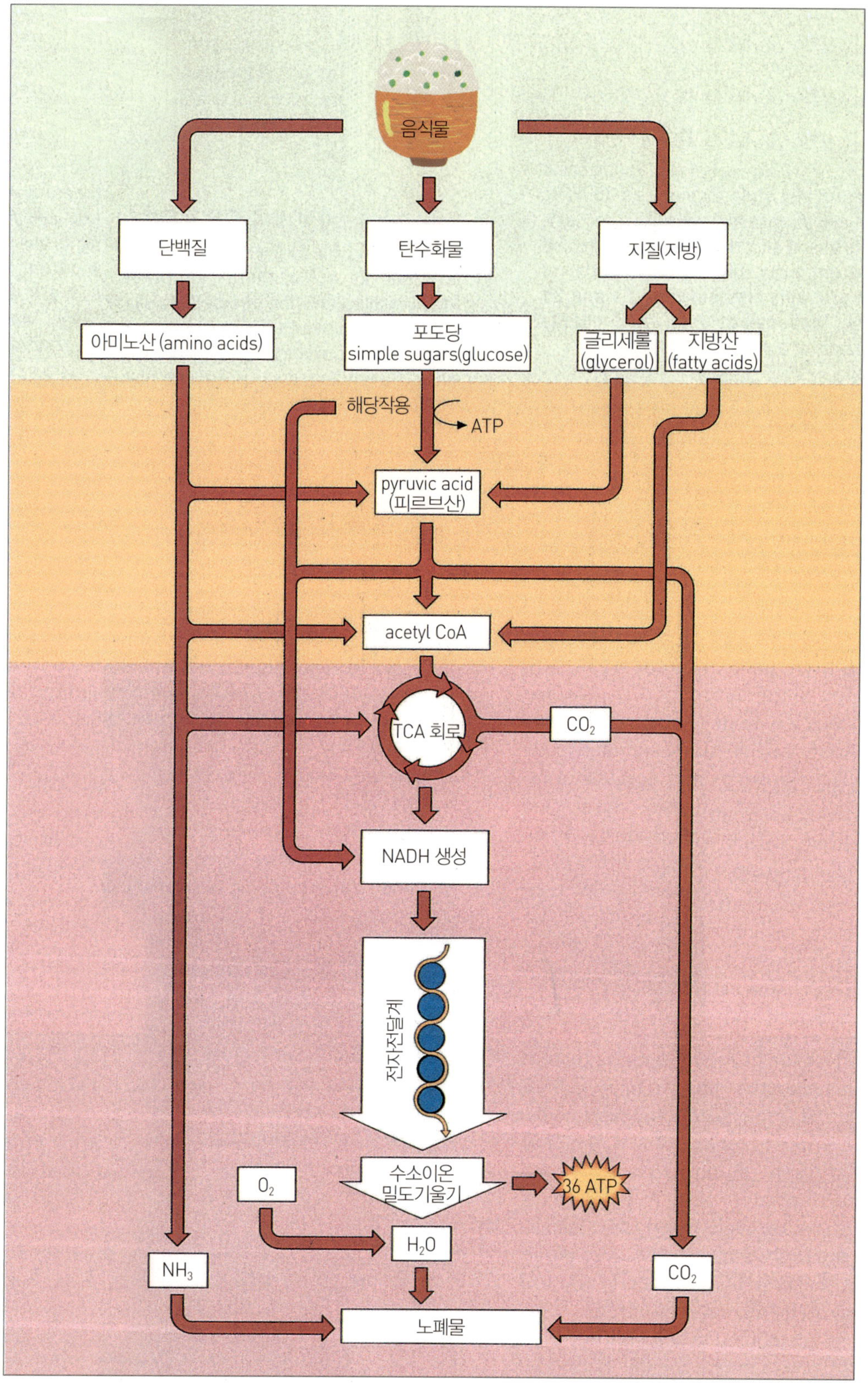

그림 6-12. 음식물로 섭취된 고분자들의 에너지대사

요점정리

1. 에너지에는 다섯 가지 형태가 있다. 방사선에너지, 화학에너지, 기계에너지, 전기에너지 그리고 핵에너지이다.
2. 대표적인 방사선에너지는 태양에너지이다. 태양에너지는 식물들에 흡수되어 광합성을 통해 유기화합물을 생산하는 데 사용된다.
3. 에너지는 유기분자들 속에 존재하며 식품 형태로 섭취된다.
4. 에너지대사에는 '생성'과 '소비'의 두 가지 측면이 있다.
5. 포도당의 에너지는 화학에너지이다. 이 에너지는 해당과정과 TCA 회로, 전자전달계의 3단계를 거쳐 ATP로 변환되어야 사용할 수 있다. 이 과정에서 물과 이산화탄소가 부수적으로 만들어진다.
6. ATP는 생체에너지이다. 뉴클레오티드의 한 종류로서 아무 때나 인출해서 쓸 수 있는 현금과도 같다.
7. 진핵세포에서는 포도당 한 분자로부터 36개의 ATP가, 원핵세포에서는 38개가 만들어진다. ATP 분자 한 개는 7,300cal에 해당한다.
8. 발효에는 알코올 발효와 젖산 발효가 있다. 알코올 발효는 술을 제조하는 데 이용되고, 젖산 발효는 요구르트나 치즈를 만드는 데 이용된다.
9. 광합성은 태양에너지와 이산화탄소, 물로부터 포도당을 만드는 과정이다. 광합성에서 만들어진 포도당은 에너지원으로 이용될 뿐 아니라 식물의 조직과 기관 형성에 사용된다.

생각해 볼 문제

1. ATP와 글리코겐은 모두 에너지의 저장 형태이다. 이들이 체내에서 어떻게 다르게 사용되는지 설명하시오.
2. 광합성과 세포호흡의 유기적 관계를 그림으로 나타내시오.

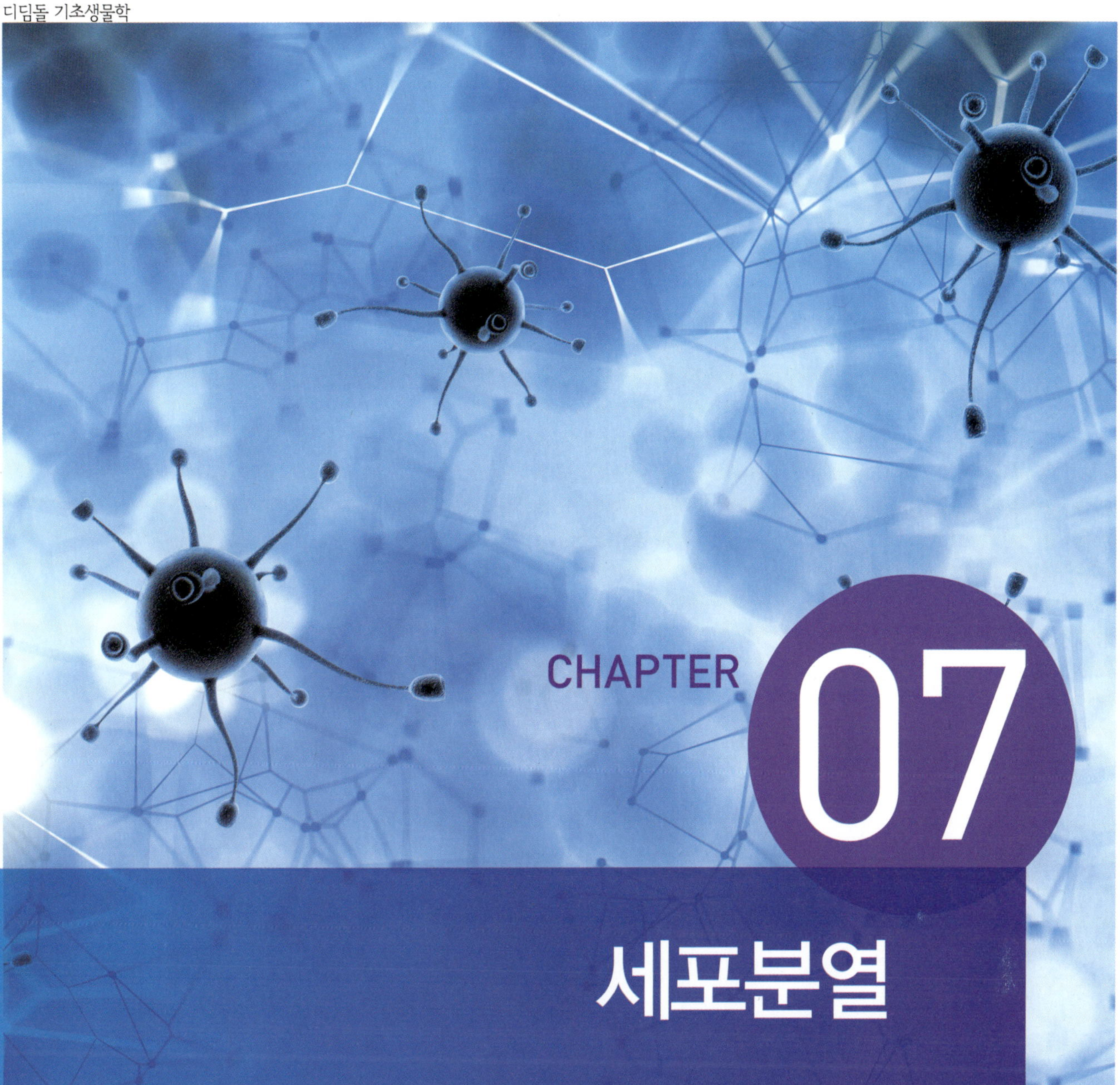

CHAPTER 07

세포분열

CHAPTER 07

세포분열

학습목표

세포는 항상 분열하는 것처럼 보이지만 사실은 일정한 주기를 거쳐서 분열하고 있다. 상처 치료를 위해 세포가 분열, 재생되거나 키가 자랄 때의 세포분열은 체세포분열이고, 다음 세대를 위해 정자나 난자 등 생식세포를 만드는 분열은 감수분열이다. 이렇듯 세포분열을 통해서 생명체는 한 세대의 생명현상을 유지함과 동시에 다음 세대로의 영속성을 이어나갈 수 있다. 세포가 분열하기 위해서는 유전물질인 DNA가 먼저 복제되고, 핵이 분열한 다음, 최종적으로 세포질이 온전히 분열하여야 한다. 세포주기와 세포분열에 대하여 살펴보도록 하자.

1. 세포분열과 세포주기 개요

질환이라고 하면 보통 기관 차원에서 또는 어떤 장기의 관점에서 생각하게 된다. 그래서 암이라고 하면 습관적으로 대장암이나 폐암 또는 췌장암이라는 명칭을 언급한다. 그러나 실제로 암은 세포성 질환이다. 암은 비정상적 세포가 종양을 형성할 때 나타나는 것이다. 한 가지 예외는 혈액암이다. 혈액암은 비정상적인 세포들이 혈류를 타고 흐르는 것이다. 종양세포들은 모두 공통의 조상세포에서 이어져 나온 것이다. 즉, 최초 세포가 암화된 것이다.

세포 증식이 조절되지 않으면 종양이 발생한다. 이는 오직 다세포생명체들에서 발견되는 특성으로, 단세포생물체에서는 나타나지 않는다. 우리 신체가 성장하고 조직들을 새롭게 고쳐나가는 바로 그 기작이 암을 시작하게 만드는 것이다. 암을 한마디로 표현하면 조절되지 않은 세포분열이다.

대개의 세포분열은 신체의 특정 세포에 국한되어 있는데, 이를 성체줄기세포(stem cell)라고 부른다. 피부는 표피 바로 아래에 분열 능력이 있는 성체줄기세포들이 있기 때문에 벗겨져 나가도 스스로 다시 보충해 나갈 수 있다. 배아 시기에는 모든 세포들이 분열 능력을 가지고 있다. 이로 인해 단일 수정란으로부터 다세포생명체가 발생하는 것이다. 발생이 진행되면서 세포들은 운명이 결정되고, 특수화되어 특정 기능을 가진 기관의 일부가 된다. 다세포생명체의 세포들은 이웃한 세포와 대화를 나누면서 서로 협력하며 기관 활동에 참여한다. 그러나 그중 한 세포가 암의 성질을 띠게 되면 특수화된 전문성과 상관없이 무절제한 세포분열만을 목적으로 삼으면서 결국 종양이 될 때까지 분열하는 것이다. 결과적으로 종양은 그 기관의 고유활동을 방해한다.

세포들이 성숙해지고 전문화(specialization)가 완성되면 유전자는 세포가 그만 분열할 것을 명령한다. 만약 세포분열의 조절이 없다면 다세포생명체는 그저 배아세포덩어리에 불과할 것이다. 이렇게 세포분열과 연관된 유전자가 돌연변이를 일으키면 암세포의 특성인 조절 불능의 분열이 일어나게 된다. 이런 이유로 현대의학에서는 암을 유전질환에 포함시킨다.

정상적인 세포는 세포주기라고 부르는 일련의 단계들을 밟아 분열한다. 세포질 증식은 엄격하게 조절되며, 세포분할도 질서있게 일어난다. 만약 조절 기전이 실패하면 암으로 발전된다. 어떻게 하면 암 발생으로부터 자신을 지킬 수 있을까 공부하기 위해서는 세포주기와 세포분열을 이해하는 것이 필수적이다.

2. 세포 재생산

사람이 살아가면서 노화의 주기를 겪듯이 세포의 일생 역시 일정한 세포주기(cell cycle)를 겪게 된다. 세포분열도 이러한 주기의 한 부분이다. 세포주기는 복잡한 생명체가 자라고 조직들을 재생하는 중에 일어난다. 그 과정은 여러 단계들을 거치는데, 먼저 세포들이 DNA와 세포소기관들을 두 배로 늘려 분열 준비를 하면서 시작된다.

사람도 다른 다세포생명체들과 같이 '접합자(수정란)'라고 부르는 단일 세포로부터 생명이 시작된다. 이 수정란은 9개월이라는 짧은 임신 기간 중 100조 개에 달하는 세포로 분열되고 특수화된다. 심지어 출생 후 어른이 되어도 세포증식은 멈추지 않는다. 낡아버린 세포들을 재생하고, 상처 입은 조직들을 대체하기 위하여 증식은 계속된다. 또한 매일같이 수천 개의 혈구세포, 피부세포, 호흡기와 소화기의 내피막 세포들을 재생산해야 하고, 만약 칼에 베어서 상처가 생기면 세포증식으로 그 상처를 치료해야 한다.

세포 재생산의 중요성을 강조하는 한 방법은 "모든 세포들은 기존의 세포들로부터 유래한다"는 세포설을 되새기는 것이다. 기존의 세포 없이는 새로운 세포를 만들어낼 수 없으며, 기존 세포 없이는 새로운 생명체가 탄생할 수 없다. 그리고 세포 재생산은 반드시 세포주기를 따라서 진행된다. 세포분열은 '세포주기'의 작은 부분에 불과하다. 세포가 주기를 한 번 끝내는 데에 걸리는 전체 시간은 매우 다양하지만 포유동물의 성체 세포주기는 보통 24시간 전후이다.

3 세포분열

동 · 식물세포가 분열하는 방법에는 체세포분열(mitosis)과 감수분열(meiosis)의 두 가지가 있다. 감수분열은 생식세포분열이라고도 불린다. 흔히 체세포분열을 유사분열이라고도 말하는데, 이는 엄밀한 의미에서 옳지 않은 해석이다. 유사분열이라는 뜻은 세포가 분열하는 과정에서 방추사(spindle)가 나타난다는 뜻이다. 방추사는 염색체를 좌우로 끌어당기는 세포내 실과 같은 구조이다. 실제로는 방추사는 감수분열에서도 관찰된다. 그래서 엄격하게 말하면 유사분열에는 체세포분열과 감수분열의 두 종류가 있다고 말해야 할 것이다.

이 두 가지 분열의 차이점은 염색체 수의 변화에서 찾는 것이 쉽다. 체세포분열은 염색체 수의 변화가 없는 분열인 반면에, 생식세포분열은 염색체 수가 반으로 감소하는 감수분열이다. 다시 한번 이런 의미에서 유사분열 중 "mitosis"를 체세포분열로, "meiosis"를 감수분열로 번역하는 것이 옳다.

진핵세포의 세포분열은 새로운 유전자의 합성(synthesis)과 복제(replication)를 수반하는 주기적인 사건이다. 사람의 세포 수는 거의 100조 개에 육박하는데, 이는 수정란으로부터 40여 세대를 분열한 결과이다. 대부분의 세포는 조직특이적인 기능을 수행하기 위해 잘 분화(differentiation)되어 있다. 이렇게 기능적으로 분화되면 될수록 세포의 분열 능력은 오히려 떨어지게 된다. 뇌세포는 극도로 분화된 세포로서 분열 능력을 완전히 상실한 경우이다. 하지만 대부분의 조직은 상처가 난다든지 위기 상황에 닥치면 다시 재생될 수 있게 마련이다.

체세포분열은 상처 난 피부가 재생되거나 암세포가 분열할 때 볼 수 있다. 우리 몸을 구성하고 있는 체세포는 대부분

특수한 경우 외에는 분열하지 않는다. 하지만 분열할 경우 평균 소요 시간은 앞서 말했듯이 약 24시간 정도이다. 감수분열은 정자와 난자 같은 생식세포를 만들기 위한 분열이다. 감수분열을 거치고 나면 염색체의 수가 절반으로 감소된다. 감수분열은 정자와 난자의 결합, 즉 수정을 해야 하는 생물들이 염색체 수를 일정하게 유지하기 위한 수단이다. 감수분열이 없다면 염색체는 세대를 거듭하면서 무한정 늘어날 것이기 때문이다.

한편 무사분열이라는 용어도 있다. 무사분열은 유사분열과 대비되는 용어이다. 방추사의 출현이 없이 세포가 또는 핵이 그대로 길게 늘어나서 둘로 나뉘어지는 분열법이다. 무사분열은 단세포생물인 세균 등의 분열에서 주로 보이지만 일부 병든 세포나 늙은 세포에서 관찰되기도 한다.

4. 세포주기

흔히 세포분열을 생각할 때 핵과 염색체의 분열만을 강조하고 있으나, 세포분열은 엄연히 핵의 분열과 세포질의 분열이 조화를 이루어야 한다. 세포주기는 간기(interphase), 핵분열기(mitosis), 세포질분열기(cytokinesis)의 3단계로 이루어진다(그림 7-1). 여기서 간기는 또다시 G1, S, G2의 시기별로 세분화된다.

간기는 세포분열이 끝난 직후에서 다음 번 세포분열까지의 중간단계를 말하는데, 휴지기라고도 한다. 이 시기의 핵에는 분열을 마친 염색체가 길고도 가는 실처럼 늘어나 있어서 현미경 관찰이 어려운 시기이다. 간기 중 첫 단계는 G1이다. G1기는 "첫 번째(1) 공백기(Gap)"이다. G1 시기는 분열한 어린 세포가 리보좀 등 세포소기관과 필요한 효소들을 충분히 합성하고 정상 크기로 회복되는 시기이다. 공백이라는 용어 때문에 세포가 전혀 일을 하지 않는 시기로 착각할 수 있지만 사실은 세포 나름대로의 주어진 기능을 발휘하고 성장과 물질대사를 수행하는 시기이다. G1기는 수주에서 수년까지도 될 수 있는 세포주기의 가장 긴 시기이다.

두 번째인 S 시기는 DNA가 분열을 앞두고 복제, 합성되는 시기이다. 이때 복제된 염색분체(chromatid)들은 동원체(centromere)라는 구조에 서로 묶여 있게 된다(그림 7-2). DNA는 유전물질이기에 정확하게 복제되는 것이 대단히 중

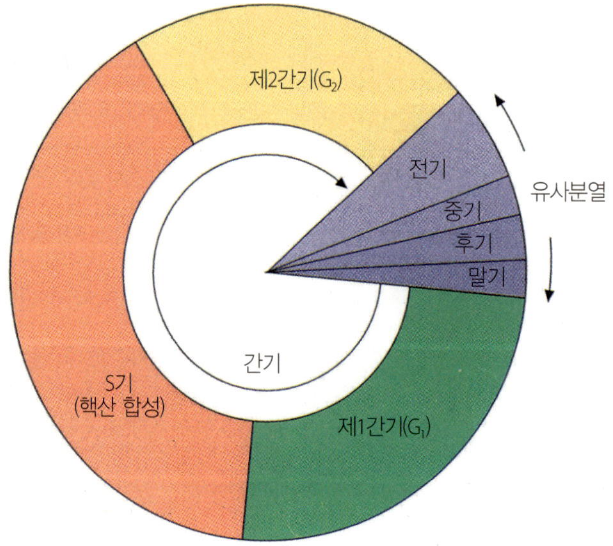

그림 7-1. 세포주기

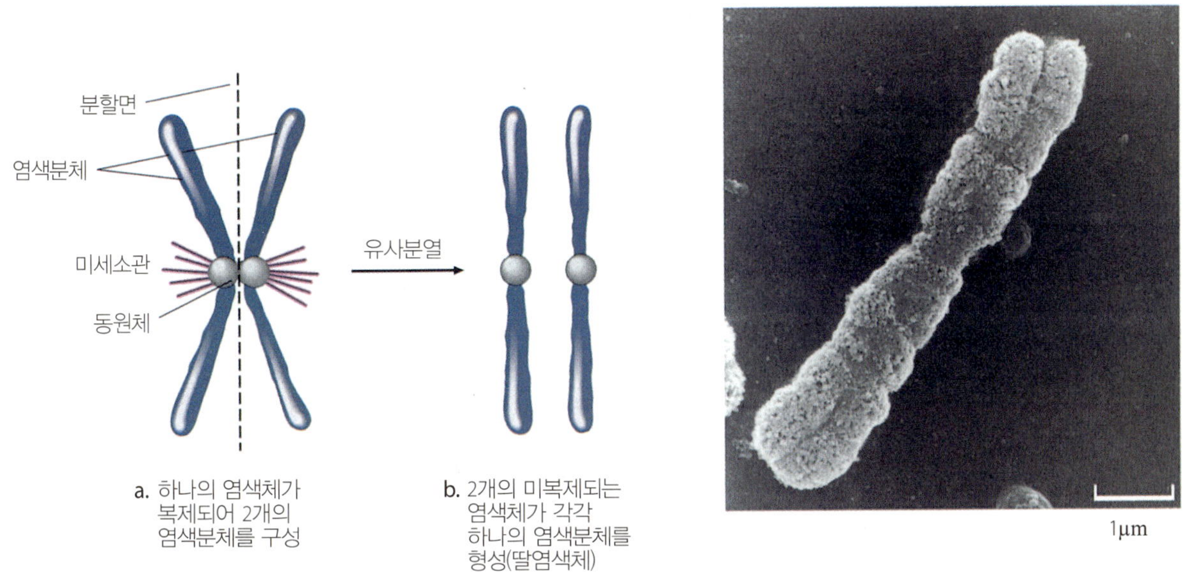

그림 7-2. 염색분체

요하다. DNA의 복제 속도는 분당 2~4 kb 정도로서 6~8시간 정도 지속된다.

G2 시기는 용어의 의미상 "두 번째(2) 공백기(Gap)"이다. 유전물질인 DNA가 정확하게 복제되었는지를 점검하는 시기이다. 만약 새로 합성된 DNA에 잘못된 부분이나 실수가 있으면 G2기에 수리를 완료한다. 이미 염색체가 복세되었기 때문에 G2기 세포에는 DNA 분자가 두 개 들어 있게 된다. G2기가 3~4시간 정도 지속된 후에 염색체가 응축되면서 핵분열(mitosis)을 준비하게 된다.

핵분열은 M 단계에서 일어난다. 체세포분열 때 염색체 수는 그대로 유지된다. 각각의 딸세포 핵은 모세포와 동일한 수의 염색체 수를 가지고 있다. 염색체가 복제된 상태에서는 두 개의 염색분체라고 부르는 복사본이 동원체라고 불리는 잘록한 허리 부분에 같이 붙어 있게 된다.

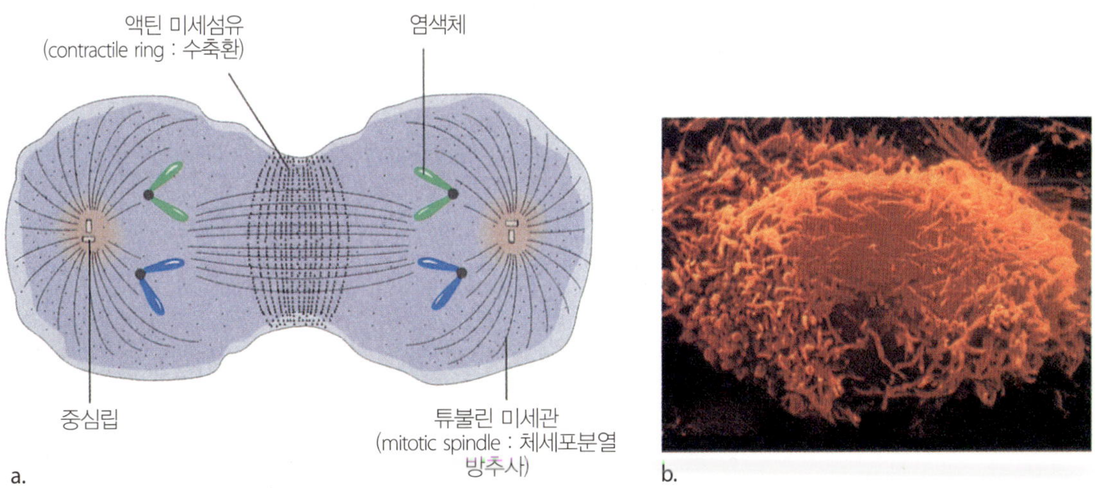

그림 7-3. 세포질분열

각 염색분체에는 원래의 염색체와 동일한 DNA가 들어 있다. 핵분열 때 동원체는 분리되고 딸세포의 핵은 모세포가 가졌던 각 염색체의 복사본을 이어받는다. 핵분열이 완성되면 모세포와 딸세포들은 유전적으로 동일하게 된다. 세포질 분열은 핵분열이 미처 종료되기 전에 이미 시작된다(그림 7-3).

동물세포에서는 난할골이라 불리는 막이 세포분열 말기에 나타난다. 난할의 골은 액틴 필라멘트의 띠, 즉 수축환이라고도 불리는데, 두 개의 딸세포들 사이에서 원형질 수축이 서서히 진행되는 것이다. 수축환의 움직임은 마치 풍선의 가운데를 꽉 조여 매는 모습과 유사하다. 두 세포들 간에 좁은 다리가 말기 중에 보이며 수축환으로 인해 두 개의 독립적인 딸세포가 생길 때까지 세포질이 온전히 분리된다.

5. 체세포분열

체세포분열은 다시 전기(prophase), 중기(metaphase), 후기(anaphase), 말기(telophase)의 4단계로 나누어진다(그림 7-4).

전기에는 염색체가 응축되고 핵막이 소실되며 방추사가 형성된다. 중기에는 복제된 염색체들이 적도판에 배열되며, 후기에는 복제된 염색분체들이 각각 방추사에 이끌려 양극으로 이동한다. 말기에는 핵막이 다시 재생되고, 방추사가 소실되게 된다. 두 개의 딸세포는 모세포와 형태나 유전적으로 동일하다.

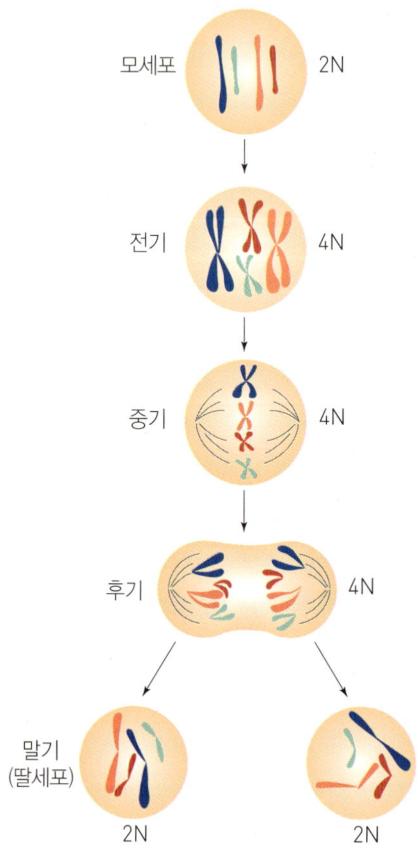

그림 7-4. 체세포분열

6. 감수분열

감수분열은 1기와 2기로 나뉘어진 두 번에 걸친 세포분열이다(그림 7-5). 따라서 감수분열의 결과 모두 4개의 딸세포가 만들어진다. 남자의 경우에는 이 4개가 모두 정자가 되는 반면 여자의 경우에는 이 중 1개만이 정상적인 난자로 발생한다. 나머지 3개는 모두 극체(polar body)로서 퇴화해 버린다.

감수분열의 제1기는 체세포분열과 매우 유사하다. 차이점은 전기에서 상동염색체간에 유전자교환이 일어난다는 점이다. 즉, 염색체 교차(crossing over)에 의해서 상동염색체에 있는 우성 또는 열성 유전자 조합이 달라지게 되는 것이다. 이렇게 유전자의 재배열이 일어나기 때문에 다음 세대로 다양한 형질이 전해질 수 있게 된다. 또 다른 특징은 중기

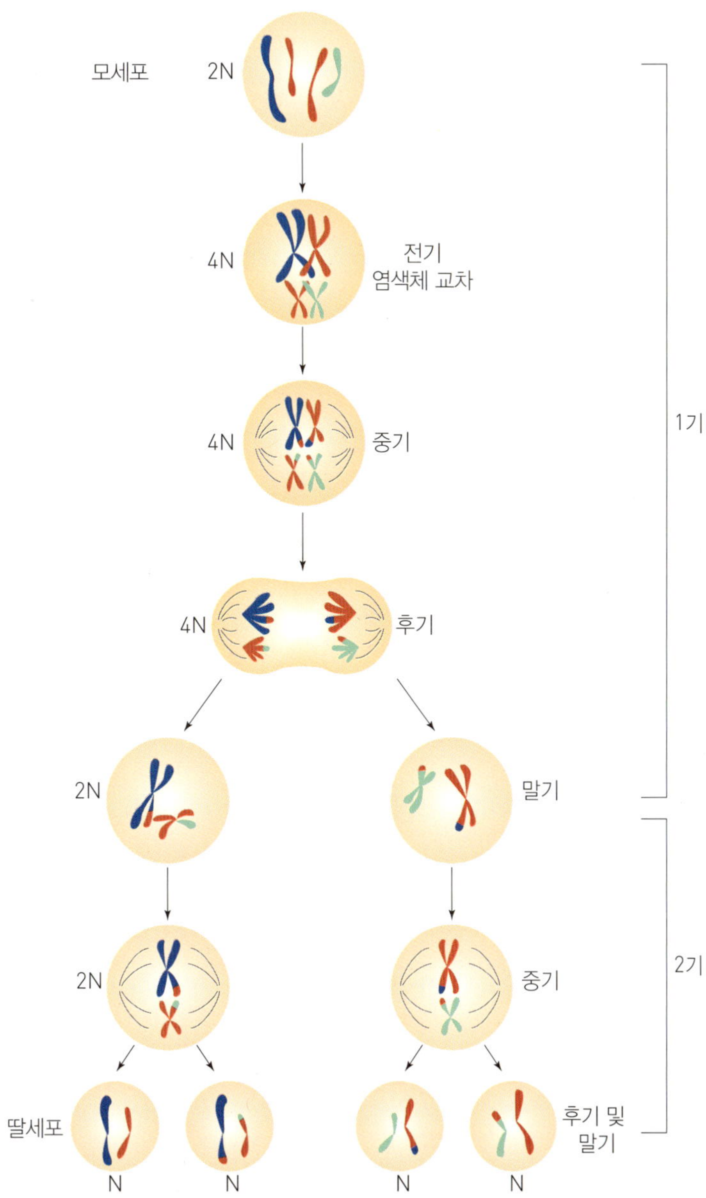

그림 7-5. 감수분열(생식세포분열)

에 염색체들이 상동염색체별로 쌍을 이루어 적도판에 배열된다는 것이다. 이 때문에 염색체 수가 반감되는 것이다. 체세포분열에서는 쌍을 이루지 않고, 염색체들이 그냥 일렬로 배열을 한다.

제2기 분열은 간기가 없기 때문에 염색체의 복제가 없는 체세포분열과 같다. 이미 염색체들은 복제되어 있는 상태이므로 그대로 양극으로 각각의 염색분체가 끌려감으로써 분열되게 된다.

감수분열이 정상적으로 일어나지 못할 경우 사람에서는 염색체가 22개 또는 24개인 비정상적인 정자와 난자가 만들어지는데, 이런 것들이 정상적인(염색체 23개) 난자나 정자와 수정하게 되면 염색체 45개의 터너증후군(Turner's syndrome) 또는 47개의 다운증후군(Down syndrome) 등에 걸리게 된다. 이런 현상을 비분리현상(nondisjunction)이라고 한다(그림 7-6).

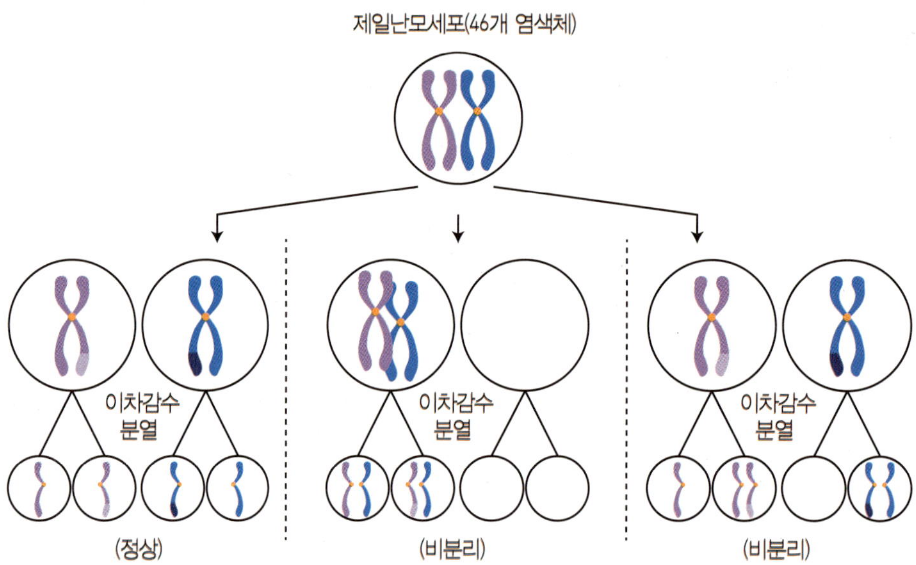

그림 7-6. 염색체의 비분리현상

요점정리

1. 동 · 식물세포가 분열하는 방법에는 체세포분열과 감수분열의 두 가지가 있다. 감수분열은 생식세포분열이라고도 불린다.
2. 세포분열은 새로운 유전자의 합성과 복제를 수반하는 중요한 과정이다.
3. 세포주기는 간기, 핵분열기, 세포질분열기의 3단계로 이루어진다. 간기는 또다시 G1, S, G2 기로 세분화된다.
4. S기는 DNA가 세포분열을 앞두고 복제, 합성되는 시기이다.
5. 체세포분열은 전기, 중기, 후기, 말기의 4개 단계로 나뉘어진다.
6. 전기에는 염색체가 응축되고, 중기에는 복제된 염색체들이 적도판에 배열되며, 후기에는 복제된 염색분체들이 방추사에 이끌려 양극으로 나뉘어져 이동한다. 말기에 핵막이 재생되고 동일한 딸세포가 두 개 만들어진다.
7. 감수분열은 1기와 2기로 나누어진 두 번의 세포분열을 거쳐 이루어진다. 그 결과 모두 네 개의 딸세포가 만들어진다.
8. 남자에서는 네 개의 딸세포가 모두 정자로 발생되는 반면, 여자는 이 중 한 개만 정상적인 난자로 발생하고 나머지는 모두 극체의 형태로 퇴화되어 버린다.
9. 감수분열에서는 우성과 열성의 유전자 조합이 달라져서 유전자의 다양성이 발휘된다. 감수분열이 정상적으로 일어나지 못할 경우 다운증후군, 터너증후군이 일어나게 된다 이런 현상을 '염색체 비분리현상'이라 부른다.

생각해 볼 문제

1. 전체적인 세포주기를 그림으로 표현하고, 각 세부 주기의 특징을 요약하시오.
2. 체세포분열과 감수분열의 공통점 및 차이점을 각각 5가지씩 말하시오.

CHAPTER 08

유전자와 유전정보전달

CHAPTER 08 유전자와 유전정보전달

☑ 학습목표

우리 속담에 "콩 심은데 콩 나고, 팥 심은데 팥 난다"라는 말이 있다. 이것이야 말로 유전현상을 가장 잘 표현한 말이라 하겠다. 유전은 부모의 형질이 자손에게 그대로 전달되는 현상을 말하며, 생명현상 중 가장 중요한 특징이다. 멘델은 콩을 인위적으로 교배시킴으로써 다음 세대의 형질을 마음대로 바꿀 수 있다는 것을 보여 주었고, 이는 현대 유전공학의 학문적 기틀이 되었다. 이어서 DNA 이중나선 구조가 밝혀졌고, 지금은 암이나 선천성질환을 치료할 수 있는 유전자치료까지 가능해졌다. DNA를 중심으로 복제에서 발현까지 살펴보도록 하자.

1. 멘델의 유전법칙

그림 8-1. 멘델

멘델(그림 8-1)이 사용한 재료는 Pisum sativum이라는 완두콩으로 둥근 씨와 주름진 씨, 녹색과 노란색 등 관찰 가능한 대립형질이 많은 종이었다. 먼저 순종의 둥근 씨(AA)와 주름진 씨(aa)를 교배한 결과 1세대(F1)에서 얻어진 것은 모두 둥근 씨(Aa)였다. 즉, 유전형(genotype)은 두 개의 대립인자(allele)가 혼합된 형태이지만(A와 a) 둥근 씨의 인자가 상대적으로 우성(dominant)이고 주름진 씨의 인자가 열성(recessive)이기 때문에 모두 둥글게 표현된 것이었다.

그러면 열성은 우성에 묻혀 아예 없어져 버린 것일까? 그렇지 않다. 멘델은 1세대에서 얻은 둥근 콩을 자가수분하였고 다음 세대에서 약 3 : 1의 비율로 주름진 씨(aa)가 다시 나타나는 것을 관찰하였다. 즉, 열성이 잠시 우성에 가려져 있긴 하였지만 소멸된 것은 아니었고 다시 분리되어 나타날 수 있다는 것이다. 이를 "우열의 법칙, 분리의 법칙 또는 멘델의 제1법칙"이라고 흔히 설명한다(그림 8-2).

멘델은 또 다른 실험에서 씨의 모양[둥글거나(AA) 주름짐(aa))과 색(노란색(BB)과 녹색(bb)]이라는 두 가지 대립형질을 동시에 관찰하였다. 실험의 목적은 한 가지 형질(씨의 모양)이 다른 형질(씨의 색깔)이 표현되는 데에 영향을 미치는지를 조사하는 것이었다(표 8-1). 그 결과 1세대에서는 역시 우성형질(둥글고 노란색)들만 나타났지만, 2세대에서는 다시 각 형질들이 9 : 3 : 3 : 1로 분리가 되었다. 이들을 모양별, 색깔별로 나누어 정리해 보면 각각 3 : 1의 비율을 유지하고 있어 제1법칙에 전혀 어긋나지 않음을 알 수가 있다. 즉, 두 종류의 대립형질들이 서로 영향을 미치지 않고 독립적으로 유전된다는 것이다. 이를 "독립의 법칙 또는 멘델의 제2법칙"이라고 한다(그림 8-3).

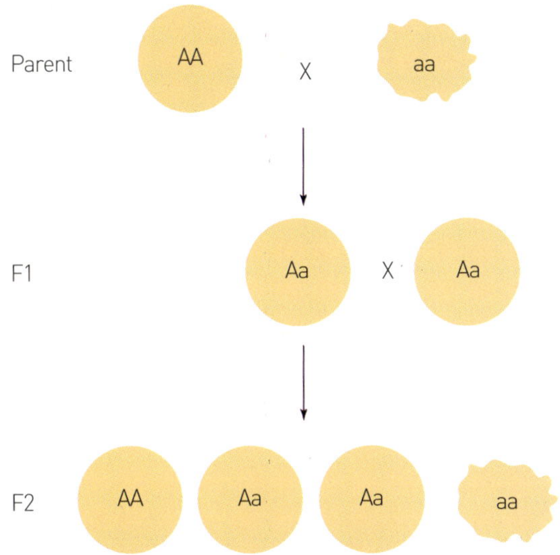

그림 8-2. 멘델의 제1법칙

멘델이 말한 우성인자와 열성인자가 바로 오늘날의 유전자 개념이다. 각각의 형질이 유전자에 의해 결정되며 그 유전자들은 상동염색체(homologous chromosome) 위에 있나는 오늘날의 개념과 일치하는 것이다.

멘델 사후에 드 브리스(Hugo de Vries), 코렌스(Carl Correns), 체르마크(Erich von Tschermak)들이 멘델의 법칙을 재발견하였고, 이로써 유전현상이 예측 가능한 법칙을 따른다는 것이 확실해졌다.

1) 염색체설과 DNA

그러면 과연 유전자는 세포내 어디에 있을까? 단서는 1903년경 서턴(W. S. Sutton)이 주장한 "염색체설(chromosome theory)"에서 비롯되었다. 염색체설이란 세포분열 시 염색체(chromosome)가 복제되어 딸세포에게 전해지는 것을 관찰한 데에서 비롯한 "유전인자가 염색체 위에 놓여 있다"는 가설이다.

1953년에 이르러 왓슨(Watson)과 크릭(Crick)이 마침내 DNA 이중나선 구조를 밝혀 보고하였다(그림 8-4). 그리고 1978년 사람의 인슐린(당뇨병 치료제) 유전자를 대장균(*E. coli*)에 이식하여 대량생산할 수 있게 됨으로써 사람과 대장균의 유전자 체계가 똑같다. 즉, 모든 생명체의 유전자 체계는 동일하다는 결론에 이르게

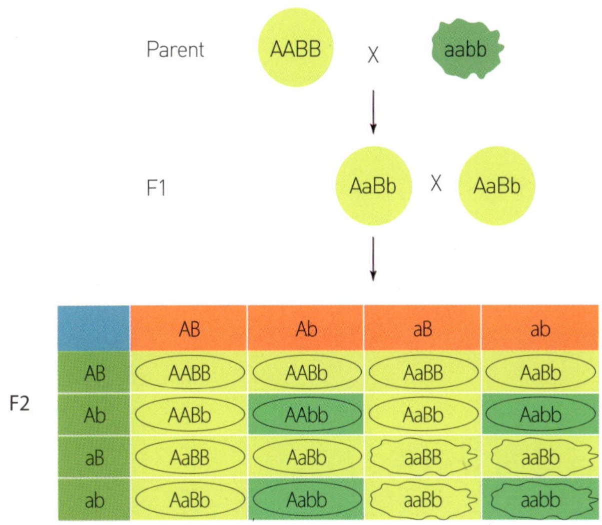

그림 8-3. 멘델의 제2법칙

표 8-1. 완두콩의 다양한 형질들

형 질	우 성	열 성
씨의 색	노란색	녹색
씨의 모양	둥근 씨	주름진 씨
꽃의 색	자주색	흰색
콩깍지 색	녹색	노란색
콩깍지 모양	편평한 꼬투리	잘록한 꼬투리
줄기	긴 줄기	짧은 줄기
꽃이 붙는 위치	측생화	정생화

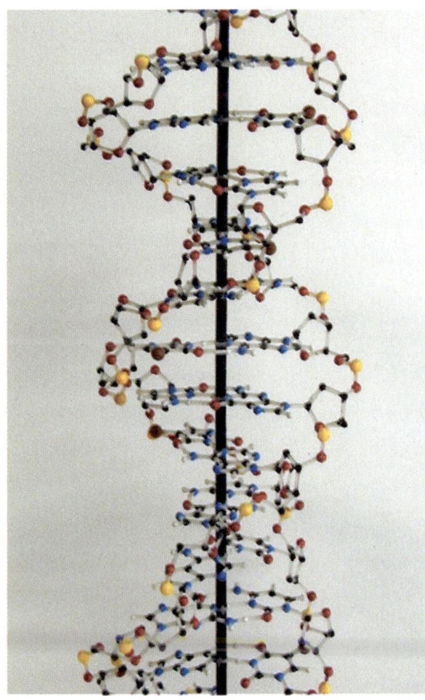

그림 8-4. DNA의 이중나선 모델

되었다. 이것은 유전공학의 최초 성공 사례이기도 하다.

2. 생명의 근본물질인 DNA

DNA는 생명의 근본물질이다. DNA에는 다음 세대로 전해지는 유전정보(inherited information)뿐만 아니라 지금 당장 살아가면서 필요로 하는 명령까지도 모두 들어 있기 때문이다. 효소를 만들거나 상처 난 자리에 새 살이 돋아나는 일 그리고 각 사람의 지능이나 수명처럼 당장 살아가기 위해서 반드시 필요한 모든 생명현상들까지도 DNA에 의해 결정된다는 뜻이다.

3. 뉴클레오티드

DNA의 단위체는 뉴클레오티드(nucleotide)이다. 뉴클레오티드는 당(sugar)과 염기(base) 그리고 인산(phosphoric acid)이 서로 결합하여 형성된 구조이다(그림 8-5).

당은 다섯 개의 탄소가 연결된 5탄당(pentose)으로 디옥시리보오스(2′-deoxyribose)이다(그림 8-6).

염기는 질소염기(nitrogenous base)라고도 부르는데, 고리 구조 안에 질소가 여러 개 들어 있기 때문이다(그림 8-7). DNA의 염기는 모두 4종류로서 아데닌(adenine), 구아닌(guanine), 시토신(cytosine) 그리고 티민(thymine) 등이 있다. 아데닌과 구아닌은 퓨린(purine)계 염기로서 육각형과 오각형의 고리 두 개가 연결된 구조이다. 반면에 시토신과 티민은 육각형 고리 하나만으로 되어 있고 피리미딘(pyrimidine)계에 속하는 염기들이다.

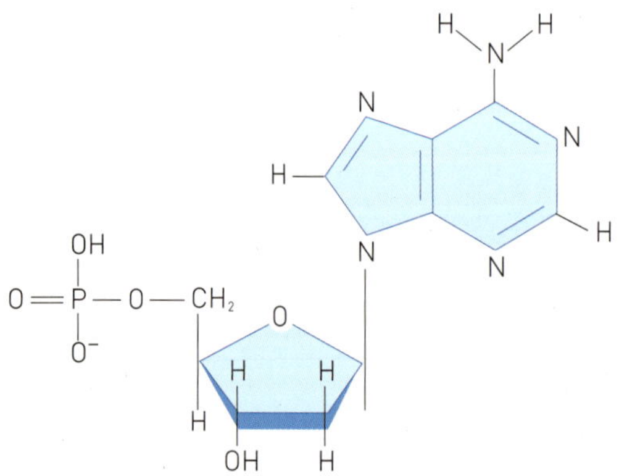

그림 8-5. 뉴클레오티드의 기본구조(당+염기+인산)

그림 8-6. RNA와 DNA의 당

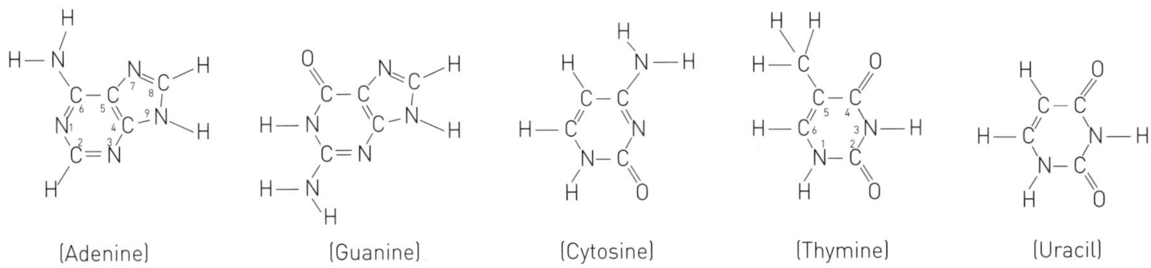

그림 8-7. 질소염기들

이렇게 해서 만들어진 염기와 당의 결합체를 뉴클레오시드(nucleoside)라 부른다. 뉴클레오시드에 인(phosphate)이 결합함으로써 비로소 뉴클레오티드(nucleotide)가 완성된다. 엄밀하게 말해서 인은 인산(PO_4^-)이다.

DNA의 뉴클레오티드는 당, 염기 그리고 인의 순서로 이름을 붙이면 된다. 예를 들어, dATP에서 d는 디옥시리보오스를, A는 아데닌 염기를, MP, DP, TP 등은 인의 개수를 각각 지칭하는 약어이다. A, C, G, T처럼 염기의 첫 번째 문자만으로 표시하기도 한다(그림 8-8).

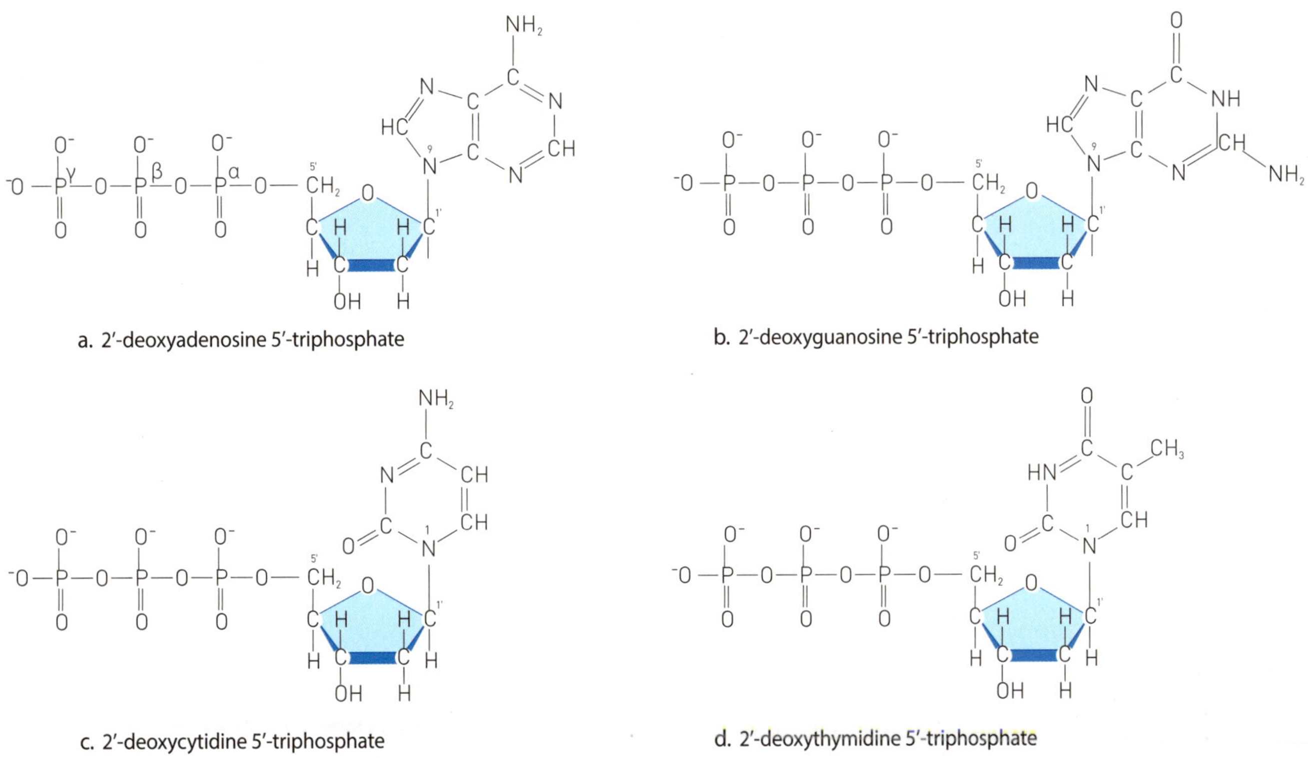

그림 8-8. DNA의 뉴클레오티드

4. RNA와 DNA

RNA는 DNA와 비슷한 구조의 또 다른 핵산이다. 일부 하등한 바이러스는 DNA 대신 RNA를 유전물질로 가지고 있기도 하다. RNA는 몇 가지 면에서 DNA와 구조적 차이가 발견된다. 첫째, 아데닌, 구아닌, 시토신은 DNA와 RNA 모두에서 발견되지만 RNA에서는 티민 대신 우라실(uracil)이 발견된다(그림 8-9). 우라실은 티민과 매우 유사하지만 5번 탄소의 메틸기(CH_3)가 빠진 구조이다. 둘째, RNA의 당은 리보오스(ribose)이다(그림 8-10). 즉, 2′ 탄소에도 수소가 아닌 수산화기(OH)가 결합되어 있다. 셋째, RNA는 보통 외줄이지만 DNA는 두 줄이 서로 꼬여 감긴 이중나선(double helix) 구조를 하고 있다.

RNA는 외줄이라서 불안정한 구조일 수밖에 없다. 그래서 유전정보의 장기적인 저장 및 다음 세대로의 전달이라는 임무는 DNA가 맡고, RNA는 유전자를 발현하여 단백질을 합성하는 짧은 기간에만 사용된다.

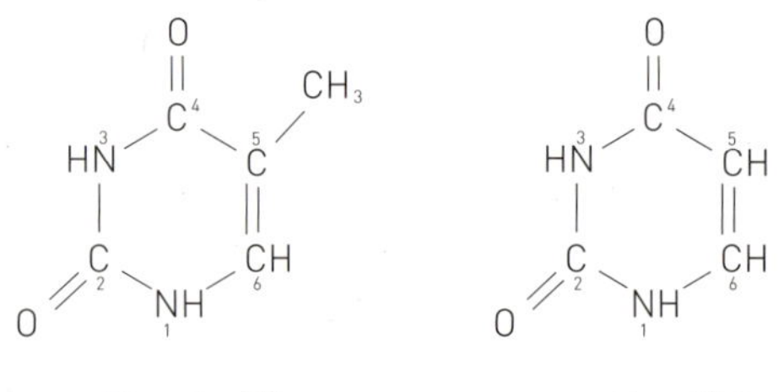

그림 8-9. 티민과 우라실

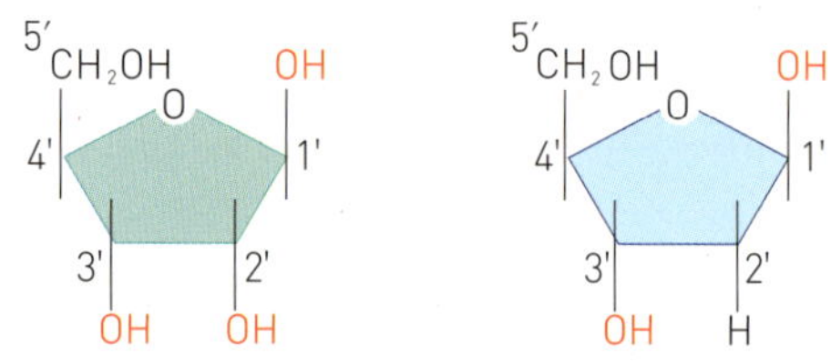

그림 8-10. 리보오스와 디옥시리보오스

5. 폴리뉴클레오티드

뉴클레오티드들이 순서에 따라 결합을 하면 긴 폴리뉴클레오티드(polynucleotide)가 만들어진다(그림 8-11). 이 때 두 개의 뉴클레오티드를 서로 연결하는 것은 에스테르 결합(ester bond)이다.

두 개의 뉴클레오티드가 결합하면 디뉴클레오티드(dinucleotide), 세 개가 결합하면 트리뉴클레오티드(trinucleotide)라 부른다. 그 이상 길어지면 폴리뉴클레오티드(polynucleotide)라는 용어를 사용한다. 폴리뉴클레오티드의 길이에는 제한이 없다.

폴리뉴클레오티드는 화학적으로 양 끝이 구별되기 때문에 방향성과 극성이 있다. 5′-말단(5′-terminus)에는 인이, 3′-말단(3′-terminus)에는 수산화기(OH)가 붙어 있다.

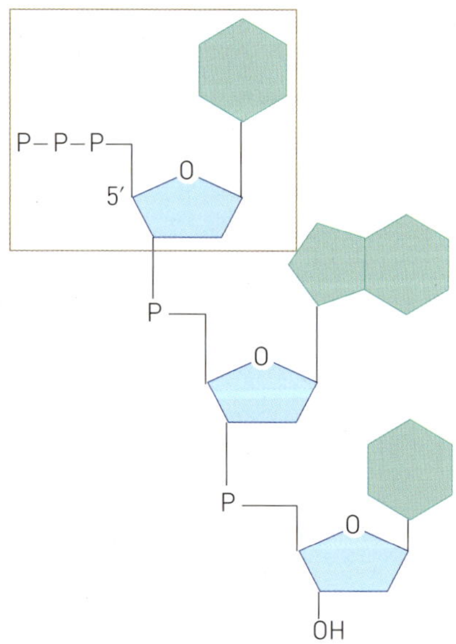

그림 8-11. 폴리뉴클레오티드

6. DNA 이중나선

폴리뉴클레오티드는 외줄이지만 정작 DNA는 세포내에서 두 줄로 되어 있다. DNA가 만일 외줄이라면 대단히 불안정할 것이다. 왜냐하면 중요한 염기들이 모두 바깥쪽으로 노출될 수밖에 없기 때문이다. 그러나 두 줄의 폴리뉴클레오티드가 나선 구조로 결합함으로써 염기들 역시 쌍(base pair)을 이루고 있고, 당과 인으로 된 바깥 뼈대에 의해 보호받을 수 있는 것이다. DNA의 나선 구조는 모든 방향으로부터 염기, 즉 유전정보를 철저하게 보호할 수 있는 완벽한 구조이다(그림 8-12). Watson과 Crick 두 사람은 DNA 이중나선 구조를 밝혀 1953년에 발표하였다(그림 8-13). DNA 구조의 특징은 다음과 같이 요약할 수 있다.

① DNA는 두 줄의 폴리뉴클레오티드로 구성되어 있다.

② DNA의 바깥쪽에는 당과 인이 골격(backbone)처럼 연결되어 있고 염기들은 쌍을 이루어 그 안쪽에 위치함으로써 보호를 받고 있다. 이러한 구조 때문에 DNA는 미치 사다리에 발판이 차곡차곡 놓인 것 같은 모습을 하고 있다.

③ 염기 사이의 결합은 서로 상보적(complementary)이다(그림 8-14). 즉, 아데닌은 항상 티민과, 시토신은 항상 구아닌과 결합한다는 뜻이다. 그러므로 DNA에서는 한쪽의 염기서열을 알고 있으면 어렵지 않게 반대편 폴리뉴클레오티드의 염기서열을 유추해낼 수가 있다. 상보적 결합은 곧 DNA의 자기 복제를 암시하는 것이다.

④ A와 T 사이에는 두 개, C와 G 사이에는 세 개의 수소결합이 있다(그림 8-15).

⑤ DNA는 오른쪽 감김(right-handed)이다. 오른쪽 감김이란 높은 건물의 나선형 계단을 오른다고 가정할 때 오른손으로 난간을 붙잡고 올라가는 모습이다. 또는 위에서 아래로 내려가면서 시계방향으로 감기며 나선이 멀어져 가는 구조이다.

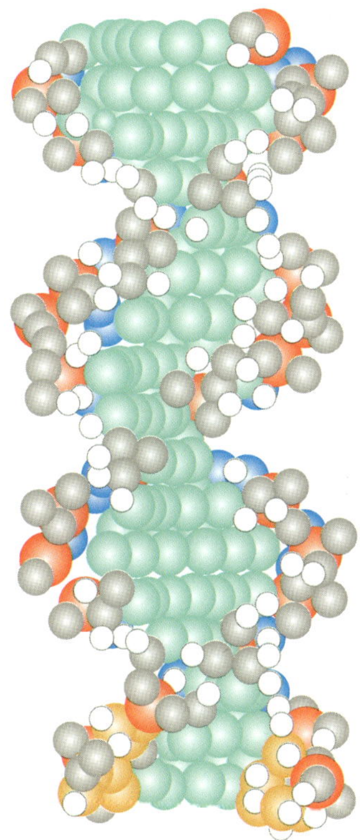

그림 8-12. DNA 이중나선 모델

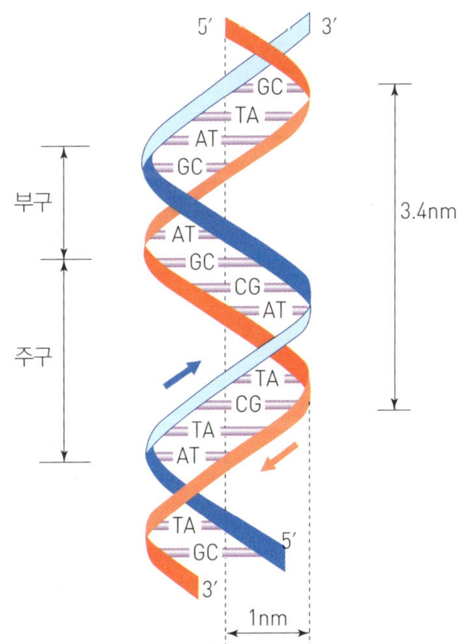

그림 8-13. 왓슨과 크릭의 DNA 모델 모식도

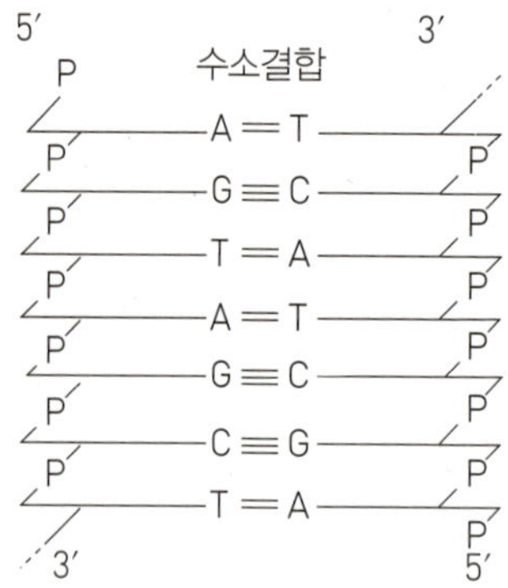

그림 8-14. DNA의 상보적 결합

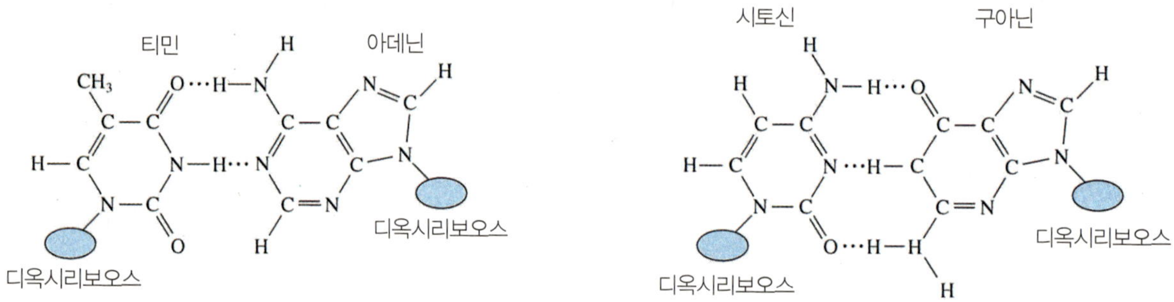

그림 8-15. DNA의 수소결합

7. 플라스미드

원핵세포에서는 염색체 이외 플라스미드(plasmid)라는 원형의 DNA가 종종 발견된다. 플라스미드는 마음대로 세균에 넣었다 뺄 수도 있고, 원하는 유전자를 재조합해 넣을 수도 있기 때문에 유전공학에 많이 이용된다(그림 8-16).

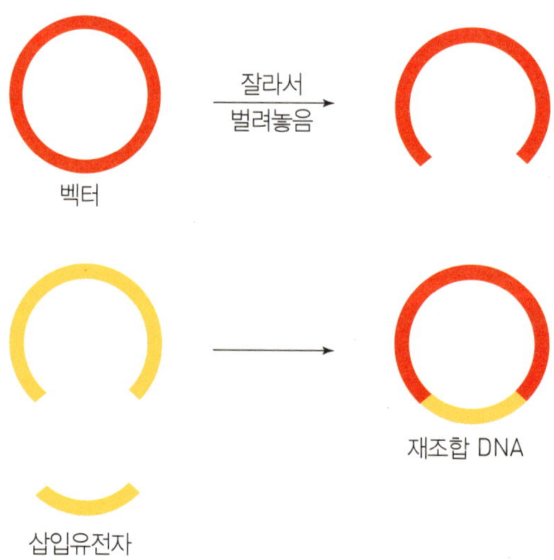

그림 8-16. 유전공학의 원리

8. 진핵세포의 DNA

사람의 세포 하나에서 DNA를 분리해 연결하면 거의 2m나 될 정도로 길다. 원핵세포와 비교해서 엄청나게 거대한 DNA 분자가 현미경으로나 관찰이 가능한 세포핵 속으로 어떻게 차곡차곡 들어갈 수 있는지 불가사의한 일이 아닐 수 없다. 그에 대한 해답은 바로 진핵세포의 염색체 구조에 있다.

진핵세포의 DNA는 원핵세포와 비교할 때 몇 가지 차이가 있다.

① DNA가 여러 토막으로 나누어져 있다는 것이다. 사람의 경우에도 전체 DNA가 46개의 염색체에 나누어 감겨져 있다.

② 진핵세포의 염색체는 두 개가 한 쌍을 이루고 있는데, 이들을 상동염색체(homologous chromosome)라 부른다. 체세포에는 상동염색체가 모두 들어 있기 때문에 이배체(diploid)라 부른다. 반면 정자와 난자 같은 생식세포에는 각 쌍 중 한쪽만 들어 있기 때문에 반수체(haploid)라 부른다. 상동염색체 중 하나는 아버지로부터 다른 하나는 어머니로부터 물려받는다.

③ 미토콘드리아(mitochondria)와 엽록체(chloroplast)에서도 DNA가 발견된다. 원래 이들은 공생설에 의해 진핵세포 안에 공존하게 된 것이다. 그러므로 유전암호의 체계가 핵 DNA(nuclear DNA)와 상당한 차이가 있다.

9. 염색체 구조

진핵세포의 염색체(그림 8-17)를 풀어보면 개개의 구슬 같은 구조가 나타난다. 즉, 실에 구슬을 꿰어놓듯이 단백질에 DNA를 감아놓은 구조이다. 이 구슬을 뉴클레오좀(nucleosome)이라 부른다. 뉴클레오좀은 여러 종류의 히스톤(histone) 단백질이 동량으로 모여서 만들어진 복합체이다.

뉴클레오좀들이 다시 촘촘하게 접히고 배열되어 응축되면 최종적으로 솔레노이드(solenoid)라 부르는 매우 응축된 구조가 된다. 세포분열의 중기에서 현미경 관찰되는 염색체가 바로 최고로 응축된 솔레노이드 구조이다.

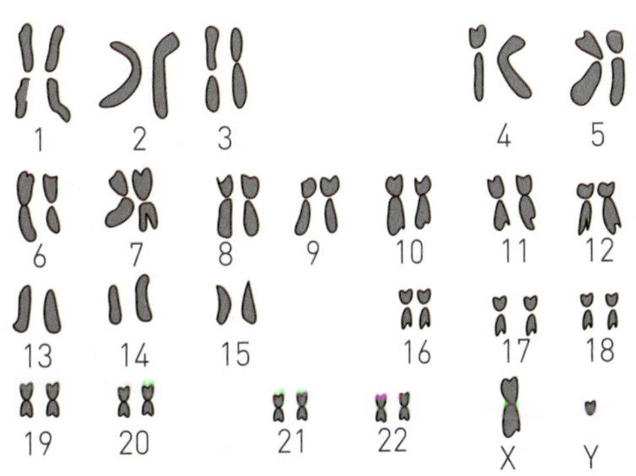

그림 8-17. 사람의 염색체

10. 중심설

크릭은 1958년에 “단백질 합성에 관하여(On the Protein Synthesis)”라는 강연에서 DNA가 생명현상을 어떻게 조절하는지에 관한 가설을 밝혔는데, 그것이 바로 중심설(Central Dogma)이다(그림 8-18). 이에 의하면 DNA는 스스로 복제를 할 수 있기 때문에 딸세포에 유전정보를 전해 줄 수 있으며 동시에 유전자가 발현하여 살아가는 데 필요한 모든 단백질을 만들어낼 수 있다.

단백질은 생명현상을 조절한다. 왜냐하면 단백질은 다양한 효소로 작용해서 물질대사를 조절할 수도 있고, 액틴(actin)이나 미오신(myosin)처럼 근육의 주성분으로서 수축운동을 일으킬 수도 있으며, 인슐린(insulin) 같은 호르몬 작용으로 체내의 생리현상을 조절해 주고, 헤모글로빈처럼 운반작용도 해 주기 때문이다. 이 밖에도 단백질은 에너지원이 될 수 있고, 항체로서 면역작용을 해 주는 등 살아가면서 필요한 모든 생화학 반응의 주체이기 때문이다. 그러나 단백질은 DNA에 들어 있는 유전정보에 따라서 만들어지기 때문에 DNA야말로 생명의 근본물질이라고 말하는 것이다.

DNA의 유전정보에 따라 단백질이 만들어지는 과정을 유전자발현(gene expression)이라 하는데, 두 단계로 이루어진다. 첫 번째는 유전정보가 RNA로 복사되어 나오는 전사(transcription) 과정이고, 두 번째 단계는 전사된 RNA를 기초로 단백질이 만들어지는 번역(translation) 과정이다.

크릭이 발표한 중심설은 1970년에 들어와 테민(Temin)과 볼티모어(Baltimore)에 의해 다소 수정이 되었다. 앞에서 언급한 AIDS 바이러스에서처럼 RNA의 정보가 거꾸로 DNA로 바뀔 수 있다는 것이 밝혀졌기 때문이다. 이를 역전사(reverse transcription)라고 부른다. 그러나 아직까지도 역해석(reverse translation)에 대한 증거는 없다.

11. 유전자

개개의 유전자(gene)란 간단히 말해 긴 DNA 분자의 각 부분을 말한다(그림 8-19). 인간게놈프로젝트(human genome project)에 의하면 사람의 DNA에는 적어도 30,000여 종류의 유전자가 있다고 밝혀져 있다. 또한 길이도 다양해서 어떤 유전자는 수십 bp밖에 되지 않는 반면 1,000 kb가 넘는 복잡한 유전자도 간혹 발견이 된다. 전체 유전자를 통칭해서 부를 때 게놈(genome)이라고 한다.

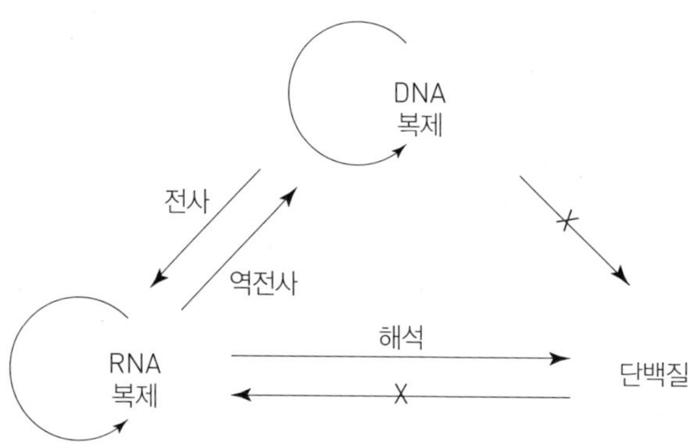

그림 8-18. 중심설

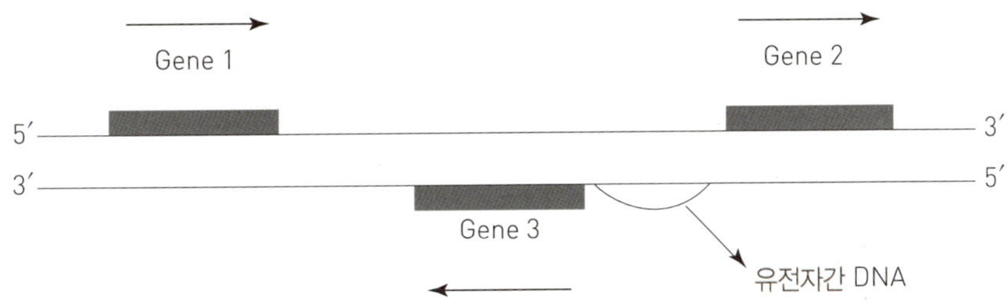

그림 8-19. 유전자의 배열

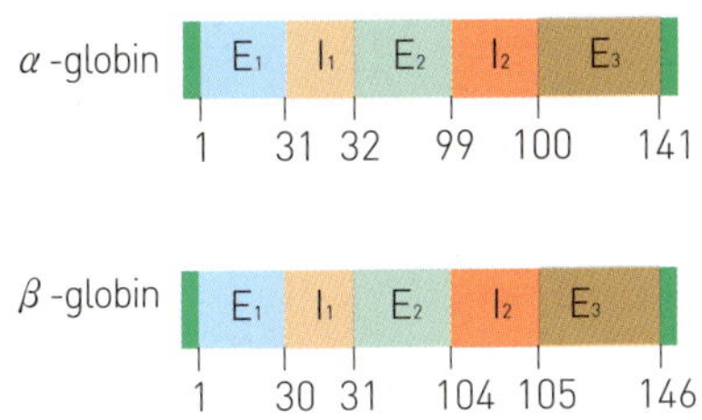

그림 8-20. 엑손(E)과 인트론(I)

원핵세포에서는 발견되지 않지만 진핵세포의 유전자에서는 엑손(exon)과 인트론(intron)이 발견된다(그림 8-20). 엄밀하게는 정확한 표현이 아니지만 쉽게 이해하기 위해서 엑손은 유전암호가 있는 부분을, 인트론은 유전암호가 없는 부분을 보통 지칭한다.

12. DNA 복제

DNA의 복제는 대단히 정교한 과정을 거쳐 일어나게 된다. 생명의 모든 비밀이 들어 있는 만큼 0.1%의 오차도 허용할 수 없기 때문이다. 왓슨과 크릭이 밝혀낸 DNA의 이중나선 구조는 이처럼 정교한 복제가 어떻게 해서 가능한지를 설명할 수 있는 근거가 되었다.

DNA 복제는 메셀슨(Meselson)과 스탈(Sthal)에 의해 밝혀졌듯이 반보존 모델(semi-conservative model)에 의해서 진행된다. 반보존 모델은 DNA 이중나선 구조가 지퍼 풀리듯이 열리고, 새로 한 줄이 만들어져서 붙는 형식의 복제이다. 반보존 모델은 DNA가 어떻게 똑같이 복제되어 다음 세대로 전달되는지를 잘 설명해 준다(그림 8-21).

13. 전사

전사는 두 줄의 DNA에서 외줄의 RNA가 합성되어 나오는 과정이다. 전사는 RNA 중합효소(RNA polymerase)에 의해 일어난다. 핵막의 유무로 인해 원핵세포와 진핵세포는 RNA 합성에서 근본적인 차이를 나타낸다. 원핵세포인 세균은 DNA의 유전정보가 RNA로 전사될 때 5′ 끝이 약간 만들어져 나오자마자 리보좀이 달라 붙어서 곧바로 해석(translation)을 시작한다. 즉, 유전자 발현이 같은 공간에서, 시간적으로도 동시에 일어나는 것이다.

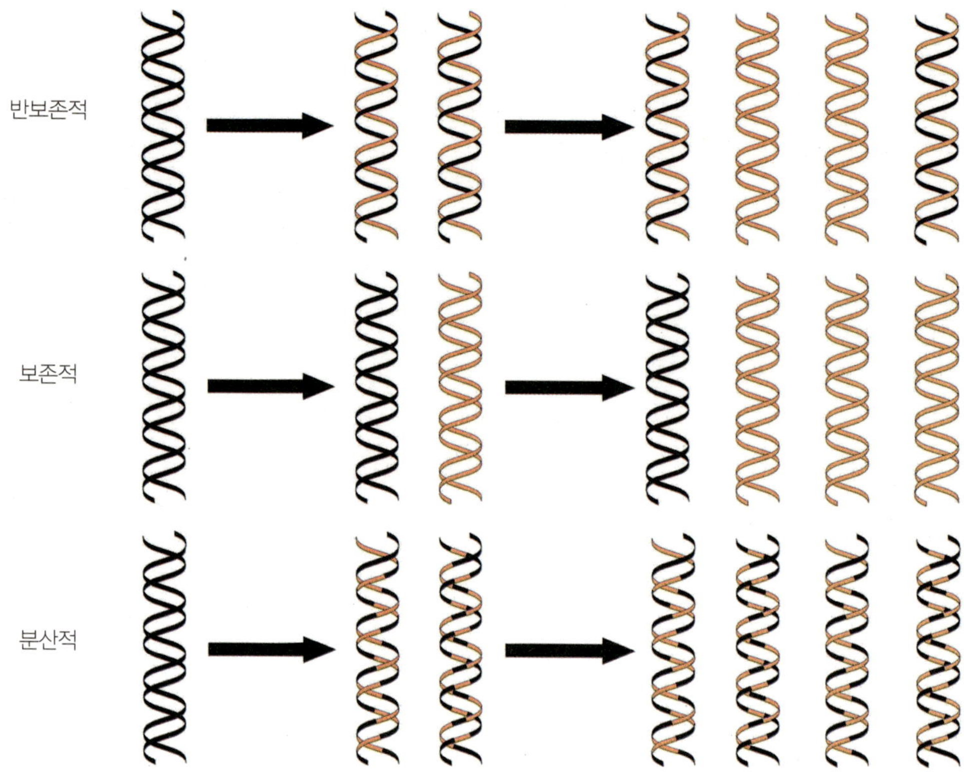

그림 8-21. 반보존모델

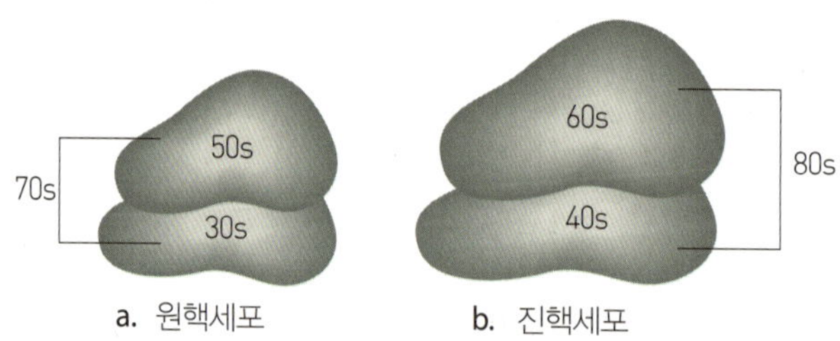

그림 8-22. 리보좀과 rRNA. (a) 원핵세포, (b) 진핵세포

그러나 진핵세포에서는 핵이 있기 때문에 이야기가 다르다. 전사는 핵에서 일어나지만 해석에 필요한 리보좀들이 세포질에 있기 때문에 전사되어 만들어진 RNA가 세포질로 옮겨와야만 비로소 해석이 시작될 수 있기 때문이다. 따라서 진핵세포에서는 전사와 해석이 별개의 공간, 서로 다른 시간대에 일어난다는 차이가 있다.

14. RNA들의 기능적 상관관계

대표적인 RNA들은 rRNA, tRNA, mRNA이다. 이밖에도 특수 기능을 수행하는 snRNA 등이 있지만 이들은 진핵세포에서만 관찰할 수 있다.

tRNA와 rRNA는 안정한 RNA(stable RNA)로 분류가 되는 반면에 mRNA는 불안정한 RNA(unstable RNA)로 분류하고 있다. tRNA와 rRNA는 일단 만들어지면 거의 세포와 수명을 같이 하지만 mRNA는 필요할 때에만 만들어지고 사용후 곧 다시 분해되어 버리기 때문이다. 예를 들어, 식사 후에는 소화효소가 필요하고 그 효소를 만들기 위한 유전정보가 DNA로부터 전사되어 나온다. 이때 만들어지는 mRNA는 음식물이 모두 소화되고 나면 빨리 사라져야 할 것이다. 그렇지 않으면 소화효소가 계속해서 만들어지기 때문에 에너지 차원에서의 낭비는 물론 심지어는 위 조직이 상할 수도 있다.

1) rRNA

rRNA는 리보좀이라는 세포소기관의 부속품이다. rRNA란 ribosomal RNA를 줄인 명칭이다. 세포소기관이나 단백질 같은 작은 물질의 단위는 S unit(Svedberg unit)이다. 이때의 이동거리는 무게(weight)와 모양(shape)에 따라 결정된다.

리보좀은 두 개의 단위체, 즉 대단위체(large subunit)와 소단위체(small subunit)로 구성되어 있다. 대장균 리보좀의 대단위체는 50S이고 그 안에 5S와 23S의 두 개의 rRNA가 들어 있다. 한편 소단위체는 30S이고 그 안에 16S rRNA가 들어 있다. 진핵세포의 대단위체는 60S, 소단위체는 40S이다. 각각 28S, 5.8S, 5S의 rRNA와 18S rRNA가 들어 있다. 5.8S는 진핵세포에서만 발견되는 것이다.

리보좀 전체의 S값을 보면 원핵세포가 70S, 진핵세포가 80S이다. 이 수치들은 대단위체와 소단위체를 산술적으로만 더한 것과는 상당한 차이가 있다(산술적으로는 80S 또는 100S가 되어야 함). 그 이유는 두 개의 단위체가 서로 붙을 때 형태가 구형에서 많이 어긋나기 때문이다. S값은 무게뿐만 아니라 모양에 의해서도 달라진다는 것을 기억해야 할 것이다.

최근에 비롯된 논쟁은 리보좀의 해석 기능, 즉 효소 기능이 단백질 부분에 있느냐 또는 rRNA에 있느냐는 것이다. 일반적으로 효소라 하면 단백질을 떠올리게 마련이기 때문이지만 리보좀의 경우에는 RNA가 효소로 작용할 것이 기대되기 때문이다. RNA 효소를 리보자임(ribozyme)이라고 한다.

2) tRNA

tRNA는 유전자의 염기서열을 아미노산 서열로 바꾸어 주는 중간자이다. 이로써 왓슨과 크릭이 이야기했던 DNA의 암호가 어떻게 단백질로 바뀌는지 규명될 수 있는 근거가 마련되었다.

tRNA는 비교적 작아서 74~95개 정도의 뉴클레오티드로 되어 있다. tRNA도 처음 전사되었을 때에는 다른 RNA들과 마찬가지로 외줄이지만 곧 내부적으로 상보적 결합을 통해 네잎 클로버와 비슷한 형태를 취하게 된다(그림 8-23).

tRNA의 공통적 구조는 클로버 잎이지만 종류별로 조금씩 차이를 보일 수도 있다. 클로버 잎에서는 4개의 팔과 고리 구조들이 관찰된다.

tRNA는 비정상적인 염기를 많이 가지고 있게 된 이유는 안정된 구조를 취하기 위해서이다. tRNA는 rRNA처럼 단백질에 의한 보호를 받지 못하는 대신 세포내 RNase의 공격으로부터 피해나가기 위해 이 효소가 인식할 수 없는 비정상적인 염기들을 여기저기에 가지게 된 것이다.

3) 진핵세포의 mRNA

원핵세포에서는 mRNA의 전사가 미처 끝나기도 전에 리보좀이 달라붙어 해석하기 때문에 특별히 변형될 시간적 여유도 없고 또 변형되어야 할 이유도 없다. 그렇지만 진핵세포의 mRNA는 조금 사정이 다르다. 왜냐하면 전사는 핵 속에서 일어나고 해석은 세포질에서 일어나기 때문인데, 이는 리보좀들이 세포질에 있기 때문이다. 따라서 mRNA는 핵

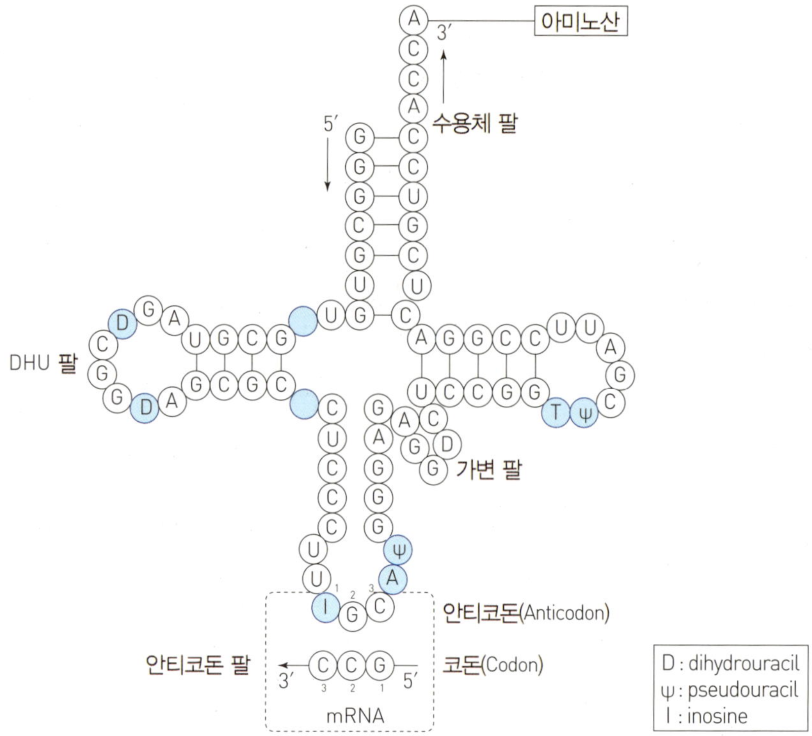

그림 8-23. tRNA의 구조

에서 만들어진 다음 세포질로 이동을 해야만 한다. 그러기 위해서는 전사가 완전히 끝날 때까지 기다려야 하고 더 오랜 시간을 버티어야 하므로 양 끝을 보호하기 위한 변형이 필요하게 된다.

또 다른 문제는 인트론의 제거이다. 진핵세포의 유전자는 엑손(exon)과 인트론(intron)이 나뉘어져 있으므로 전사과정에서 인트론이 모두 제거되어야 하기 때문이다. 인트론을 제거하고 엑손들끼리 이어주는 작업을 RNA 짜깁기 또는 스플라이싱(RNA splicing)이라고 한다.

15. 유전암호

유전암호에 따라 아미노산이 어떤 순서로 조합되어서 단백질을 만들어 나갈지가 결정되기 때문에 유전암호는 생명현상의 근본 코드인 셈이다. 유전암호는 세 개의 뉴클레오티드가 단위이다(표 8-2). 유전암호의 서열은 곧 단백질의 아미노산 서열로 이어지기 때문에 유전자와 단백질의 방향성은 대단히 중요하다.

유전정보가 5′→3′로 흐르기 때문에 아미노산의 서열도 이에 맞추어 N-말단(N-terminal)에서 C-말단(C-terminal)으로 흐르게 된다. 물론 유전암호와 아미노산의 서열들은 순서적으로 완전히 일치하므로 중간에 교차되거나 건너뛰는 일이 전혀 없다.

유전암호가 각기 세 개의 뉴클레오티드, 특히 염기의 서열이라는 것은 4종류(A, C, G, T)의 염기가 사용될 수 있는 경우의 수를 계산하면 총 64개의 유전암호가 가능하다는 것을 의미한다(4×4×4=64). 실제로 아미노산은 20종류에 불과하기 때문에 64개의 유전암호라는 것은 필요한 만큼 보다 양적으로 남는다는 이야기이다. 유전암호를 해독해낸 사람들은 니렌버그(Nirenberg), 코라나(Khorana) 등이다. 유전암호의 특징을 몇 가지로 정리해 볼 수 있다.

① 유전암호들은 퇴화되어 있다. 여기서 퇴화의 의미는 유전암호가 64종류임에 비해 아미노산은 불과 20여 종이기 때문에 생기는 현상이다. 즉, 아미노산에 따라 해당 유전암호가 한 개에서 여섯 개까지 다양하다는 것이다. 예를 들어, 트립토판(trp), 메티오닌(met) 등은 각각 유전암호가 TGG, ATG로 하나인 반면에 히스티딘(his), 글루타민(gln) 등은 두 개의 유전암호, 이소루신(ile) 등은 세 개, 기타 글리신(gly), 발린(val) 등은 네 개 그리고 아르기닌(arg), 세린(ser)은 여섯 개의 유전암호가 각각 해당된다. 그리고 정지암호도 TAA, TGA, TAG의 세 개나 된다. 이렇듯 유전암호가 생물체 안에서 퇴화되어 있는 정확한 이유는 알려져 있지 않다. 대체적으로는 번역의 속도를 증가시키거나 돌연변이의 악효과를 억제하려는 의도로 보고 있다.

② 유전암호에도 시작과 끝이 있다. 시작은 항상 메티오닌(met)의 AUG이며, 끝에 해당하는 유전암호는 UAA, UAG, UGA 세 종류이다. 그렇기 때문에 이론상 새로 만들어지는 단백질은 항상 메티오닌으로 시작된다.

③ DNA를 이 생물에서 다른 생물로 옮겨 형질을 바꾸어 주는 유전공학이 가능한 이유는 유전암호가 모든 생물에 공통이기 때문이다. 유전암호, 즉 어떤 코돈(codon)이 어떤 아미노산을 지정하고 있는가 하는 것까지도 동일하기 때문이다. 단지 미토콘드리아 등 별도의 유전자 체계를 가지고 있는 세포소기관은 일부 유전암호가 다를 수도 있다.

표 8-2. 유전암호표

첫 번째 자리 (5′ 말단)	두 번째 자리				세 번째 자리 (3′ 말단)
	U	C	A	G	
U	Phe	Ser	Tyr	Cys	U
	Phe	Ser	Tyr	Cys	C
	Leu	Ser	정지	정지	A
	Leu	Ser	정지	Trp	G
C	Leu	Pro	His	Arg	U
	Leu	Pro	His	Arg	C
	Leu	Pro	Gln	Arg	A
	Leu	Pro	Gln	Arg	G
A	Ile	Thr	Asn	Ser	U
	Ile	Thr	Asn	Ser	C
	Ile	Thr	Lys	Arg	A
	Met	Thr	Lys	Arg	G
G	Val	Ala	Asp	Gly	U
	Val	Ala	Asp	Gly	C
	Val	Ala	Glu	Gly	A
	Val	Ala	Glu	Gly	G

16. 해석

해석 또는 번역이란 mRNA의 염기서열을 기초로 하여 단백질을 합성해 가는 과정을 말한다. 유전암호가 단백질의 아미노산 서열로 바뀌기 위해서는 일종의 중간자(adaptor)가 필요하다. 중간자란 유전암호에 따라 적합한 아미노산을 순서대로 옮겨올 수 있는 구조를 말하는데, 이것이 바로 tRNA이다. tRNA의 안티코돈(anticodon)은 mRNA의 코돈(codon)을 읽어낼 수 있는데, 코돈이 64종류인만큼 tRNA도 이론상 64종류가 있어야 한다.

17. 돌연변이

돌연변이는 DNA상의 염기가 변하는 것을 말한다. 이 변화는 때로는 단순히 염기 하나 정도가 변하는 차원일 수도 있지만 유전자의 일부 또는 전체가 변형되거나 빠져 버릴 수도 있는 대규모 돌연변이를 포함한다.

생명체의 유전암호는 이미 그 생명체가 필요로 하는 만큼 완벽한 상태이기 때문에 대부분의 돌연변이, 즉 99.999% 이상이 생명체에 해악을 가져온다고 믿어진다. 그럼에도 불구하고 때로는 새로운 우수형질을 획득하는 방법으로 돌연변이가 일어날 수도 있기 때문에 돌연변이를 소규모 진화의 원동력 또는 인공적으로 우량종을 창출하기 위한 수단으로 보는 사람들도 있다.

우리는 유전형(genotype)이라는 용어와 함께 표현형(phenotype)이라는 용어를 사용한다. 유전자의 염기서열이 유전형이라면, 그로부터 만들어진 단백질에 의해 겉으로 드러나는 모습이 표현형이다. 비슷한 용어이지만 자연상태에서 발

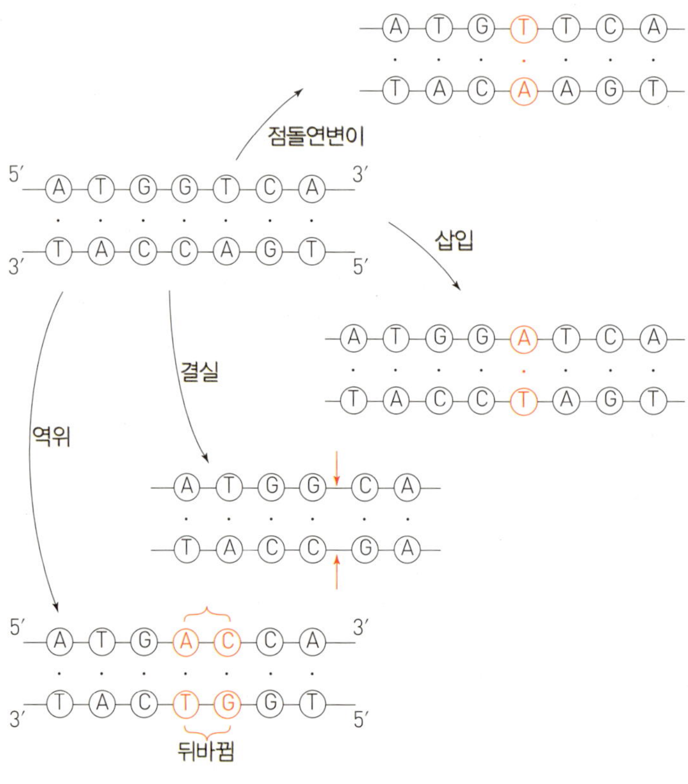

그림 8-24. 돌연변이의 종류

견되는 생물체, 즉 한 집단에서 대부분의 생물체가 지니고 있는 모습을 야생형(wild type)이라고 하며, 돌연변이체를 mutant라고 표현한다.

1) 돌연변이의 결과

① 침묵돌연변이(silent mutation)는 유전자가 변해도 그 결과가 단백질에 아무 영향을 미치지 않을 때를 말한다.

② 탈의미돌연변이(messense mutation)는 유전자의 변화로 인해 단백질의 일부 아미노산이 바뀌는 경우이다.

③ 무의미돌연변이(nonsense mutation)은 유전자의 변화로 인해 아미노산의 코돈이 정지코돈으로 바뀌는 것이다. 그 결과 단백질 합성이 거기에서 멈춰버리는 경우이다.

④ 틀이동돌연변이(frameshift mutation)은 유전자에 한 두 개의 염기서열이 삽입되거나 결실됨으로써 전체 읽어나가는 틀이 변화하는 경우이다. 그 결과 단백질 자체가 기능을 잃거나 전체적으로 다른 단백질이 만들어지게 된다.

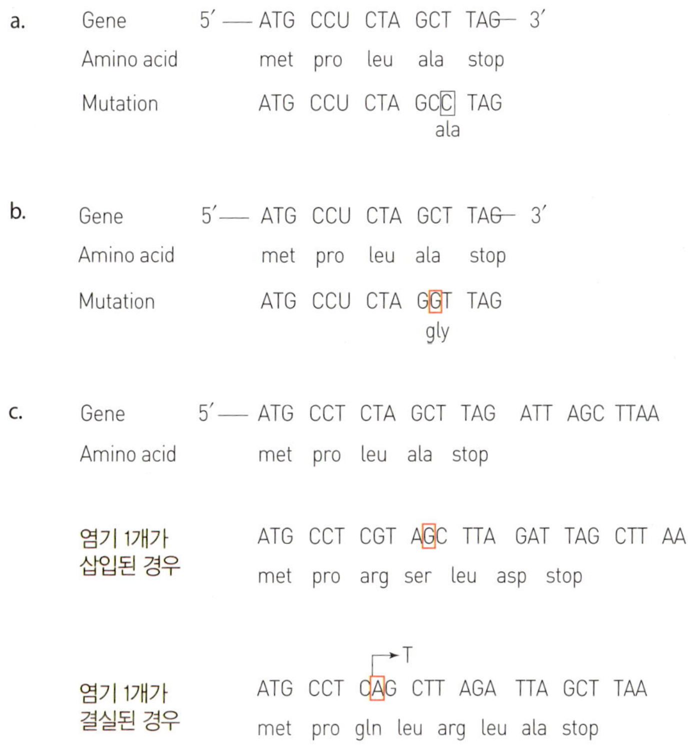

그림 8-25. 돌연변이의 결과

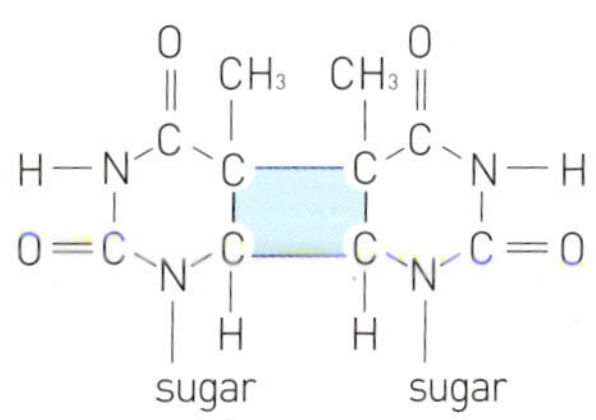

그림 8-26. T=T dimer

DNA에 자외선을 지나치게 쪼이면(예를 들어, 해변가에서 지나치게 태웠을 때의 경우) 돌연변이가 생길 수 있고, 이것이 만일 암유전자에서 일어나면 그 세포가 변하여 암세포가 될 수도 있는데, Thymine 염기가 서로 붙어 T=T dimer를 형성하기 때문이다. 물론 세포 안에는 이를 보완하기 위한 장치가 있지만 지나친 선탠은 피해야 할 것이다.

18. 유전질환

유전질환은 특정 유전자의 이상으로 발생하는 질병을 말하며, 주원인은 유전자의 돌연변이인데, 염색체 이상에 의해서도 생기는 수가 있다.

따라서 유전질환은 크게 유전자 이상에 의한 유전질환과 염색체 이상에 의한 돌연변이로 나눌 수 있으며, 유전자 이상에 의한 유전질환은 다시 단일 유전자성 유전질환과 다인자성 유전질환으로 나눌 수 있다.

염색체 이상에 의한 유전질환은 다시 염색체 구조의 이상과 염색체 수의 이상으로 나눌 수 있다.

단일 유전자성 유전질환이나 염색체 이상에 의한 유전질환들은 대부분 유전적으로 결정되기 때문에 어버이로부터 후세에게 전해진다.

1) 유전자 이상에 의한 유전질환

① 단일 유전자성 유전질환

단일 유전자성 유전질환은 한 개의 유전자에서 발생하는 변이가 원인이 되어 발생하는 질환으로, 멘델의 유전법칙을 따르는 것과 그렇지 않은 것으로 나뉜다. 멘델의 유전법칙을 따르는 것은 ① 상염색체 우성유전질환 ② 상염색체 열성유전질환 ③ X-연관 우성유전질환 ④ X-연관 열성유전질환으로 분류할 수 있다.

가. 상염색체 우성유전질환

사람의 상염색체라 함은 23쌍의 염색체 중에서 1번부터 22번까지의 염색체를 말하는 것이다. 따라서 이 염색체 상에 존재하는 유전자의 돌연변이로 인하여 발생하는 질환으로 우성 양상으로 유전되는 것을 말한다. 우성인자에 의한 유전질환은 매우 드물지만 때때로 변이의 특성이 우성인자에 의해 전달되는 경우가 있다. 상염색체 우성유전질환의 대표적인 질환으로 헌팅턴병, 연골무형성증, 마르판증후군, 가족성 고콜레스테롤혈증 등이 있다.

나. 상염색체 열성유전질환

열성인자에 의한 유전질환은 부모 모두로부터 같은 열성인자를 물려받은 경우에만 나타난다. 그러기 때문에 질환이 나타나지 않는 사람도 열성인자에 의한 질병의 보유자가 될 수 있는데, 이러한 경우를 '보인자'라고 한다. 예를 들어, 부모 중 어느 한쪽 (P세대) 으로부터만 돌연변이 열성인자를 받게 되는 자녀 (F1 세대)에게서는 그 결함이 나타나지 않으나 돌연변이 인자를 그 다음 세대 (F2 세대)에게 건내줄 수 있기 때문에 배우자 (F1 세대)도 돌연변이 인자를 다음 세대 (F2 세대)에게 건대준다면 다음 세대 (F2 세대)의 자녀는 질환이 발현될 수 있다.

낭성섬유증 (cystic fibrosis), 테이-삭스병 (Tay-Sahs disease), 페닐케톤뇨증 (phenylketonuria ; PKU), 눈피부백색증 등이 대표적인 상염색체 열성유전질환이다.

다. X-연관 우성유전질환

성염색체에 위치해 있는 유전인자에 의해 결정되는 특성도 있는데, 이것을 반성유전(sex-linked inheritance)이라고 한다. 남자와 여자는 성염색체의 구성이 각각 XY, XX로 서로 다르기 때문에, X-연관 유전질환은 남녀가 다른 특징을 가지게 된다.

X-연관 우성유전질환은 돌연변이를 보유한 X 염색체를 보유한 경우 모두 발생하기 때문에 남자보다는 여자에게서 2배 정도 높은 빈도로 발생한다. 또한 질병에 걸린 남성의 경우 X 염색체에 돌연변이가 있기 때문에 아들에게는 병을 전달하지 않지만, 딸들에게는 모두 질병을 전달한다는 특징이 있다. 색소실조증이나 저인산혈구루병 등이 대표적이다.

라. X-연관 열성유전질환

X-연관 열성유전질환의 가장 대표적인 질환은 혈우병과 색맹이다. 혈우병의 경우 돌연변이 인자가 열성으로 작용하기 때문에 돌연변이 인자를 하나만 가지는 이형접합체인 여성은 보인자이기는 하지만 정상으로 나타난다. 그에 비해 남성의 경우는 X 염색체가 하나이기 때문에 혈우병을 가지게 된다.

멘델의 유전법칙을 따르지 않는 것으로 미토콘드리아 유전자 돌연변이에 의한 유전질환이 대표적으로, 이는 미토콘드리아 DNA가 모계유전을 하기 때문이다.

② 다인자성 유전질환

다인자성 유전질환은 두 개 이상의 유전자의 돌연변이에 의해 복합적으로 영향을 받는 유전질환 또는 유전과 환경의 영향을 받는 유전질환을 말한다. 다인자성 유전질환의 대표적인 것으로는 당뇨병, 고혈압, 비만 그리고 알츠하이머 치매 등이 있다.

2) 염색체 이상에 의한 유전질환

① 염색체 수의 이상에 의한 유전질환

사람의 염색체는 일반적으로 2n=46의 양상을 가지만, 염색체 비분리 등의 원인으로 인하여 일염색체나 삼염색체 등의 수의 이상을 보이는 경우가 있다.

염색체 수의 이상은 다운증후군 등의 상염색체 수의 이상과 터너증후군, 클라인펠터증후군과 같은 성염색체 수의 이상으로 나눌 수 있다.

가. 다운증후군

다운증후군은 가장 흔한 염색체 이상에 의한 질환으로 21번 염색체가 3개 존재하는 삼염색체증이다.

나. 에드워드증후군

에드워드증후군은 18번 염색체가 3개인 삼염색체증이다.

다. 파타우증후군

파타우증후군은 13번 염색체가 3개인 삼염색체증이다.

라. 터너증후군

여자의 경우 성염색체로 XX의 조합을 가지는 것이 일반적이지만, X 염색체가 하나 또는 일부분이 소실되는 것을 터너증후군이라 한다.

마. 트리플X증후군

터너증후군과는 달리 X 염색체가 3개, 즉 XXX의 조합을 가지는 경우를 트리플X증후군이라 한다.

바. 클라인펠터증후군

남성의 성염색체는 일반적으로 XY를 가지지만, XXY, 드물지만 XXXY, XXXXY 등을 가지는 경우를 클라인펠터증후군이라 한다.

② 염색체 구조의 이상에 의한 유전질환

염색체 구조의 이상은 중복, 결실, 역위, 전좌 등의 돌연변이 등으로 인하여 발생하는 유전질환으로서 고양이울음증후군이나 필라델피아 염색체, 울프허쉬호른증후군 등이 있다.

19. SNP(Single Nucleotide Polymorphism ; 단일염기다형성)

염기서열 상으로 사람과 사람사이에는 99.9% 정도는 같지만 0.1% 정도는 서로 다르다. 즉 인간의 유전체(게놈)은 평균적으로 염기 1천개 당 1개꼴로 개인적으로 다른데, 이러한 개인별 염기의 차이를 SNP(Single Nucleotide Polymorphism ; 단일염기다형성)이라고 한다.

즉 SNP는 사람의 염기서열에서 하나의 염기서열 차이를 보이는 유전적 변이를 말하는 것이라 할 수 있다.

SNP로 인하여 각 개인별로 표현형의 차이가 생긴다. 피부색, 머리카락이나 눈의 색, 신장 등과 같은 외형 뿐만 아니라 특정 질병에 대한 민감성이나 저항성 등도 SNP로 인한 것이라 할 수 있다.

SNP는 유전자 발현에 영향을 끼칠 수 있다. 유전자발현이라 함은 DNA의 유전정보를 이용하여 단백질을 만드는 과정을 말하는데, 이때 DNA의 유전정보를 구성하는 염기가 변한다면 단백질을 구성하는 아미노산의 서열이 바뀌게 되고, 이는 단백질의 구조의 변화를 가져오게 됨으로써 개인간의 차이를 만들어낸다

또한 단백질의 구조의 변화는 기능의 변화를 가져 올 수 있다. 특정 유전자에 이상이 있는 경우, 발병 가능성이 높아질 수 있는데, 이러한 이유로 SNP는 의료분야에서 중요하게 여겨진다.

또한 개인별로 약제에 대한 감수성이나 부작용도 차이가 생기는데, 이 역시 개인간의 유전적 차이, 즉 SNP의 차이에 의해서 생길 수 있기 때문이다.

따라서 질병의 원인이 되는 유전자에서의 SNP를 확인함으로써 진단 및 치료에 응용할 수 있으며, 질병의 저항성이나 감수성을 나타내는 SNP를 통하여 예방이 가능할 것으로 기대한다.

또한 약물반응에 대한 개인간의 SNP를 알아낸다면 각 개인에게 맞는 약물을 투여함으로써 치료효과를 높이고 부작용을 줄일 수 있는데. 이를 '약물유전체학'이라고 한다.

요점정리

1. 멘델은 우열의 법칙과 독립의 법칙을 확립하였다. 대립형질에는 우성과 열성이 있고, 서로 다른 대립형질들은 독립적으로 유전된다는 것이다.
2. 멘델의 실험으로 인해 생명에는 '유전자'라는 설계도가 있고 이것을 인위적으로 조작함으로써 생명현상을 바꿀 수 있다는 유전공학의 개념이 시작되었다.
3. 1953년, 왓슨과 크릭에 의해 DNA의 이중나선 구조가 보고되었다.
4. DNA는 생명의 근본 물질이다. 다음 세대로 전해지는 유전정보뿐 아니라 살아가면서 필요한 명령까지 모두 들어 있기 때문이다.
5. DNA의 단위체는 뉴클레오티드이다. 이는 당과 염기 그리고 인산이 서로 결합된 구조이다.
6. DNA는 반보존모델을 따라 복제되며, 전사와 해석 과정을 거쳐서 유전정보를 발현시킨다.
7. 진핵세포의 유전자는 엑손과 인트론으로 되어 있다. 정확한 발현을 위해서 'RNA 짜깁기'에 의해 인트론이 제거된다.
8. 유전암호에는 시작과 끝이 있다. 개시코돈은 AUG이고, 정지코돈은 UAA, UGA, UAG의 세 종류이다.
9. 대부분의 돌연변이는 치명적인 결과를 초래하지만 드물게 소규모 진화의 원동력이 된다.
10. 유전질환은 유전자 이상에 의한 유전질환과 염색체 이상에 의한 유전질환으로 나눌 수 있다.
11. SNP로 인하여 개인간의 차이가 생긴다.

생각해 볼 문제

1. DNA 이중나선 구조의 특징을 정리하시오.
2. 엑손과 인트론의 개념을 정리하고, 'RNA 짜깁기'를 설명하시오.

CHAPTER 09

조직과 기관계

CHAPTER 09

조직과 기관계

학습목표

사람을 비롯한 동물은 대단히 복잡한 구조로 되어 있다. 사람은 세포의 종류도 기능별로 약 3,500여 종이 있다. 동일한 생리 · 기능적 목적을 위해 세포가 모여서 조직(tissue)이 되고, 조직은 또다시 모여서 기관(organ)과 기관계(system)를 이루게 된다. 동물조직에는 크게 네 가지가 있다. 상피조직과 결합조직, 근육조직, 신경조직들이다. 각 조직별로 그리고 주요 기관별로 기능을 살펴보도록 하자.

1. 동물의 조직

우리 몸은 신경, 근육, 상피 및 결합조직 등 4가지 기본조직(tissue)으로 이루어져 있다. 각각의 조직을 이루는 세포들은 대체로 유사한 형태와 기능을 가지고 있지만 한 조직 내에서도 분화의 정도와 맡은 역할 별로 다소 차이가 날 수도 있다(표 9-1).

1) 상피조직

신체의 표면을 덮고 있는 세포층이다. 여기서 표면이란 우리 몸의 바깥쪽 피부도 되겠지만 내부 장기나 소화관 등의 상피도 이에 해당한다. 상피조직(epithelial tissue)에는 상피세포막과 함께 이 막에서 유래된 분비샘도 포함된다. 상피조직은 그 아래의 조직과 외부 환경 간의 장벽으로 작용한다. 상피조직세포들은 서로 연접되어 있기 때문에 물질들이 세포 사이를 쉽게 통과하지 못한다. 그리고 이는 상피조직의 역할 중 가장 대표적인 것이다.

상피조직은 아래 부분에 위치한 기저막에 부착되어 있다. 상피조직은 구성세포의 모양과 세포층 수에 따라 다시 단층편평상피, 단층입방상피, 단층원주상피 그리고 중층편평상피, 중층원주상피 등으로 분류한다(표 9-2).

단층상피는 비교적 마찰이 적은 폐, 신장 등의 표면을 덮고 있는 반면, 늘 음식물과 마찰을 하는 입, 목 등의 상피는

표 9-1. 동물의 조직

조직 형태	조직 특성	주요 위치
상피조직	밀집되어 촘촘히 쌓여 있음	신체 또는 장기의 바깥층, 소화층의 내벽, 혈관내벽
결합조직	액상조직에 느슨하게 퍼져 있음	뼈, 인대, 지방, 힘줄, 혈액
근육조직	길이가 상황에 따라 변함	운동근육, 심장근, 소화관의 벽
신경조직	전기자극에 의해 화학전달물질을 분비함	뇌, 척추, 내이, 코, 눈의 망막

표 9-2. 상피조직

조직 이름	조직 구조	주요 위치
단층편평상피		허파, 혈관내벽
단층입방상피		신장의 내피
단층원주상피	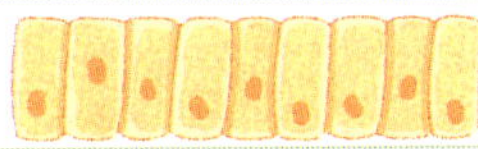	위의 내벽, 창자, 코
중층편평상피	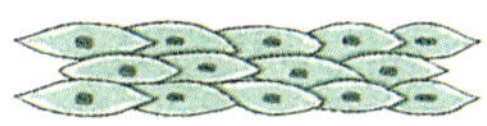	피부, 입, 목구멍
중층원주상피	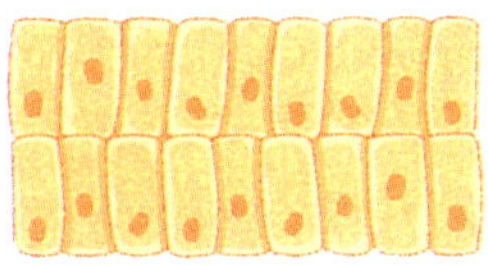	기관지, 요도

중층으로 구성되어야 한다. 또 원주상피는 분비작용을 하는 세포들로 되어 있기 때문에 위와 장에서 소화효소를 분비하는 작용을 한다.

상피세포의 기능은 다양하다. 마찰이나 외부충격으로부터 우리 몸을 보호해 주는 것은 물론, 물질출입도 적절히 통제하여 준다. 상기한 것처럼 물질분비 기능도 담당하고 있으며, 신장에서와 같이 노폐물을 적절하게 걸러주어 소변을 만들어내는 일도 담당한다. 상피세포가 있음으로써 수분의 증발을 막고, 세균감염도 막을 수 있다. 상피세포에서 분비되는 것은 소화효소 외에도 호르몬, 땀 등이 있다.

상피세포막에서 유래된 분비샘은 외분비샘과 내분비샘으로 분류된다. 외분비샘은 도관(duct)이 있어서 분비물을 체표면 바깥쪽으로 분출한다. 소화효소가 대표적인 예이다. 반면에 내분비샘은 도관이 없어서 분비물이 체내에 머무르다가 혈액으로 들어가게 된다. 혈액을 통해 목표세포로 이동하는 호르몬이 대표적인 예이다.

2) 결합조직

서로 다른 조직들을 지지해 주거나 엮어주는 세포들로 되어 있다. 콜라겐과 같은 단백질섬유, 지방세포, 혈액, 연골, 뼈 등이 모두 결합조직에 해당한다(그림 9-1). 결합조직(connective tissue)은 치밀도에 따라서 성긴결합조직과 치밀결합조직으로 분류할 수 있다. 혈액은 액상결합조직인 반면 뼈, 지방, 힘줄(tendon) 등은 모두 고형결합조직이다. 지방은 에너지를 저장하고 열손실을 방지해 준다. 외부의 충격으로부터 내부기관들을 보호하기 위한 쿠션 역할도 한다. 혈액은 산소와 이산화탄소 같은 물질들을 운반해 주고, 동시에 세균감염으로부터 우리 몸을 보호해 준다.

3) 근육조직

근육조직(muscle tissue)은 근육세포들이 모여서 다발을 형성한 것이다. 필요에 따라 길이가 짧아지거나 길어짐으로써 운동을 할 수 있다. 우리 몸의 약 절반은 근육세포로 되어 있다. 근육에는 골격근(skeletal muscle), 심근(cardiac muscle), 평활근(smooth muscle)의 세 종류가 있다(그림 9-2).

골격근은 말 그대로 뼈에 연결되어서 팔, 다리 등이 운동할 수 있도록 해 주는 근육이다. 골격근 덕분에 우리는 표정을 지을 수도 있고, 혀를 움직일 수도 있다. 심근은 심장을 이루는 근육이다. 심근은 골격근과 유사한 형태이지만 마음

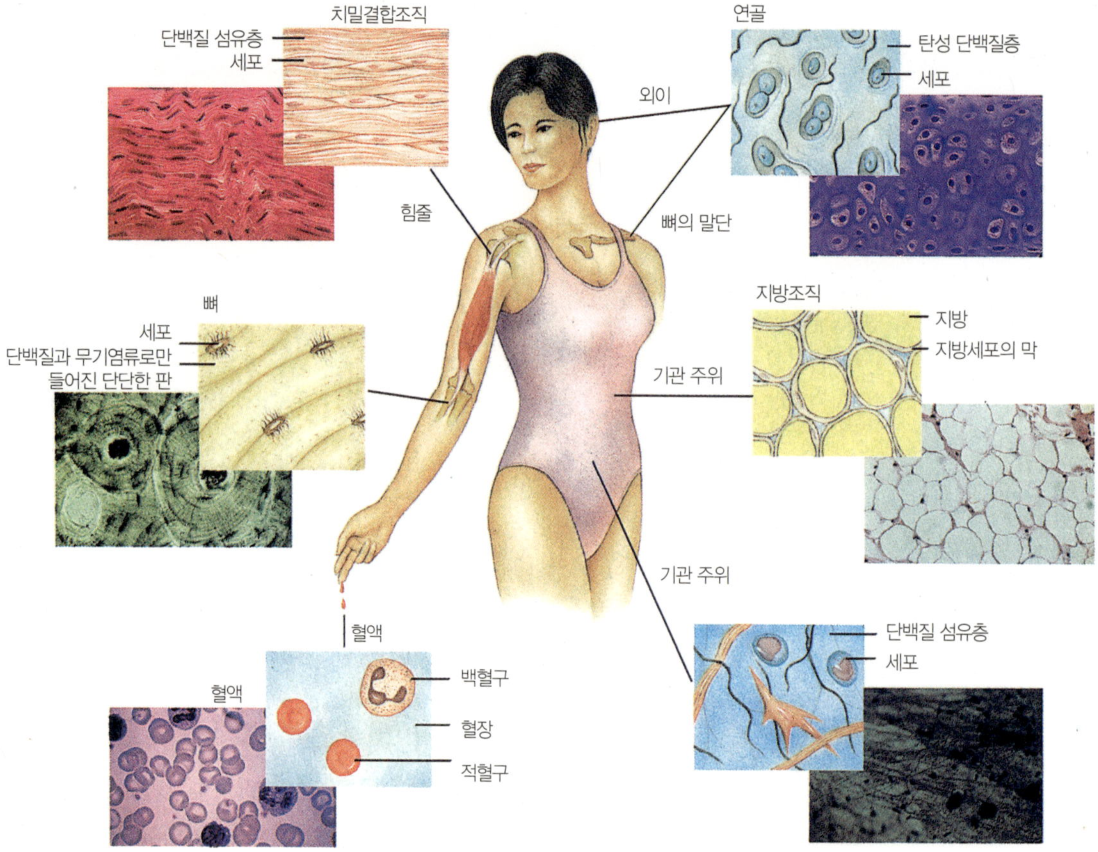

그림 9-1. 결합조직

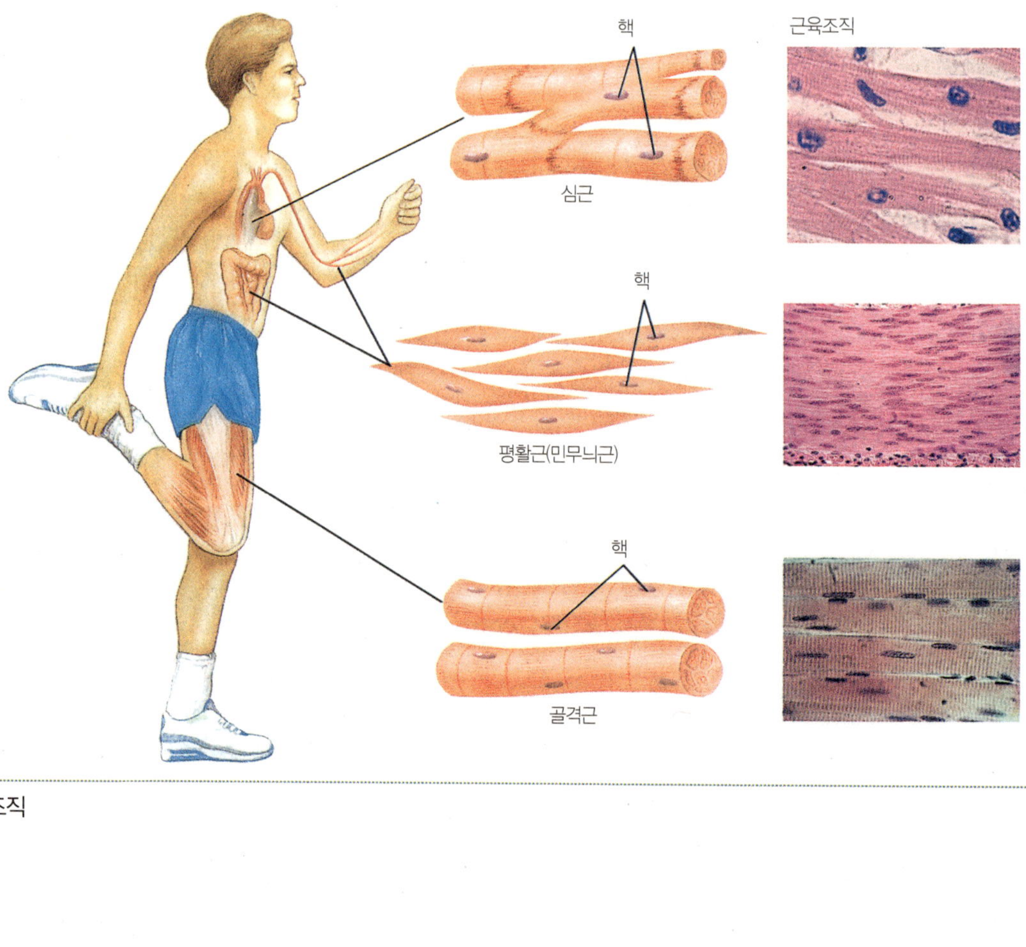

그림 9-2. 근육조직

대로 움직일 수 없는 불수의근이다. 심장은 혈액을 몸 전체로 순환시키는 역할을 한다. 평활근은 내부 소화관이나 방광, 혈관 등을 둘러싸고 있다. 평활근이 수축을 하면 혈관이 좁아지게 된다. 평활근은 내장근이라고도 하며, 역시 불수의근에 속한다.

4) 신경조직

신경조직(nervous tissue)은 우리 몸의 한 부분에서 다른 부분으로 신호를 전달해 주는 연결망이다(그림 9-3). 신경세포의 이름은 뉴런(neuron)이다. 뉴런을 보조, 지지하는 세포들도 같이 있는데, 이들의 이름은 신경교세포(neuroglial cell)이다. 신경조직은 전기화학적인 신경자극을 생성하고 전달하며, 다른 신경이나 근육, 분비샘을 조절하는 화학적 신경전달물질을 분비하기도 한다.

신경세포에는 감각신경세포(sensory neuron), 연합신경세포(interneuron), 운동신경세포(motor neuron)의 세 가지가 있다. 감각신경은 외부환경으로부터 신호를 받아들이는 역할을 한다. 연합신경은 감각신경으로부터 받은 신호를 운동신경으로 전달해 주는 역할을 한다. 뇌를 이루는 신경세포는 대부분 연합신경이다. 운동신경은 근육이나 분비샘에 연결되어 있어 이들을 자극함으로써 적절한 일을 하게 만들어 준다. 각각의 신경세포는 핵이 들어 있는 세포체와 자극을 받아들이는 수상돌기 그리고 자극을 전달하는 축삭으로 구성되어 있다. 축삭은 세포체에서는 단일 돌기로 시작하지만 신경말단에 이르면 매우 많은 가지를 치게 된다.

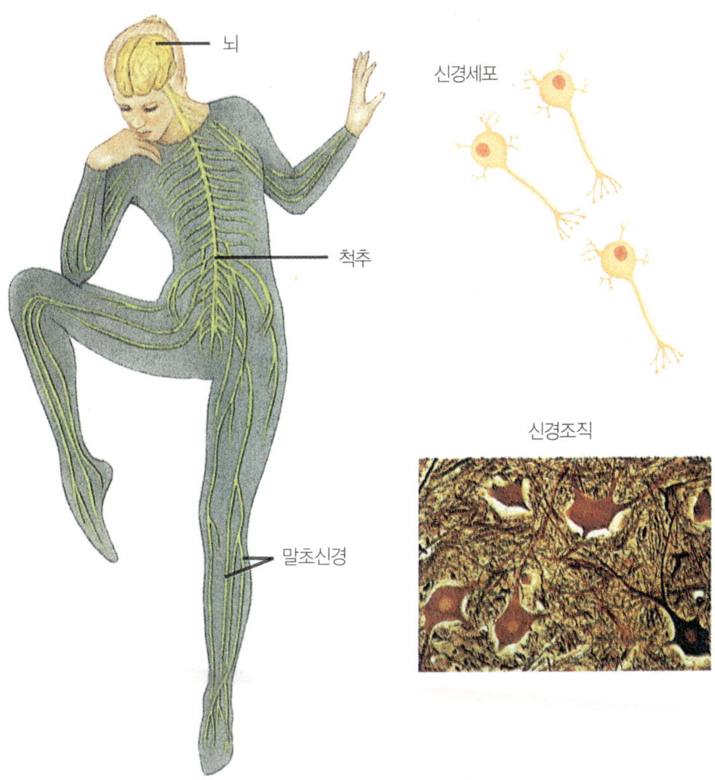

그림 9-3. 신경조직

2. 기관과 기관계

두 종류 이상의 조직이 모일 때 기관(organ)이라 부른다. 개개의 조직들은 독자적으로 기능을 할 수 없기 때문에 기관이야말로 특정한 신체적 기능을 위해 일하는 실질적인 단위이다. 정의를 내리기는 두 종류 이상의 조직이 모이면 기관이라 하였지만 대부분의 기관은 상기 4종류의 조직이 모두 합쳐서 되어 있다.

소화관을 예로 들어 보자. 소화관은 음식물을 소화, 흡수하기 위하여 분화된 기관이다. 소화관은 상피세포로 둘러싸여 있어야 하며, 근육 운동으로 음식물을 이동시키고, 신경이 이 운동을 적절하게 조절해 준다. 소화관에는 혈액이 와 닿아 음식물의 흡수를 도와준다. 이처럼 하나의 기관은 여러 조직이 모여서 기능을 이루게 되는 것이다.

기관계(organ system)는 기관들의 집합이다. 우리 몸의 서로 다른 부위에 위치하면서 상호 연관된 기능을 수행한다. 동물이 살아가는 데 필요한 필수 기관계는 모두 9종류이다. 이들은 호흡계, 소화계, 배설계, 순환계, 근육계, 신경계, 내분비계, 면역계와 생식계이다. 생식계는 생명 그 자체와 상관이 없고, 종족 보존만을 위한 기관계이기에 다른 필수 기관계와 별도로 취급한다. 모든 기관이 남 · 여에서 구조가 같거나 유사하지만, 생식계 만은 성별 간 전혀 다른 것도 특징이다.

이들 기관계는 얼핏 볼 때 각각이 전혀 다른 기능을 수행하고 있는 것처럼 보인다. 그러나 사실은 서로가 깊은 연관을 가지고 있다. 기관계의 통합조절은 호르몬과 신경에 의해 전체적으로 조화있게 이루어진다. 호르몬은 화학적 조절이고 신경은 전기적 조절이다. 호르몬에 의한 조절은 다소 느리지만 부드럽고 항상성(homeostasis)을 유지해 준다는 장점이 있다. 반면에 신경조절은 빠르면서도 반사적인 운동을 조절해 준다. 그러나 호르몬의 분비도 신경에 의해 조절되므로 우리 몸의 궁극적인 통합조절은 신경조직의 집합체인 뇌에 의해 조절된다는 것이다.

감정에 의해서 생리 작용이 여러모로 변하는 것을 경험한 적이 한 번쯤은 있을 것이다. 이처럼 전혀 연관이 없는 것처럼 보이는 기관들이 감정에 의해서 조절 받는 것은 신경에 의해 온 몸이 통합 조절받고 있기 때문이다.

3. 호흡

호흡은 혈액과 기체교환이 일어날 수 있도록 폐로 공기를 유입하거나 배출하는 과정이다. 호흡계의 역할은 신선한 산소를 받아들이고 노폐물인 이산화탄소를 배출시키는 것이다. 알고 있다시피 산소는 전자전달계의 마지막 단계에서 수소와 결합하기 위한 전자수용체이고, 이산화탄소는 TCA 회로에서 노폐물로 배출되는 것이다. 호흡계의 구성과 기능을 아래에 간단히 요약하였다.

호흡계는 바깥쪽으로부터 순서대로 코(nose), 인두(pharynx), 후두(larynx), 기관(trachea), 폐(lung)로 구분된다(그림 9-4). 폐는 계속해서 기관지(bronchi), 기관세지(bronchiole), 폐포(alveoli)로 나누어진다. 폐는 흉막(pleural membrane)과 횡격막(diaphragm)에 의해서 가슴속 제 위치에 지탱될 수 있다. 오른쪽 폐는 3개의 엽(lobe)으로 되어 있으나, 왼쪽은 2개의 엽만 있기 때문에 심장을 위한 공간이 확보될 수 있다.

호흡(respiration)을 위해 공기는 코를 통해 들어온다. 코에서 공기는 체온 때문에 따듯해지게 되고 일차적으로 깨끗하게 여과된다. 공기는 또 수분으로 촉촉이 젖게 된다. 수분으로 젖는다는 것은 대단히 중요한 일이다. 산소 등 모든 기체는 반드시 물에 녹아야 체내에서 기능을 할 수 있기 때문이다. 코를 통해 들어온 공기는 인두를 거쳐 후두로 들어간다. 인두는 음식물이 후두로 들어가는 것을 막아준다. 후두에는 성대(vocal cord)가 있어 음성을 만들어 낼 수 있다.

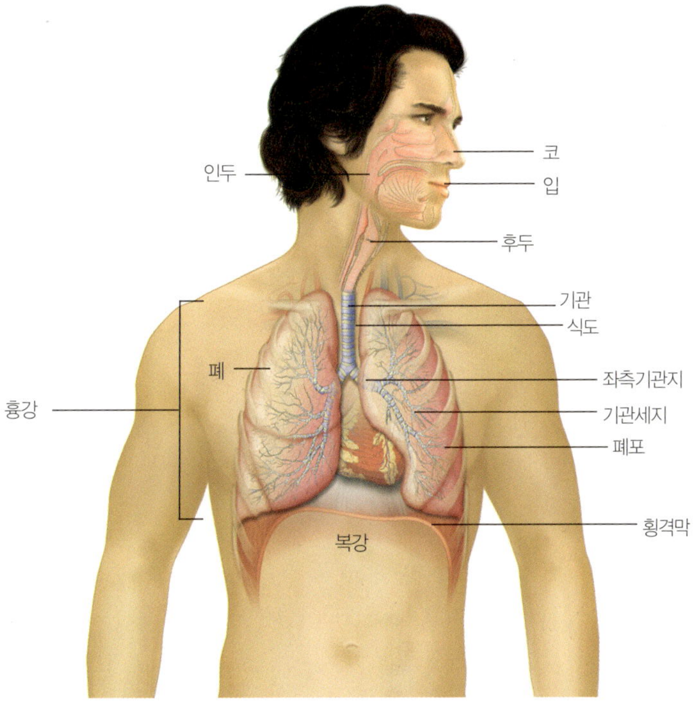

그림 9-4. 호흡계의 구조

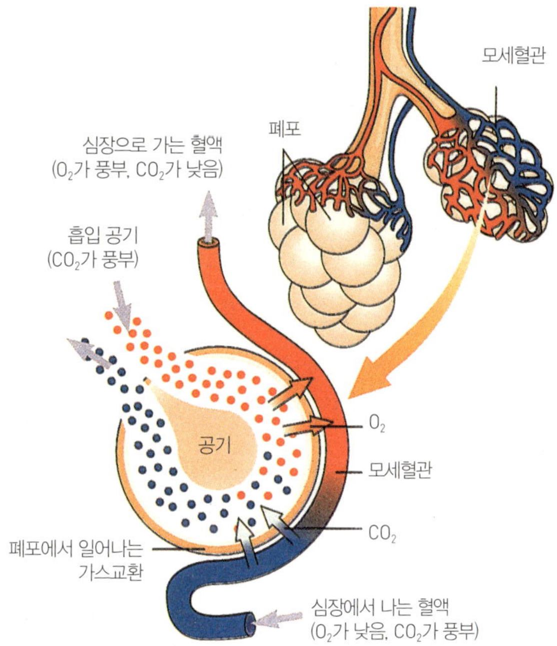

그림 9-5. 폐포

공기가 일단 기관을 통과하면 더욱 여과되어 깨끗해지고, 수분의 함유량도 많아진다. 공기는 기관지와 기관세지를 통해 최종적으로 폐포에까지 전달되고, 폐포 표면을 둘러싼 모세혈관에서 산소와 이산화탄소의 기체교환을 하게 된다(그림 9-5). 폐포는 약 3억 개나 되는데, 이는 표면적을 넓혀 기체 분자의 확산을 원활하게 하기 위한 것이다. 폐포들은 마치 꽈리같이 밀집하게 붙어 있어 허파꽈리라 부르기도 한다. 폐포의 표면은 수분으로 촉촉히 젖어있고, 또 계면활성

제(surfactant)라는 물질이 이 수분 속에 들어 있어 표면장력을 낮추어 줌으로써 폐포가 서로 달라붙지 않고, 소위 폐의 허탈 현상이 일어나지 않게 해 준다.

호흡은 횡격막 주변과 갈비뼈 사이사이에 분포한 근육에 의해 조절된다. 이 근육에는 탄성섬유가 많이 들어 있다. 이 때문에 가슴의 용적이 늘어나고 또 줄어들 수 있어 흡기(inhalation)과 호기(exhalation)를 하게 된다.

호흡은 뇌에 위치한 호흡중추에 의해 자율적으로 조절된다. 평균 호흡횟수는 분당 10~14회이다. 호흡중추는 감정과 운동에 의해서 조절될 수 있으며, 특히 혈액내의 이산화탄소 양에 의해서도 조절된다. 운동을 하면 세포활동이 왕성해져서 이산화탄소가 더 많이 생기게 됨으로 호흡이 빨라지게 된다.

호흡은 이산화탄소와 pH에 의해 속도가 조절된다. 우리가 숨을 너무 적게 쉬면 저환기가 오고, 너무 많이 호흡을 하면 과한기가 오게 된다. 특히 저환기 때에는 탄산(H_2CO_3)과 H^+가 방출되면서 호흡성 산증[동맥혈의 pH가 실제로 산성이 되는 것은 아니지만 호흡의 결과로 산성화되는 증상(acidosis)을 말함]을 유발하고 호흡이 빨라지게 된다.

$$CO_2 + H_2O \Rightarrow H_2CO_3$$
$$H_2CO_3 \Rightarrow H^+ + HCO_3^-$$

4. 소화

소화(digestion)는 입에서 시작하여 대장에 이르는 긴 소화관에서 일어난다(그림 9-6). 이 관을 통해 음식물이 순차적으로 이동하게 되고 이 과정에서 섭취한 고분자들이 개개의 단량체로 분해된다. 분해된 단량체들은 소화관 벽에 와 있는 혈관을 타고 이를 필요로 하는 신체 각 부위의 세포들로 적절히 이동된다. 소화관의 일부는 부풀어 올라 음식물이 저장되기 좋게 되어 있다. 이 부분이 바로 위(stomach)이다. 또 미세한 융모(villi)들이 많이 솟아 있어 흡수력이 좋아진 부분이 소장(small intestine)이다. 소화관은 전체적으로 근육과 혈관에 의해 잘 둘러싸여 있기 때문에 음식물을 적절하게 흡수, 이동시킬 수 있다. 소화관의 근육 운동을 연동운동(peristalsis)이라 부른다.

소화관에는 간(liver)과 췌장(pancreas)이라는 부속기관이 붙어 있다. 간과 췌장에서도 소화효소를 분비하는데, 이들의 효소 분비는 소화관에서 내는 호르몬에 의해 정밀하게 조절되고 있다. 소화관에는 또한 면역세포가 많이 분포되어 있다. 흡수동기(appendix)에도 면역세포가 많은 것으로 보아 음식물에 들어 있는 각종 세균으로부터 소화관을 보호하는 기능을 일부 담당하고 있다고 생각된다. 소화관 운동의 전체적인 통합조절을 위해서 신경조직이 또한 잘 분포되어 있다.

1) 입

입(mouth)은 음식물을 잘게 부수는 부분으로 소화 작용의 첫 단계이다. 이렇게 물리적으로 음식물을 잘게 부수는 것을 기계적 소화(mechanical digestion)라고 한다. 이렇게 하면 음식물의 표면적이 넓어져 화학적 소화(chemical digestion)가 더욱 빠르게 진행될 수 있다. 질긴 고기, 씨의 껍질, 식물의 세포벽 등이 입에서 대부분 부수어진다.

입에서도 약간의 화학적 소화가 일어난다. 3쌍의 침샘에서 분비하는 소화효소에 의해 전분이 일부 소화될 수 있다(그림 9-7). 또한 맛을 보기 위해서는 음식물 분자가 반드시 물에 녹아 있어야 하는데 침이 이것을 가능하게 해 준다. 음식물은 계속해서 식도를 통과하여 위까지 내려간다. 식도에는 근육이 잘 발달되어 있고, 길이가 사람에서는 약 25cm 정도이다.

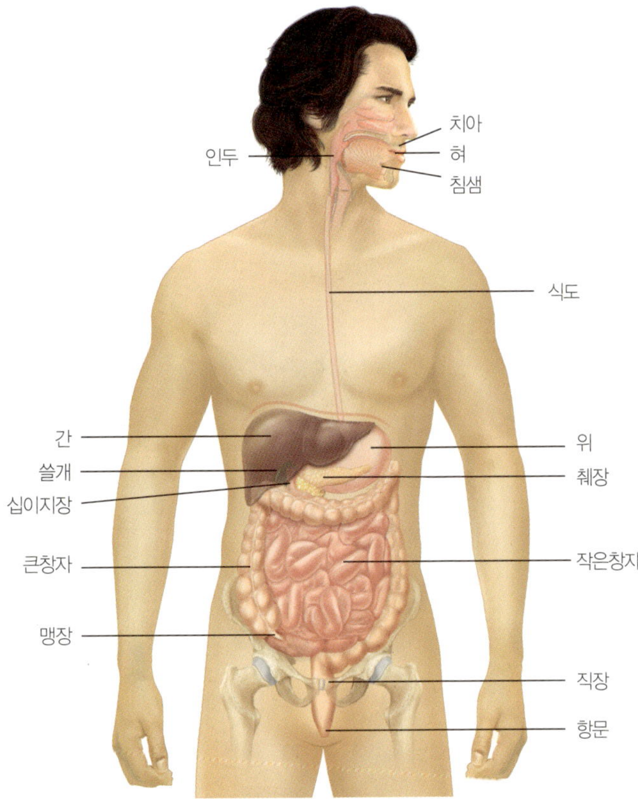

그림 9-6. 소화관의 구조

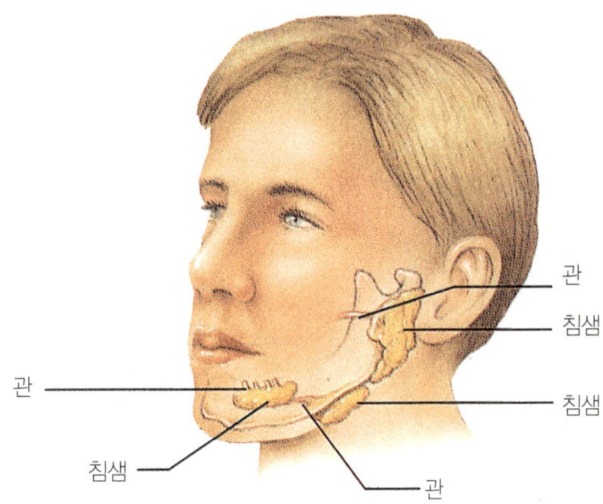

그림 9-7. 침샘

2) 위

위(stomach)는 소화관의 일부가 부풀어 오른 것으로 음식물을 저장하기에 아주 좋은 구조이다(그림 9-8). 특히 위산을 분비하기 때문에 음식물에 들어 있는 해로운 세균들이 일차적으로 제거될 수 있다. 염산에 의해 고기나 뼈 등의 음식물이 부드럽게 될 수 있으며, 단백질의 삼, 사차원적 구조가 풀릴 수도 있다. 위에는 펩시노겐(pepsinogen)을 분비하는 주세포(chief cell)와 염산을 분비하는 벽세포(parietal cell)가 있다. 펩시노겐은 염산에 의해 소화효소인 펩신(pepsin)

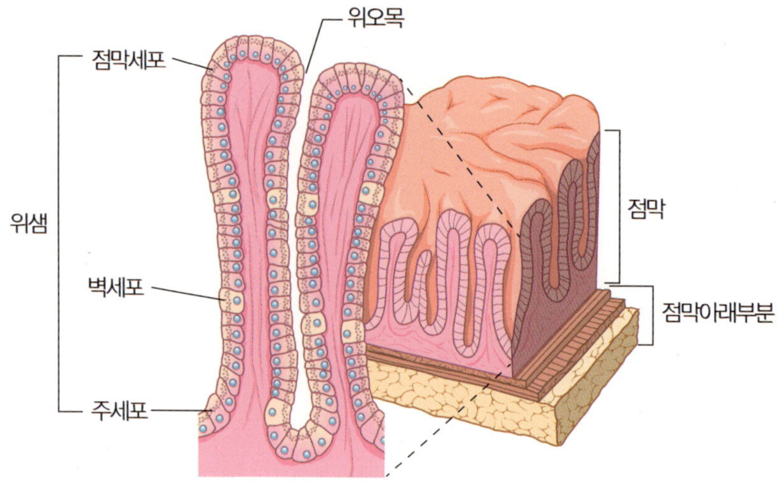

그림 9-8. 위점막의 구조

으로 전환된다. 공복 시 식욕을 촉진시키는 그렐린(ghrelin)이라는 호르몬도 분비된다.

위에는 약 4ℓ 정도의 음식물을 저장할 수 있고, 하루에 분비되는 염산은 대개 2~3ℓ 정도로 추산된다. 위벽은 염산에 의해 분해되지 않도록 보호되어 있지만, 불규칙한 식사 등 좋지 못한 상황에서는 이 보호가 이루어지지 못해 궤양에 걸리게 된다.

3) 소장

소장(small intestine)은 길이가 2미터 정도 되는 위와 연결된 부분이다. 대부분의 중합체들이 소장에서 소화, 흡수된다. 비타민, 무기염류, 물도 모두 소장에서 흡수된다. 소장의 벽에는 마치 손가락같이 생긴 작은 돌기들이 무수히 있는

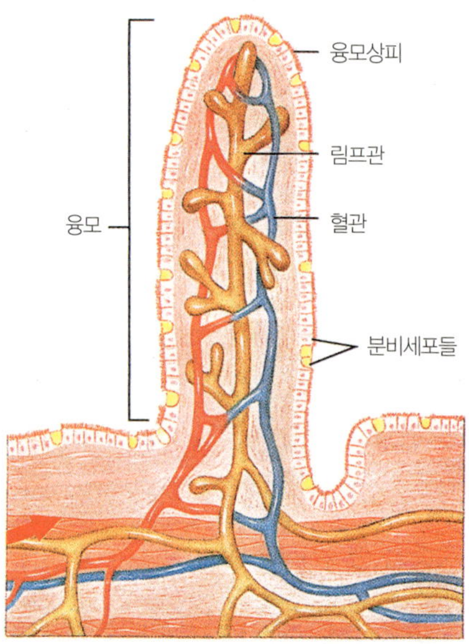

그림 9-9. 소장의 융모

데 이를 미세융모(microvilli)라 부른다(그림 9−9). 융모는 소장의 표면적을 넓혀 주어 그만큼 음식물에 대한 흡수력을 증가시키고 있다. 한 사람의 소장을 넓게 펼친다고 가정하면 약 50평 아파트를 덮을 수 있을 정도일 것이다.

소장의 앞부분을 십이지장(duodenum)이라 부른다. 십이지장을 통과하는 음식물은 위의 염산이 섞여 있기 때문에 강한 산성이다. 때문에 빨리 알칼리성 소화액을 분비해서 중화시켜 주어야 소장이 보호될 수 있다. 이 알칼리성 소화액은 간과 췌장에서 분비된다. 그 화학적 구조는 중탄산염(HCO_3^-)이다. 중탄산염은 H^+를 H_2CO_3로 바꾸어 줌으로써 산성을 약화시킨다($H^+ + HCO_3^- = H_2CO_3$).

4) 담낭

담낭(gall bladder)은 쓸개를 말한다. 지방은 소화에 앞서 유화(emulsifying)되어야 한다. 유화란 지방이 물과 섞일 수 있도록 잘게 부수어 소화효소가 작용할 수 있도록 해 주는 반응이다. 담즙(bile)이 바로 이 일을 한다. 담즙은 간에서 만들어지지만 소장으로 분비되기 전에 일시적으로 담낭에 저장되기에 담즙이라 부른다.

5) 췌장

췌장(pancreas)에서는 소화효소도 분비되고 중탄산염 용액도 분비된다. 이렇게 외분비기관(exocrine gland)인 동시에 췌장은 또한 호르몬을 분비하는 내분비기관(endocrine gland)이기도 하다. 췌장에서 분비되는 주요 호르몬은 인슐린(insulin)과 글루카곤(glucagon)이다. 이들은 모두 혈당량을 조절해 주는 호르몬이다. 인슐린은 혈액으로 흡수된 포도당을 간과 근육에 글리코겐으로 저장함으로 혈당량을 낮추어 준다. 글루카곤은 저장된 글리코겐을 다시 분해하여 혈당량을 높여 준다.

6) 간

간(liver)에서도 중탄산염 용액이 분비된다. 그러나 간의 가장 중요한 역할은 소화 흡수된 단량체를 다른 고분자의 단량체로 바꾸어 주는 것이다. 예를 들면, 아미노산을 포도당, 지방산, 글리세롤 등으로 바꾸어주는 것이다. 간의 이런

표 9-3. 간의 주요 기능

하는 일	간의 주요 기능
담즙 분비	지방의 유화 및 위산의 중화
단량체의 변환	음식물을 섭취한 단량체는 필요한 다른 형태의 단량체로 전환시킴
비타민과 무기염류 저장	결핍증을 대방
포도당을 글리코겐으로 변환	혈당량을 낮추어 줌
글리코겐을 포도당으로 변환	혈당량을 높여줌
지질단백질 합성	지방을 지방세포로 운반
혈장단백질 합성	혈액 내 수분함량을 적절하게 조절
알코올 약물 등 분해	독성물질로부터 세포 보호
혈액 응고 물질 합성	상처로 인한 혈액 소실 방지
콜레스테롤 합성	세포막의 구성성분으로 제공
늙은 적혈구 폐기	혈액의 산소운반을 도움

기능 때문에 편중된 음식물만 섭취하더라도 생명을 유지할 수 있는 것이다. 간에서는 또한 콜레스테롤을 합성하며, 혈액응고제재를 합성하기도 한다. 알코올 등 독성을 나타내는 물질들도 모두 간에서 분해된다. 간의 기능은 이외에도 표 9-3에 요약한 것처럼 대단히 많다.

7) 대장

대장(large intestine)은 노폐물을 운반하면서 최종적으로 물과 이온을 재흡수 한다. 대장의 입구에는 맹장이 붙어 있다. 맹장은 특별한 기능이 알려져 있지 않지만 면역세포가 많이 들어 있는 것으로 보아 세균감염으로부터 신체를 보호하는 데 일부 참여하고 있을 것으로 추정된다.

5. 배설

신장(kidney)은 소변이 배출되기 전 마지막으로 영양분을 재흡수해 주는 기관이다(그림 9-10). 신장과 대장을 통하여 물질대사 결과로 만들어진 노폐물들이 원활하게 배출될 수 있다. 소변은 방광에 고여 있다가 요도를 통해 배출된다. 체내에서는 다양한 물질대사가 계속 일어남으로써 그 결과로 생겨나는 노폐물들은 체외로 배출되어야 한다.

주요한 생리적 노폐물은 호흡의 결과로 만들어진 CO_2와 질소배출물인 암모니아(NH_3), 요소 및 요산 등이다. 사람의 소변은 대부분 요소로 되어 있는 반면 조류는 요산이 주된 배출물이다.

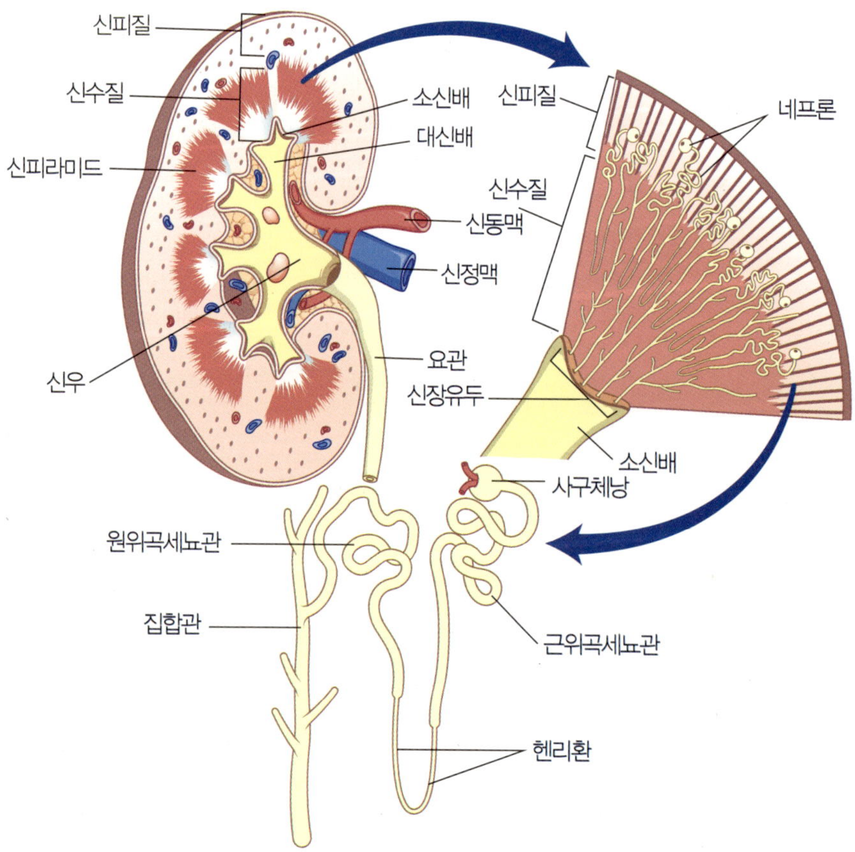

그림 9-10. 신장의 구조

신장에는 네프론(nephron)이라고 부르는 단위 구조가 많이 모여 있다. 사람의 신장에는 약 100만 개의 네프론이 존재한다. 네프론은 신소체(renal corpuscle)와 세뇨관(renal tubule)을 합친 배설의 기본 단위이다. 신장은 피질과 수질로 나뉘어진다. 피질에는 사구체(glomerulus)와 세뇨관 그리고 보우만씨주머니(Bowman's capsule)가 있다. 네프론의 신소체와 근위곡세뇨관은 피질에 위치해 있다. 헨리환(Henle's loop)은 수질을 통과하는데, 긴 것은 수질 내층에까지 다다른다.

신장에서는 노폐물의 여과 및 재흡수 작용이 일어난다. 사구체 혈액에 들어 있는 물, 포도당, 아미노산 등은 보우만씨주머니에서 여과되어 방광으로 들어간다. 방광으로 가는 중에 세뇨관에 감겨져 있는 혈관에서 대부분 재흡수가 일어나는데, 이때 요소는 재흡수되지 않아 그대로 소변으로 배출된다. 재흡수 과정은 ATP를 필요로 하는 능동수송에 의한 과정이다.

6. 순환

순환(circulation)은 체내 서로 다른 조직과 기관들 사이에 소통을 맡고 있는 거의 유일하면서도 주요한 수단이다(그림 9-11). 여기에서 순환은 혈액의 순환을 의미한다. 모든 기관들은 혈액으로 이산화탄소와 노폐물을 배출하며, 노폐물은 간, 신장, 폐 등에 가서 제거된다. 필요한 산소를 공급하고 영양분 및 소화된 고분자의 단량체들을 운반하는 것도 혈액이다. 순환계의 중심은 심장(heart)이다. 심장은 한마디로 펌프이다. 심장은 1분에 약 70여 번 수축과 이완을 하며 평생 동안 잠시도 쉬는 일이 없다. 1분 동안에 심장이 펌프질하는 혈액양은 약 3.8ℓ 정도이다. 순환계는 혈액과 혈관 그리고 심장으로 구성되어 있다.

혈액은 생명현상에 필요한 각종 물질들을 운반함으로써 항상성(homeostasis)을 유지한다. 혈액이 운반하는 물질은 산소, 이산화탄소, 비타민, 무기염류, 소화 흡수된 단위체들, 노폐물, 항체, 호르몬 등 다양하다. 특별히 중요한 것은 혈액이 열을 골고루 운반하여 체온을 일정하게 유지시켜 준다는 점이다. 혈액은 액상결합조직이다.

혈구세포는 혈액 전체 부피의 약 45%에 해당하는데, 이 수치를 헤마토크릿(hematocrit) 또는 적혈구용적률이라고 한다. 적혈구용적률은 빈혈 정도를 측정하는 기준이 된다. 빈혈(anemia)은 적혈구의 숫자가 부족하여 피로와 어지러움을 수반하는 질환이다. 나머지 55%는 노란색을 띤 혈장(plasma)이다. 사람의 몸에는 약 5ℓ의 혈액이 들어 있다.

혈장에는 이온들과 당, 요소와 같은 유기물질들이 많이 들어 있다. 또한 삼투압을 조절하여 혈액량을 일정하게 유지

그림 9-11. 순환계의 구조

해주는 혈장알부민과 항체인 면역글로불린(globulin) 단백질들도 포함되어 있다.

혈구세포 중 대부분은 적혈구(red blood cell 또는 erythrocyte)이다. 적혈구는 헤모글로빈(hemoglobin)으로 가득 찬 빨간 도넛 형태의 세포이다. 헤모글로빈 덕분에 적혈구는 산소를 운반할 수 있다. 헤모글로빈 1분자는 4분자의 산소(O_2)를 운반할 수 있다(그림 9-12). 철분은 헤모글로빈의 주성분이다. 사람의 적혈구는 핵이 없는 것이 특징이며, 수명도 불과 120일 정도이다. 새로운 적혈구는 골수(bone marrow)에서 계속 만들어지고, 노화된 적혈구는 비장(spleen)에서 깨져 버린다. 매초 당 250만 개의 적혈구가 새로 만들어지고, 또 깨져 버린다. 적혈구의 생성을 촉진하는 호르몬은 적혈구생성소(erythropoietin)인데, 이는 신장에서 분비되는 호르몬이다. 고산지대에서처럼 혈액의 산소 농도가 낮으면 적혈수생성소의 분비가 자극된다.

또 다른 혈구세포는 백혈구(white blood cell 또는 leukocyte)이다. 백혈구는 과립성과 무과립성으로 나뉘어진다. 과립성 백혈구에는 호중구, 호산구, 호염구가 있고, 무과립성에는 림프구와 단핵구가 있다(그림 9-13). 모든 백혈구는 적혈구처럼 골수에서 생성되는데, 림프구는 골수 외에 비장이나 림프절 같은 림프조직에서도 만들어진다. 백혈구는 면역

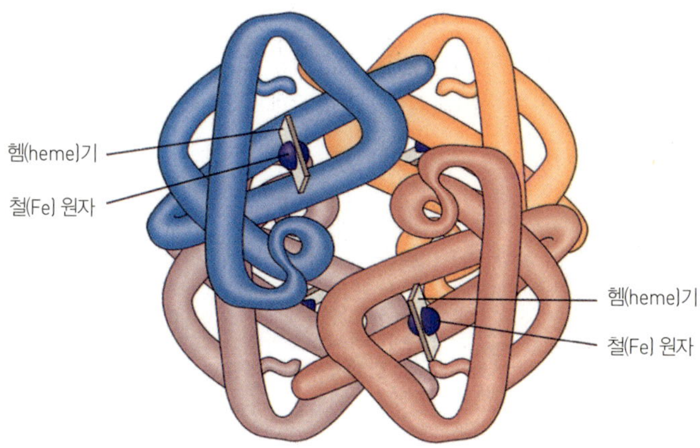

그림 9-12. 헤모글로빈

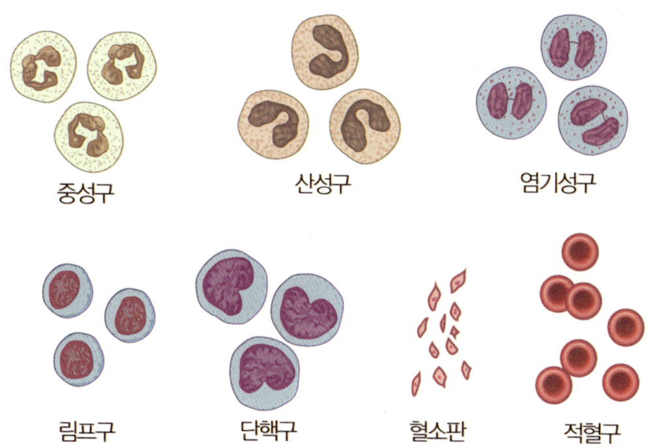

그림 9-13. 혈구세포들(백혈구, 적혈구, 혈소판)

계통에 다양한 방법으로 작용하는데, 감염된 세균이나 암세포 등과 싸워서 우리 몸을 보호해 준다. 특히 호중구와 단핵구는 대식작용으로, 호산구는 히스타민과 염증 반응으로, 호염구는 항응고제인 헤파린 반응으로 작용한다.

혈소판(platelet)은 거핵구(megakaryocyte)라고 불리는 세포의 파편이다. 혈소판의 수는 대체로 혈액 1㎖당 130,000~400,000개 정도이다. 혈소판은 5~9일 정도 혈액 속에 있다가 비장이나 간에서 제거된다. 혈소판의 기능은 혈액 응고이다. 상처가 생기면 그 자리에 달라붙어서 혈병을 만들어 출혈을 막아준다. 이 과정에서 트롬빈(thrombin)은 피브리노겐을 피브린(fibin)으로 바꾸어 혈액이 응고될 수 있게 해 준다(그림 9-14).

심장은 동맥, 정맥, 모세혈관으로 연결되는 혈관망의 한 부분이 부풀어 올라 크게 된 구조이다(그림 9-15). 심장은 대략 주먹 크기만 하며 가슴 중앙에 위치하고 있다. 심장의 근육을 간단히 심근이라 부른다. 심근은 골격근과 구조가

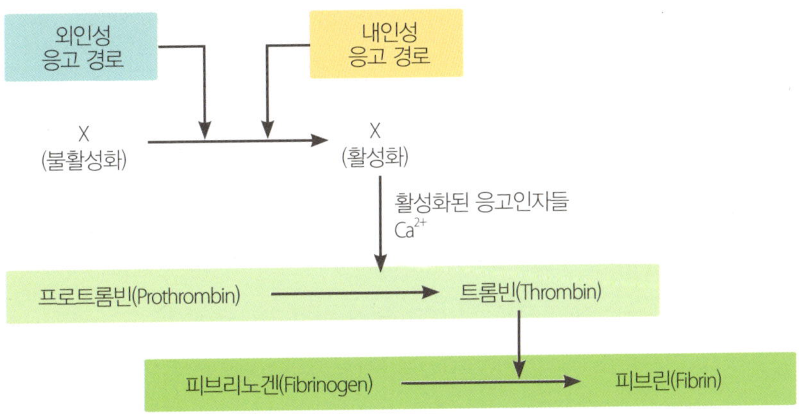

그림 9-14. 혈액의 응고

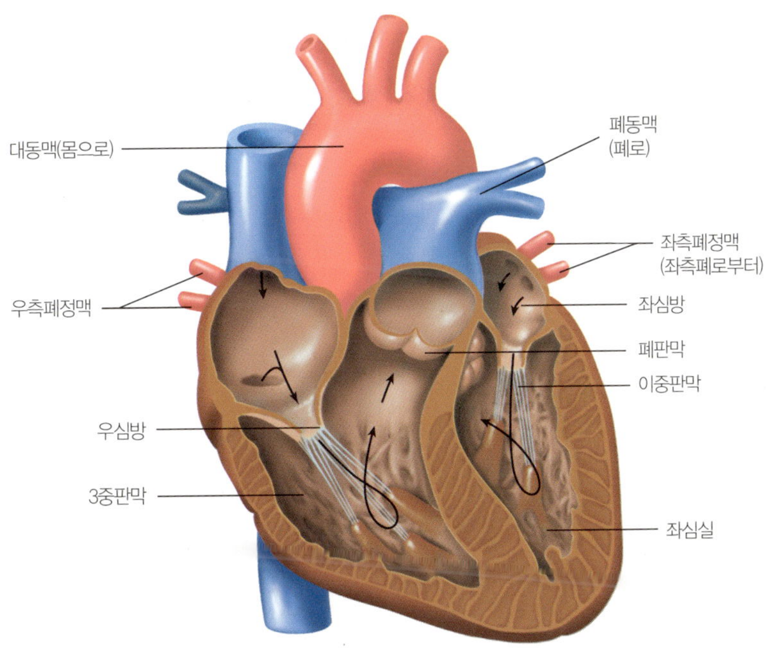

그림 9-15. 심장의 구조

비슷하지만 자율적 의지로 움직일 수는 없다. 심장에는 두 개의 심방(atrium)과 두 개의 심실(ventricle)이 있다. 정맥으로부터 오는 혈액은 심방으로 들어오게 되고, 심실은 심방에서 오는 혈액을 동맥으로 펌프질한다. 특히 우심실은 몸 전체로부터 받아들인 혈액을 폐로 펌프질해 주고, 좌심방과 좌심실은 폐로부터 받은 혈액을 몸 전체로 펌프질해 준다. 이렇게 혈액이 폐와 몸체 사이에서 구별되는 이유는 신선한 공기와 노폐물과의 교환을 위한 것이다.

심장박동은 페이스메이커(pace-maker), 뇌 그리고 부신에 의해 조절된다. 페이스메이커는 우심방에 있는 특수한 세포들이다. 이 세포들이 심장수축을 위한 전기신호를 만들어내고, 이 신호는 곧 심근 전체로 보내진다. 이 때문에 심장은 전체적으로 조화 있는 그리고 자율적인 박동을 계속할 수 있게 된다. 뇌에는 심혈관중추(cardiovascular center)라고 불리는 부분이 있다. 이 부분은 사람의 감정, 운동량, 혈압 등에 반응하는 부분이다. 반응의 결과는 곧 페이스메이커로 보내져서 심장박동이 그때그때 적절히 조절될 수 있다.

신경세포에서도 심장박동을 조절하기 위해 두 종류의 호르몬을 분비하고 있다. 하나는 심장박동을 낮추어주는 아세틸콜린(acetylcholine)이다. 다른 하나는 에피네프린(epinephrine)으로 심장박동을 증가시킨다. 에피네프린의 양은 운동량에 따라 증가하는 것이 보통이다. 한편 부신도 에피네프린을 분비하고 이것이 혈액을 따라 우심방으로 가면 역시 심장박동을 증가시켜 준다. 부신에서 분비되는 에피네프린은 특별히 응급 반응 시 많은 운동량이 요구되는 경우 분비되어 투쟁-도피반응(fight or flight response)을 일으킨다. 예를 들어, 갑자기 차가 돌진해 온다고 생각해 보자. 자기도 모르게 소리를 지르면서 급히 피할 것이다. 이렇게 돌발적인 운동을 하려면 급하게 많은 에너지를 근육에 제공해 주어야 한다. 그러기 위해서는 심장박동 역시 급작스럽게 빨라져야 할 것이다.

혈관은 동맥(artery), 정맥(vein), 모세혈관(capillary)의 3종류가 있다. 혈관은 상피조직과 결합조직 그리고 근육조직의 3가지가 조합된 것이다. 동맥은 심장으로부터 모세혈관을 향해 혈액을 운반한다. 동맥의 벽에는 탄성섬유(elastic fiber)가 많이 있기 때문에 신축성이 대단히 좋다. 모세혈관은 조직의 미세한 부분까지 영양물질을 공급하고 또 조직으로부터 노폐물을 받아오는 혈관이다. 모세혈관은 굉장히 가늘고 미세하여 망사처럼 얼기설기 퍼져 있게 마련이다. 모세혈관의 혈액은 정맥을 통해 다시 심장으로 되돌아온다. 정맥은 압력이 대단히 낮기 때문에 군데군데 판막(valve)이 위치해서 혈액이 역류하는 것을 막고 있다. 판막은 정맥에서만 발견되는 특징적인 구조이다.

혈압(blood pressure)은 심장의 수축력을 측정할 수 있는 단위이다. 혈압은 보통 두 가지 척도에 의해 표시된다. 수축기혈압(systolic pressure)은 좌심실이 수축할 때의 최대 압력이다. 그리고 확장기혈압(diastolic pressure)은 좌심실이 이완되었을 때의 최소 압력이다. 단위는 mmHg를 사용하며, 건강한 사람의 이상적인 혈압은 각각 120mmHg와 80mmHg이다. 여성에서는 다소 낮아서 110mmHg/70mmHg가 기준이다. 사람의 총 혈액량은 대체로 5.5ℓ 정도이다.

림프계는 크게 나누어 림프관과 림프기관으로 분류된다. 림프관은 단백질을 내장의 융모에서 그리고 조직액을 모세혈관에서 흡수해 혈류를 통해 운반해 준다. 림프구는 일종의 면역세포로서 다양한 림프기관(적색골수, 림프절, 편도선, 비장, 흉선 등)에서 생성되고 축적된다. 림프는 림프절에서 병원체나 독성물질을 제거해 내며, 혈액은 이들을 비장을 통해 제거한다. T(thymus)림프구는 흉선에서 성숙해지며, B(bone marrow)림프구는 혈액 세포들이 만들어지는 골수에서 성숙해진다. 백혈구는 비특이적 또는 특이적 방어 기작 모두에 필요하다.

7. 근육

항상성을 위해서 동물은 다양한 운동을 통해 필요한 에너지를 획득하게 된다. 외부에서 뚜렷하게 보이는 운동뿐 아니라 신체 내부에서 일어나는 소화관의 음식물 이동이나 방광의 수축 등도 항상성 유지를 위해 반드시 필요하다. 동물은 외부에서 주어지는 자극에 대해 반응하는 방법으로 운동을 한다. 대표적인 운동기관으로는 편모, 섬모 그리고 근육조직이 있다.

근육은 모양으로 보아 크게 가로무늬근(striated muscle)과 민무늬근(smooth muscle)으로 나누어진다. 위치에 따라서는 내장근(visceral muscle), 골격근(skeletal muscle), 심근(cardiac muscle) 등으로 나눌 수 있다. 또한 기능에 따라서 마음대로 움직일 수 있는 수의근(voluntary muscle)과 마음대로 움직일 수 없는 불수의근(involuntary muscle)으로 나뉘어진다. 예를 들어, 운동에 필요한 근육들은 수의근이고, 내장기관의 근육이나 혈관 근육, 심장 근육 등은 불수의근이다.

근육은 미세한 근원섬유(myofibril)들이 다발로 모여 이루어진다(그림 9-16). 개개의 근원섬유는 근육의 세포이다. 순서대로 보면 근원섬유가 모여서 근섬유를 이루고, 근섬유가 다발로 모여 근육이 된다. 이 근원섬유의 주성분에는 액틴(actin)과 미오신(myosin)의 두 종류가 있다. 근육의 수축은 이들 근원섬유가 모여 만든 근절(sarcomere) 구조 안의 H대, A대, I대에 의해 일어나는 것이다(그림 9-17). 이들 근원섬유가 서로 겹쳐 있어 언뜻 보면 가로로 무늬가 이어져 있는 것처럼 보이는 것이 횡문근이다. 특히 골격근 세포에는 근원섬유가 풍부하게 들어 있고, 또한 운동에 필요한 에너지를 내는 미토콘드리아와 칼슘을 저장하는 소포체가 풍부하다.

근원섬유에서 A 필라멘트(A filament)와 I 필라멘트(I filament)의 두 가지가 발견된다. A 필라멘트는 굵고 어두우며 A대를 형성하는데, 주로 미오신으로 되어 있다. I 필라멘트는 I대를 형성하는데, 가늘고 밝으며 Z판에 연결되어 있다.

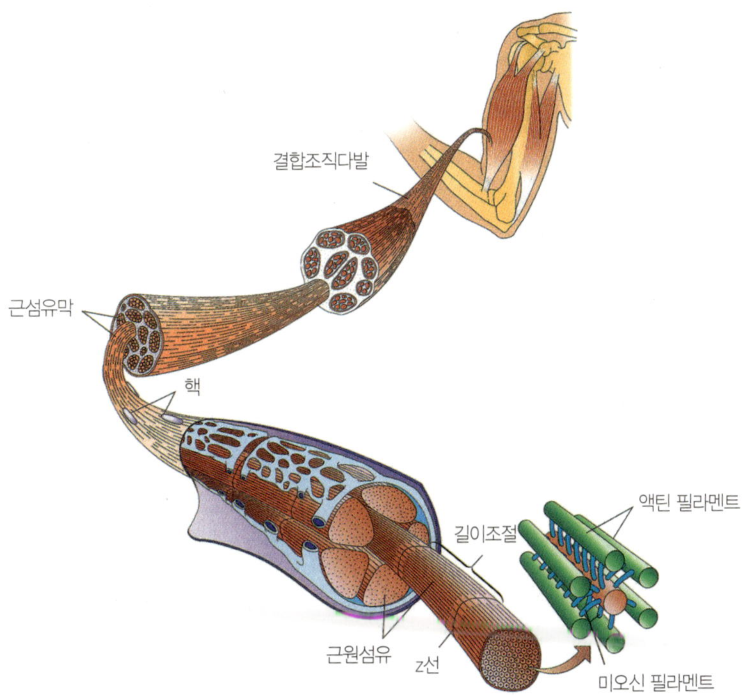

그림 9-16. 근원섬유

구조로 보면 I대가 A대 사이에 끼어 있는 형태이다. I대의 주성분은 액틴(actin)과 트로포미오신(tropomyosin)이다. Z판과 Z판 사이의 부분이 근절에 해당한다. 하나의 근절은 약 1.5~3μm 정도이다. A대의 중간 부분에는 I대와 A대가 전혀 겹쳐지지 않은 부분이 있는데, 이 부분을 H대라고 한다. H대의 중앙선을 M선이라고 한다.

수축은 슬라이딩 필라멘트 기작(sliding filament theory)에 의해 이루어진다. 수축의 시작은 근섬유가 수축하여 길이가 짧아지면서 전체적인 근절 길이가 줄어드는 것이다. 이때 가는 필라멘트가 A띠로 깊숙하게 슬라이딩하게 된다. 즉, 근필라멘트가 짧아지는 것은 아니다. A띠에서 굵은 필라멘트와 가는 필라멘트가 겹치는 부위가 증가하면서 근육이 수축하는 것이다. 길이가 짧아짐에 따라 H영역이 짧아진다. A띠는 I띠가 짧아지는 동안에도 같은 길이를 계속 유지한다. 결국 전체적으로 근절의 길이가 짧아지는 것이다(그림 9-18).

근육에는 트로포닌(troponin)과 트로포미오신(tropomyosin)이라는 단백질이 있다(그림 9-19). 평소에는 이들이 미오신과 액틴의 결합을 막고 있어서 수축이 불가능하다. 트로포미오신은 섬유성 단백질로서 여기에 공 모양의 액틴이 감겨 있다. 액틴은 공 모양이기 때문에 "globular actin"을 줄여서 보통 "G-actin"이라고 한다. 트로포닌은 3개의 단백질로 된 복합체이다. 신경으로부터 자극이 전달되어 오면 그 자극은 근세포의 소포체로 전달되고 그 결과 Ca^{++}과 ATP가 함

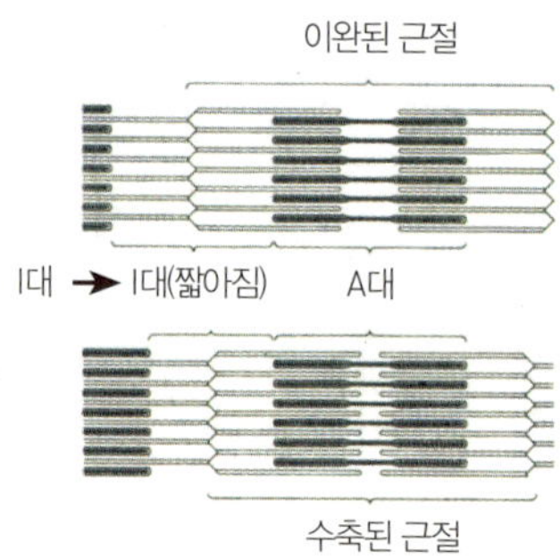

그림 9-17. 근절의 모습

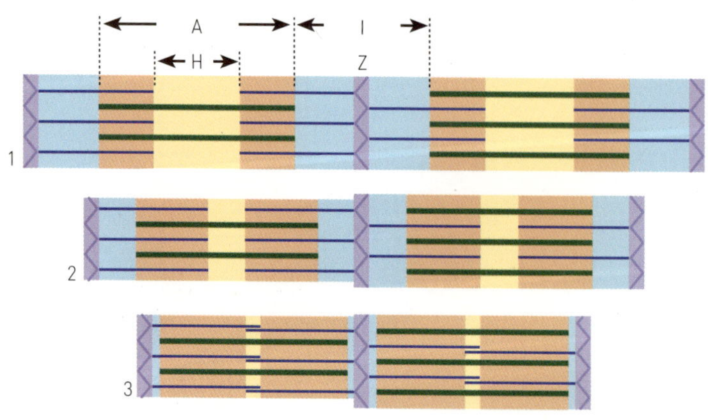

그림 9-18. 근절의 수축

께 방출된다. Ca^{++}은 계속해서 트로포닌과 결합해 그 위치와 형태를 변형시켜 버린다. 결국 미오신이 액틴과 상호 결합할 수 있게 되면서 미오신의 머리가 액틴을 당기면서 근절이 짧아지면서 수축하게 된다. 수축이 끝나고 자극이 사라지면 방출되었던 Ca^{++}이 다시 소포체로 돌아가면서 트로포닌이 원상태로 돌아가며, 다시 액틴을 감싸면서 미오신이 액틴으로부터 떨어져 근육이 이완되게 된다(그림 9-20).

골격근은 운동을 만들어내는 근육이다. 골격근은 뼈(골격)에 붙어서 지렛대처럼 일을 한다. 골격근은 힘줄(tendon)이라 부르는 강한 결합조직으로 뼈에 붙어 있다. 우리 몸의 대부분은 골격근이기 때문에 이완과 수축을 통하여 강한 운동력을 발휘할 수 있다. 이렇게 의지에 따라 운동할 수 있는 근육을 수의근(voluntary muscle)이라 한다. 심장근은 가로무늬근으로서 운동을 만들어내기는 하지만 우리 마음대로 움직일 수 없고 대신에 자율신경에 의해 조절되는 불수의근(involuntary muscle)이다. 내장을 구성하는 평활근 역시 자율신경에 의해서 조절된다. 골격근에는 신경말단이 와 있는데, 이 부분을 신근접합부(neuromuscular junction)라고 한다. 이는 마치 신경의 시냅스 같은 구조이다. 신경과 근육 사이에는 아세틸콜린(acetylcholine)이라는 신경전달물질이 있어 양쪽으로의 자극을 전도해 준다.

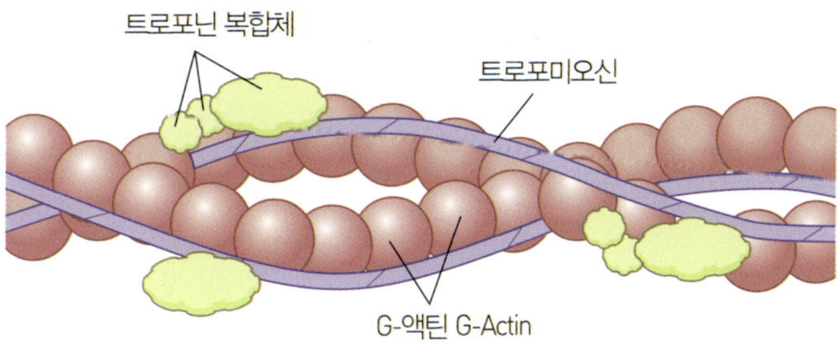

그림 9-19. 트로포닌과 트로포마이신

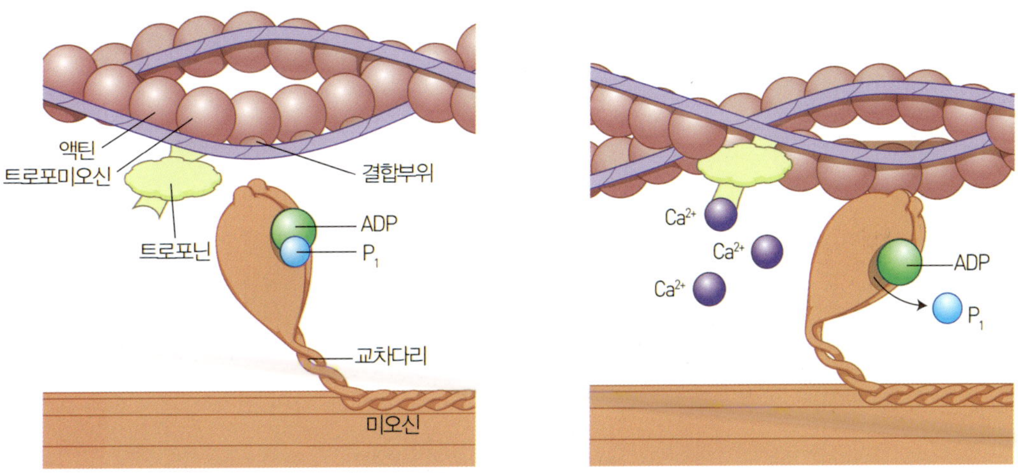

그림 9-20. 근 수축과 Ca^{++}

8. 신경과 뇌

뇌(brain)는 동물에게만 있는 특수 조직이다. 뇌에서는 각종 정보를 받아들이고, 이를 정확히 분석해서 근육이나 분비선이 적절히 반응할 수 있도록 명령을 내려준다. 과학이 발달한 오늘날에도 아직 뇌의 기능에 대해서는 정확히 알지 못하는 것이 현실이다. 특히 뇌가 어릴 때의 기억을 수십 년 동안 어떻게 간직할 수 있는지, 그 기억을 유지하는 기작에 대해서는 아직도 무수한 이론과 가설만 있을 뿐이다. 그러나 한 가지 분명한 것은 뇌를 가지고 있기 때문에 동물이 식물에 비해 기능적으로 우수하다는 것이다.

뇌로 인하여 동물은, 첫째 체내의 항상성이 유지되도록 신체 각 부위를 통합 조절할 수 있으며, 둘째 뇌가 있기 때문에 적절한 반응을 나타낼 수 있어 주변 환경 조건에 따라 신속하게 이동할 수 있다. 다시 말하면 위험한 환경에서는 빠르게 빠져나옴으로써 몸을 보호할 수가 있으며, 먹이를 얻거나 교배에서 더욱 적극적일 수 있다. 우리 신체를 통합 조절하는 두 가지 방법은 신경과 호르몬이다. 신경에 의한 조절은 전기적 방법이기 때문에 상대적으로 빠른 것이 장점이다. 신경을 따라 이동하는 전기신호의 속도는 평균적으로 볼 때 매초 당 약 100ℓ라 한다.

신경계는 중추신경계(central nervous system)와 말초신경계(peripheral nervous system)로 나뉜다(그림 9-21). 중추신경계는 뇌와 척수(spinal cord)이다. 신경계에서도 가장 중심이 되는 부분으로 감각기관이 받아들인 정보를 분석하고, 운동기관에 적절한 대응 명령을 내리는 부분이다. 말초신경계는 눈이나 귀 같은 감각기관과 직접 연결되어 정보를 받아들이거나 또 뇌로부터의 명령을 운동기관에 직접 전달하는 신경이다.

신경계는 신경세포(neuron)와 신경교세포(glial cell) 그리고 혈액-뇌 장벽(blood-brain barrier)의 3요소로 되어 있다. 가장 중요한 것은 신경세포로서 각종 정보를 전도하는 세포이다. 신경세포의 에너지원은 포도당이다. 그러면서도 신경세포는 글리코겐을 스스로 저장할 수 없기 때문에 전적으로 혈당량에 의존할 수밖에 없다. 혈당량이 급격히 감소할 경우 혼수상태에 빠지는 이유가 바로 이것이다.

신경세포는 위치와 기능에 따라 세 가지로 다시 나눈다. 감각신경세포(sensory neuron)는 주변 환경으로부터 정보를 받아들여 중추신경계로 전달해 주는 것이다. 여기서 환경이라 하는 것은 몸 바깥에서 일어나는 모든 사건과 자극은 물론 체내의 화학반응까지도 포함하는 것이다. 중추신경계의 대부분은 연합신경세포(interneuron)로 되어 있다. 연합신경세포는 감각신경세포가 받아들인 정보를 또 다른 신경세포에게로 연결해 준다. 연합신경세포 간의 정보교환이 곧 기억이다. 뇌에서는 새로 들어오는 정보들을 이 기억과 비교한 다음 적절한 명령을 내리는 것이다. 운동신경세포(motor neuron)는 일선 운동기관에 이렇게 분석된 명령을 전달하는 신경세포이다. 전달된 명령에 따라 근육은 수축과 이완을 하고, 내분비선은 호르몬을 분비할 수 있는 것이다.

신경세포(neuron)의 기본 구조는 수상돌기(dendrite)와 세포체(soma), 축삭(axon)이다(그림 9-22). 수상돌기는 세포체에서 뻗어 나온 짧은 돌기이다. 수상돌기는 주변 환경이나 다른 세포로부터 전해오는 정보를 받아들이기 위한 일종의 안테나이다. 세포체는 핵이 들어 있는 세포의 몸체이다. 여기에는 핵 말고도 미토콘드리아, 소포체 등 소기관들이 들어 있어 세포가 살아가기 위한 최소의 기능을 수행하고 있다. 축삭은 전기적 신호를 직접 전달하는 구조이다. 축삭의 길이는 세포에 따라 다양하다. 중간신경세포에서는 축삭이 1mm 이하인 반면 운동신경세포는 뇌에서 발끝까지 한 번에 이어지기도 한다.

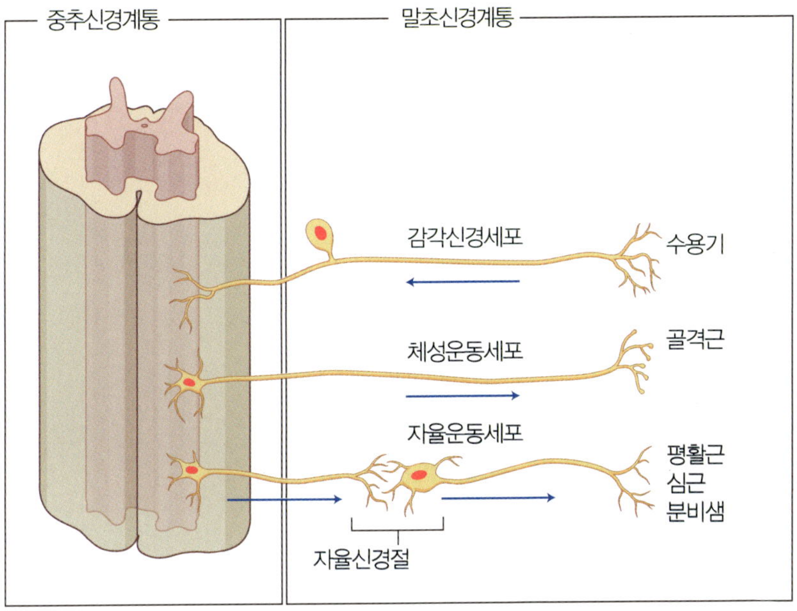

그림 9-21. 중추신경계와 말초신경계

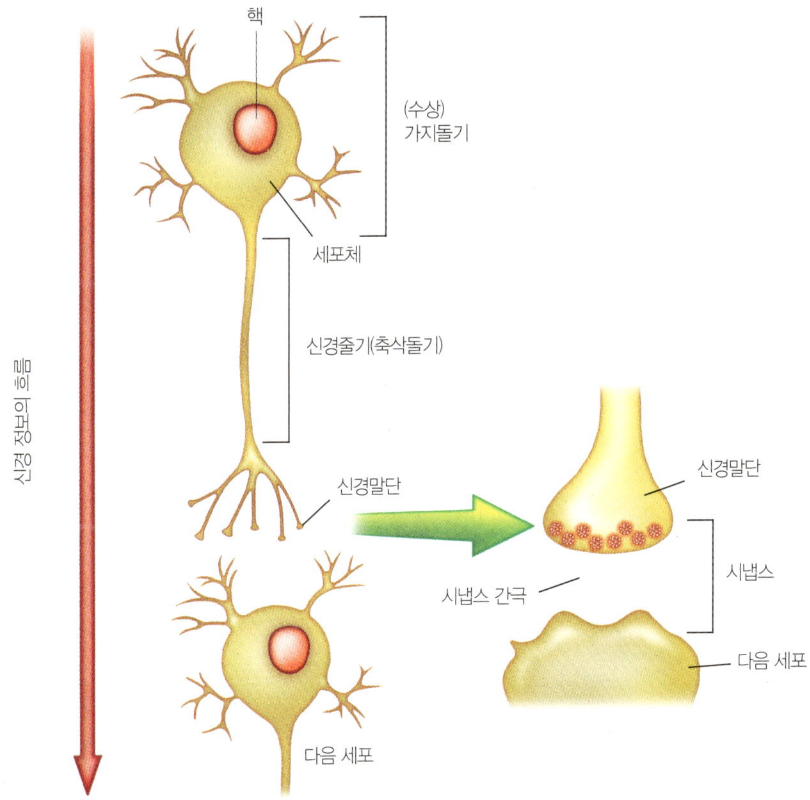

그림 9-22. 신경세포의 구조

신경교세포(glial cell)는 정보전달을 위해 극도로 분화되었기 때문에 최소한의 기능밖에는 수행하지 않는 세포이다(그림 9-23). 이런 까닭에 제대로 생명을 유지하려면 다른 세포의 도움이 필요하게 된다. 이것이 바로 신경교세포이다. 신경교세포는 신경세포 주변에 위치하여 필요한 영양분도 공급하고 혈액-뇌 장벽도 만들어준다.

중추신경계에는 희소돌기세포(oligodendrocyte)가 있어서 수초를 형성한다. 말초신경계와 다른 것은 하나의 희소돌기세포가 여러 개의 세포를 동시에 감싸고 있다는 점이다. 성상세포(astrocyte)는 혈액-뇌 장벽(blood-brain barrier)을 형성해서 뇌가 독성물질에 의해 파괴되는 것을 막아준다. 미세아교세표(microglia)는 중추신경계에서 대식작용을 수행하며, 뇌실막세포(ependyma)는 뇌의 안쪽을 덮고 있는 상피세포층이다.

말초신경계에는 슈반세포(schwann cell)가 있어 수초를 형성하며, 위성세포(satellite cell)가 있어서 신경세포체를 보조한다.

신경세포는 고도로 분화되어 있다. 때문에 아주 정밀한 환경에서만 살아갈 수 있다. 혈액으로부터 공급받는 영양분에 독성물질이 섞여 있어서는 안 된다. 혈액-뇌 장벽이 필요한 이유가 이것이다. 혈액-뇌 장벽은 세포와 세포 사이가 강한 연접(tight juntion)으로 붙어 있는 것을 말한다. 그러나 이런 장치에도 불구하고 뇌의 모세혈관 벽을 이루는 세포들 사이에는 여전히 약간의 틈이 있게 마련이다. 신경교세포의 역할 중 하나는 혈관 벽의 세포들을 꽉 눌러주어 틈을 최소로 줄여 주는 것이다. 이처럼 철저한 방어에도 불구하고 여전히 혈관벽을 그대로 통과하는 지용성 물질들이 있다. 이들은 알코올, 니코틴, 카페인, 헤로인 등의 일반적으로 해롭다고 알려진 물질들이다.

축삭의 끝은 여러 갈래로 갈라져 있다. 전기신호가 축삭 끝까지 도달하면 여기에서 신경전달매체(neurotransmitter)라고 불리는 화학물질이 다음 신경세포로 분비된다. 이렇게 신경세포와 신경세포 사이에서 연결해 주는 공간을 시냅스(synapse)라 부른다. 신경전달매체로 인해 자극은 다음 신경세포의 수상돌기로 계속 이어지게 된다(그림 9-24).

1) 신경전도

세포막을 경계로 하여 생겨나는 전위차를 막전위(membrane potential)라고 한다. 막전위에 대한 연구는 오징어의 거대신경세포를 이용하여 많이 진행되어 왔는데, 오징어의 거대신경세포는 상대적으로 커서 관찰이 용이하기 때문이다. 신경세포가 쉬고 있을 때(resting stage)는 막전위가 −70mV 정도이다. (−)란 세포내의 전기적 성질이 세포 밖에 비해

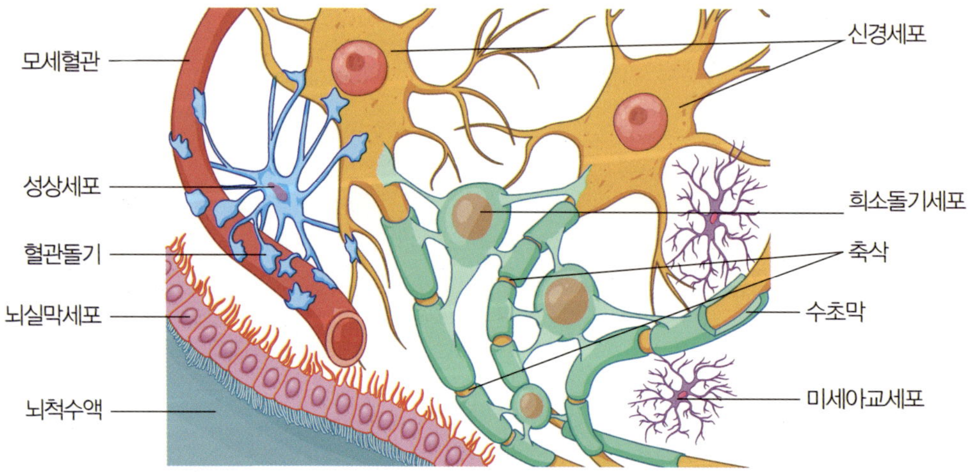

그림 9-23. 중추신경의 신경교세포들

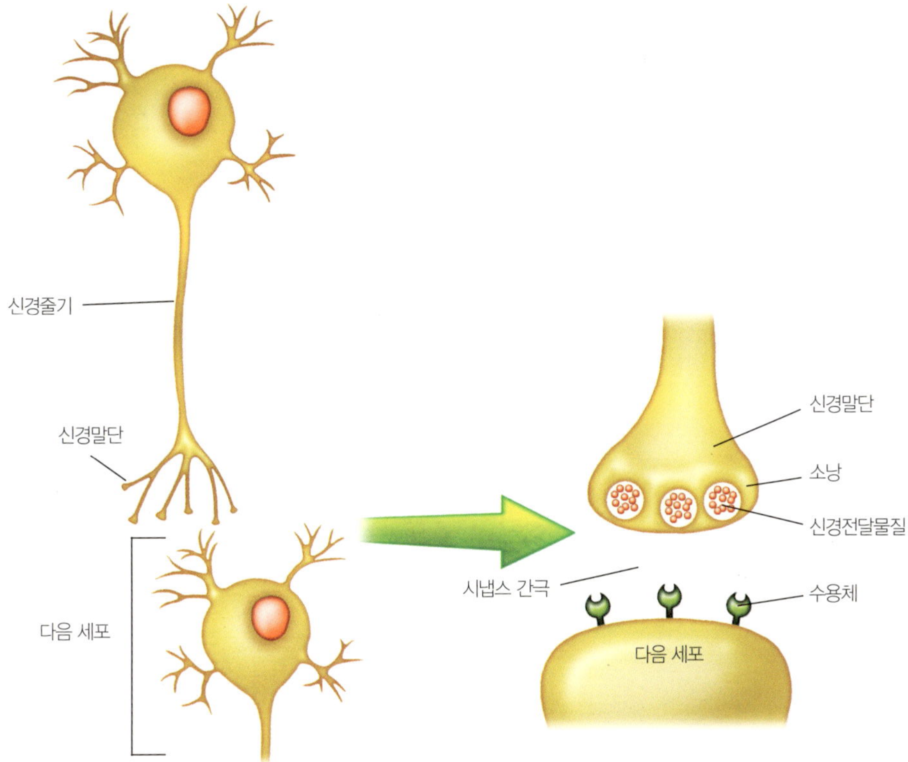

그림 9-24. 자극의 전달과 시냅스

상대적으로 음전기임을 의미한다. 이때의 막전위를 휴지기 막전위라고 한다.

신경세포가 자극에 반응하는 것을 활동전위(action potential)라고 한다. 활동전위는 자극이 축삭을 따라 전달되는 동안 주기적으로 반복된다. 축삭의 세포막에는 Na^+와 K^+를 각각 통과시킬 수 있는 채널단백질이 있고 또 Na^+/K^+라는 펌프작용을 하는 효소도 있다. 축삭을 자극하면 자극된 부위에 흥분이 일어나서 Na^+ 채널이 열리고, 바깥으로부터 Na^+가 세포 안으로 유입되게 된다. 유입되는 Na^+로 인해 세포 안은 이제 +40mV까지 계속 증가한다(탈분극). 어느 정도까지 진행되었던 자극이 중지되면 더 이상의 Na^+ 유입을 막기 위해 Na^+ 채널이 닫히게 된다. 그리고 원래의 막전위를 회복하기 위해 대신 K^+ 채널이 열리면서 세포 밖으로 K^+가 빠져나오게 된다. 즉, 유입된 Na^+에 상당하는 만큼 K^+가 빠져나와 전기적 성질을 보상하는 것이다. 실제로는 이 회복과정에서 가속도가 붙어 −70 mV를 약간 지나칠 정도로까지 회복이 된다(과분극). 이렇게 지나쳤던 부분은 최종적으로 Na^+/K^+ 펌프에 의해 원래 휴지기 상태대로 회복된다. 한 번의 활동전위가 끝나면 자극되었던 부분의 Na^+와 K^+의 분포 역시 완전히 원래대로 회복된다. 활동전위가 일단 일어나면 옆 부분이 자극받아 새로운 활동전위가 이어지게 되고, 이렇게 활동전위는 축삭을 따라 이동하는 것이 곧 자극의 전달이다(그림 9−25).

한 부분에서 시작된 활동전위는 계속해서 인접한 옆 부분을 흥분시키게 되고 그러면 다시 그 옆 부분의 Na^+ 채널이 열리면서 활동전위가 옆으로 이동해 나가게 된다. 이러한 흥분은 축삭의 끝에 도달할 때까지 계속 일어나고 또 이어진다. 신경전달은 한쪽 방향으로만 일어날 수 있다.

신경자극은 이처럼 전기적 자극이기 때문에 전도되는 중간에 방전되거나 저항으로 인해 감소할 수 있다. 방전을 막기 위해 축삭은 미엘린(myelin)이라는 절연체로 감겨져 있다. 미엘린은 전기구리선(축삭)을 둘러싼 피복이라 생각하면 좋다.

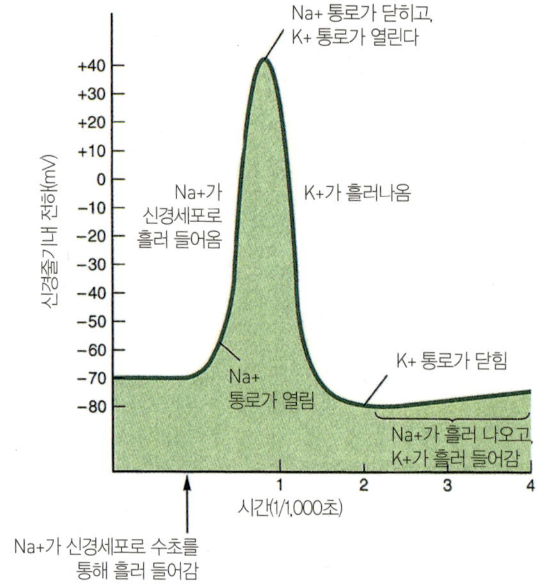

그림 9-25. 활동전위

미엘린은 원래 신경교세포로서 이것이 마치 양파의 속처럼 축삭을 몇 겹 감고 있는 것이다. 미엘린과 미엘린 사이에는 좁은 간격이 있는데, 이 부분에서는 축삭이 그냥 노출되어 있다. 이 간격을 란비에르 결절(Ranvier node)이라 부른다(그림 9-26).

축삭을 미엘린이 싸고 있지 않다면 전기적 신호는 신경말단에 도달하기도 전에 모두 누전되어 버릴 것이다. 그러나 미엘린의 절연 효과 덕분에 누전 없는 전도가 가능한 것이다. 이것이 왜 유수신경이 상대적으로 우수한가 하는 첫 번째 이유이다. 또 하나의 문제는 축삭 자체의 저항이다. 저항이란 전기가 잘 통하지 못하게 만드는 성질이다. 때로는 축삭이 머리끝에서 발끝까지 다다를 정도로 긴데, 이럴 경우 축삭의 저항이 문제될 수밖에 없다. 발등에 불이 떨어져서 뇌가 피하라는 명령을 내려도 그 명령이 발끝까지 못 갈 수도 있기 때문이다. 저항에 대한 방지책이 바로 란비에르 결절이다. 이 부분은 미엘린이 없어 외부에 그대로 노출되어 있다. 전기신호(흥분)가 여기까지 도달해 오면 여기는 밖에 노출되어 있으므로 Na^+를 다시 밖으로부터 받아들일 수 있다. 즉, 저항 때문에 다소 약해졌던 활동전위가 여기에서 다시 원래대로 증폭되는 것이다. 이렇게 신호가 약해졌다가 다시 증폭되기를 반복하면서 유수신경은 신경전달의 임무를 완벽하게 해낼 수 있다.

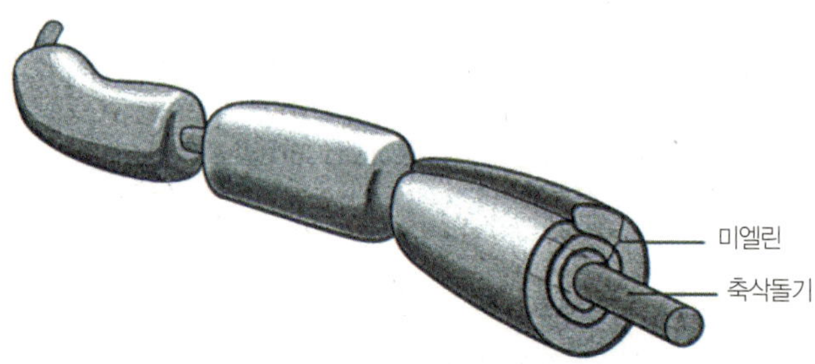

그림 9-26. 미엘린과 란비에르 결절

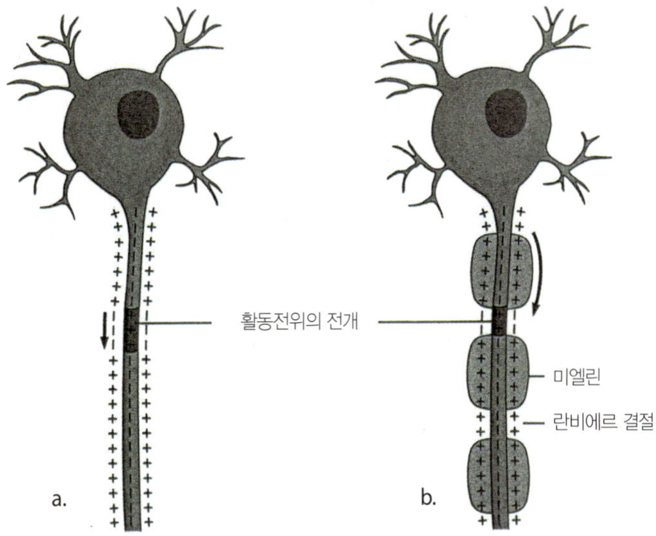

그림 9-27. 신경전도. (a) 무수신경, (b) 유수신경

우리는 가끔 유수신경에서는 활동전위가 점프를 하듯이 뛰어다닌다고 표현한다. 이는 바깥에서 볼 때 란비에르 결절에서만 활동전위가 관찰되므로 마치 신호가 징검다리를 건너뛰듯이 보이기 때문이다. 실제로 유수신경세포는 무수신경세포보다 신호를 훨씬 더 빠르게 전달할 수 있다(그림 9-27).

말초신경계는 신경과 신경교세포로 구성되어 있다. 신경교세포란 지지세포를 의미한다. 대뇌는 대부분의 의식적인 활동들과 연관되어 있지만, 반응 자체는 자발적으로 일어난다. 따라서 일부 반응은 뇌와 상관이 없다. 체성신경계에서 자극은 감각수용체로 하여금 신경 충격을 발생시키고, 이것이 감각섬유를 통해서 척수로 들어간다. 이렇게 수입된 정보들은 운동신경을 통해 골격근에 전달되어 활동 반응을 야기시킴으로써 그 특별한 자극 또는 감각에 대해 반응을 나타낸다. 자율신경계는 내장이나 분비선과 같은 평활근을 조절해 준다. 교감신경은 스트레스 발생 시 일어나는 반응들과 관련되어 있으며, 부교감신경은 안정기 상태의 반응과 관계 있다.

2) 사람의 뇌

사람의 뇌는 무게가 약 1.5kg 정도로 2,000억 개의 세포로 이루어져 있다. 뇌는 주로 중간신경세포로 되어 있는데, 뇌 안에 들어 있는 시냅스만도 1,000조 개나 된다. 뇌는 그 사람의 개성, 지능, 재능, 태도, 감정, 기억 등 모든 이성과 감성을 통제한다. 뇌의 중요한 부분들과 기능은 다음과 같이 요약될 수 있다(그림 9-28).

뇌간(brain stem)은 골격근을 조화있게 통제하여 적절한 반응이 일어날 수 있도록 해 주는 부위이다. 여기에는 세부적으로 운동능력을 기억해 주는 소뇌(cerebellum)와 심장박동, 호흡율, 동맥의 팽창 정도를 조절하는 연수(medulla oblongata), 인지능력과 함께 입력되어 들어오는 정보를 식별하는 망상체형성(reticular formation) 그리고 얼굴 표정과 수면 정도를 조절하는 교뇌(pons)가 속해 있다.

중뇌(midbrain)는 뇌의 반사작용과 명령의 원할한 전달 그리고 몸의 자세 조절 등을 담당하고 있다. 후구(olfactory bulb)는 코로부터 대뇌로의 정보전달을 담당하고 있다. 시상하부(hypothalamus)와 변연계(limbic system)에서는 감정

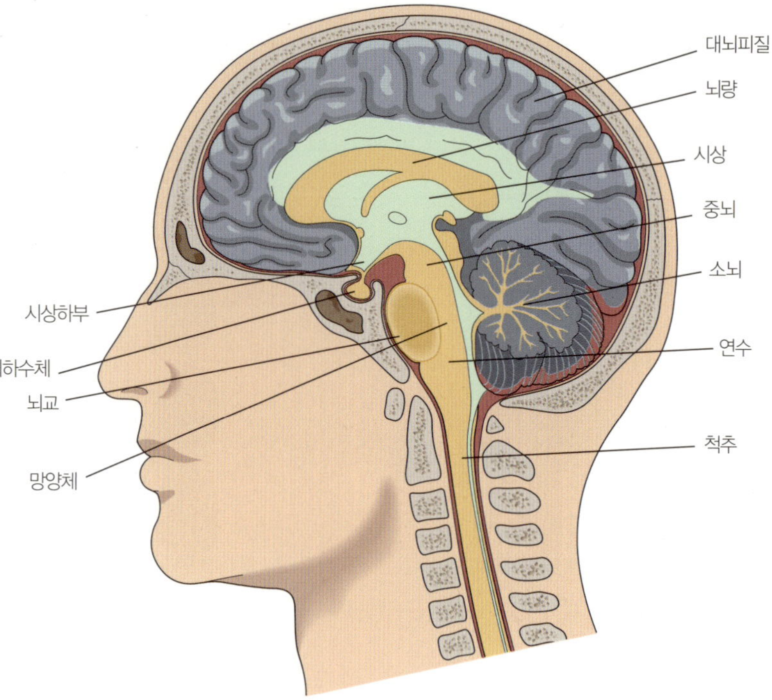

그림 9-28. 사람의 뇌

및 성적반응을 창출해내고, 기억력에 관여하는가 하면, 호르몬, 체온 등 다양한 생리적 요인들을 또한 조절하고 있다. 시상(thalamus)에서는 냄새를 제외한 모든 감각들의 정보를 변연계와 대뇌피질로 전달해 준다. 대뇌(또는 대뇌피질, cerebrum)에서는 행동과 감정의 극한적인 상태를 제어하는 등 이성적인 조절을 해 준다. 뇌량(corpus callosum)은 대뇌의 좌 · 우반구 사이에서 정보교환이 이루어질 수 있도록 해 주는 부위이다.

9. 내분비

신경계가 전기적 전도에 의한 빠른 조절기관이라면, 내분기기관은 화학적 성분인 호르몬을 통한 비교적 느린 조절이지만 평생을 통해 지속적인 조절이 가능한 것이 내분비 조절이다(그림 9-29).

내분비기관은 호르몬(hormone)을 분비하는 세포들이 모인 것이다. 대부분의 내분비기관은 상피세포가 변형되어 만들어진 것이다. 호르몬은 일종의 화학전령자(chemical messenger)이다. 호르몬은 분비세포에서 미량으로 만들어진 다음 혈액으로 분비되고, 표적세포(target cell)로 이동해서 활성을 나타내게 된다. 즉, 만들어지는 세포와 작용하는 세포가 다르다는 것이 특징이다.

호르몬은 혈액을 타고 돌기 때문에 몸에 있는 모든 세포에 전달이 된다. 그럼에도 불구하고 호르몬들이 특정한 표적세포에서만 작용할 수 있는 이유는 그 표적세포에만 있는 특이적인 수용체(receptor) 때문이다. 수용체는 호르몬과 결합할 수 있는 구조로서 세포막, 세포질, 핵 등에 위치한다. 호르몬은 그 작용기작에 따라 지용성과 수용성으로 나눌 수 있다.

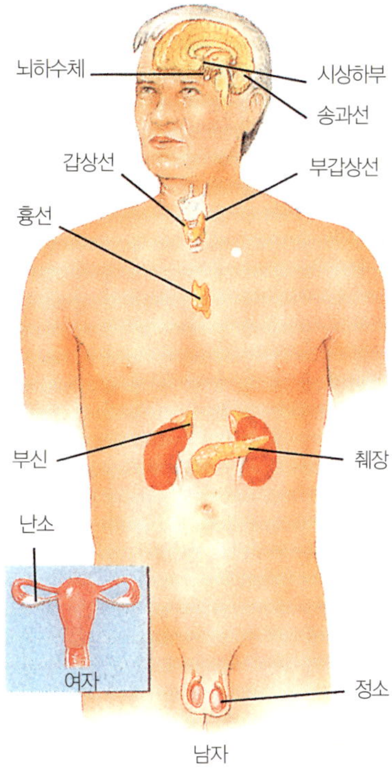

그림 9-29. 내분비 기관의 분포

1) 지용성호르몬

지용성호르몬(lipid-soluble hormone)은 세포막을 쉽게 통과하여 그대로 세포 안으로 들어갈 수 있다. 우리는 이를 세포막에 용해된다고 표현한다. 실제로는 용해되어 버리는 것이 아니고, 같은 지질 성분이기에 거부함이 없어 쉽게 통과하는 것이나. 이런 경우 수용체는 세포질이나 핵에 위치해 있게 마련이다. 세포내의 수용체와 결합한 호르몬은 핵으로 가서 DNA에 위치한 특정 유전자를 활성화시키고 그 결과 특정 기능의 효소가 만들어질 수 있게 해 준다(그림 9−30). 대표적인 지용성호르몬에는 남성호르몬인 테스토스테론(testosterone), 여성호르몬인 에스트로겐(estrogen), 임신호르몬인 프로게스테론(progesterone), 무기염류를 조절해 주는 알도스테론(aldosterone), 응급반응 시 혈당량을 조절하는 코르티졸(cortisol) 등이 있다. 이들을 통칭하여 스테로이드호르몬(steroid hormone)이라 부르기도 한다. 그 이유는 이들이 모두 스테로이드 구조의 대표인 콜레스테롤이 약간씩 변형되어 만들어진 유도체이기 때문이다.

갑상선호르몬인 티록신(thyroxine)은 스테로이드는 아니지만 요오드가 붙어 있어 지질에 쉽게 녹기 때문에 지용성호르몬으로 분류된다.

2) 수용성호르몬

수용성호르몬(water-soluble hormone)은 대부분 단백질호르몬이다. 이들은 분자량이 커서 세포막을 직접 통과할 수 없기 때문에 수용체가 세포막에 위치하고 있다. 단백질호르몬이 수용체와 결합하면 세포막의 투과성이 바뀌게 되고, 주변의 다른 물질들이 쉽게 통과할 수 있게 된다(그림 9−31). 인슐린의 경우가 대표적이다. 또 다른 경우는 이차 전령체(second messenger)를 활성화시키는 것이다. 활성화된 이차 전령체는 세포 안에서 호르몬의 기능을 대신 발휘해 준다. 이차 전령체는 대개 칼슘이온이거나 cAMP이다. 이런 기작의 대표적인 호르몬은 인슐린(insulin)과 글루카곤(glucagon)이다.

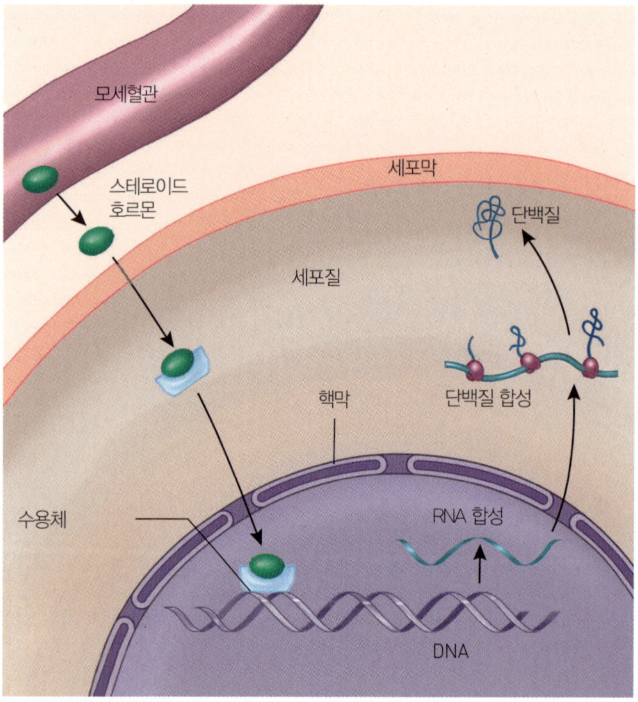

그림 9-30. 지용성호르몬의 작용 기작

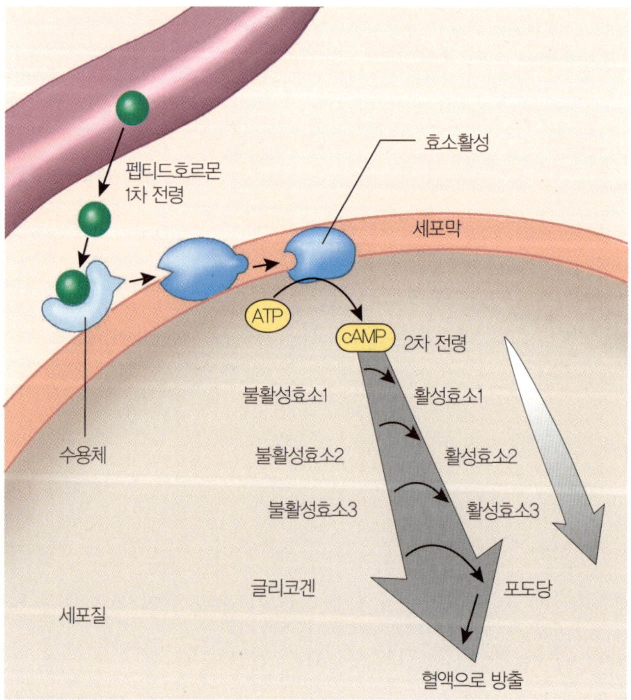

그림 9-31. 수용성호르몬의 작용

3) 시상하부와 뇌하수체

시상하부와 뇌하수체는 내분기기관이라기 보다 실제로는 뇌의 한 부분이다. 그럼에도 불구하고 이들이 호르몬을 분비하기 때문에 내분비기관으로도 간주된다. 이들이 분비하는 호르몬에 의해서 다른 내분비기관들이 통제를 받는다. 시상하부에는 신경분비세포라 불리는 특수세포가 있다. 여기서 분비되는 호르몬에 의해 뇌하수체가 조절되고, 뇌하수체는 차례로 다른 내분비기관을 또 통제하는 호르몬을 만들어내는 것이다(그림 9-32).

뇌하수체는 뇌 아래쪽에 마치 물주머니처럼 늘어진 모습을 하고 있다. 눈에서 가까운 앞쪽을 전엽(anterior lobe), 뒤쪽을 후엽(posterior lobe)으로 나눈다. 재미있는 것은 전엽과 후엽이 발생학적 기원이 다르다는 것이다. 후엽은 뇌조직이 아래로 자라 내려온 신경조직이고, 전엽은 구강내피에서 유래된 것이다. 따라서 이들은 같은 조직 안에 있을지라도 전혀 다른 기능을 가지고 있다.

뇌하수체전엽에서 분비되어 신체 각 부의 다른 기관들을 통제하는 호르몬에는 부신피질자극호르몬(adrenocorticotropic hormone), 갑상선자극호르몬(thyroid stimulating hormone), 난포자극호르몬(follicle stimulating hormone), 황체형성호르몬(luteinizing hormone) 등이 있다. 이들은 각기 부신피질, 갑상선, 난소 및 정소들을 자극하여 그들이 각각 특징적인 호르몬을 분비하도록 유도해 준다. 또 한편으로 프로락틴(prolactin), 색소세포자극호르몬(melanocyte stimulating hormone), 성장호르몬(growth hormone)들도 뇌하수체전엽에서 만들어진다. 이들은 각기 유즙의 합성과 피부색소의 증가, 성장촉진을 담당한다.

뇌하수체후엽에서는 항이뇨호르몬(antidiuretic hormone)과 옥시토신(oxytocin)이 만들어진다. 엄밀하게 말하면 이들은 시상하부의 신경세포에서 만들어지는 것이다. 그러나 이 신경세포의 끝이 뇌하수체후엽에 와 있기 때문에 마치 분비가 거기에서 일어나는 것처럼 보일 뿐이다. 항이뇨호르몬의 작용으로 보다 많은 수분이 혈액으로 재활용되므로 소변양이 줄어들게 된다. 옥시토신은 자궁과 유선의 수축을 촉진해 출산할 수 있도록 도와준다.

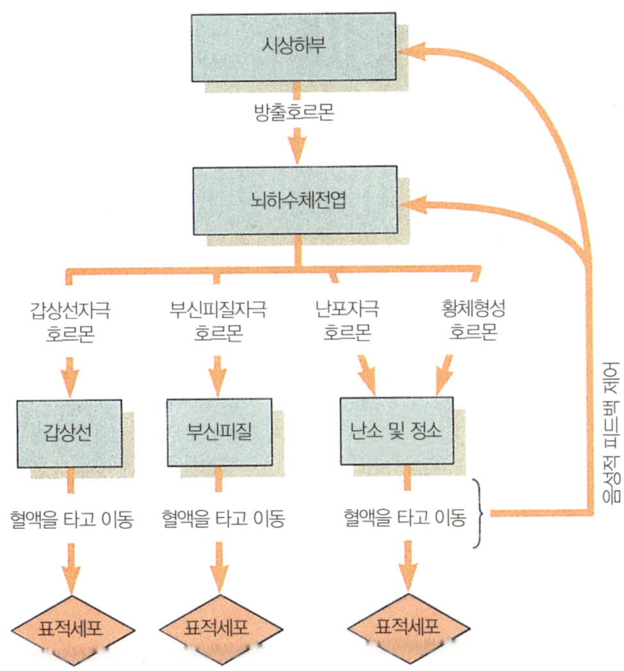

그림 9-32. 시상하부 호르몬과 통제 작용

4) 갑상선

갑상선(thyroid)은 목 밑에 위치한 2개의 작은 조직이다. 여기에서 티록신(thyroxine)과 칼시토닌(calcitonin)이 분비된다(그림 9-33). 티록신 구조에 요오드가 함유되어 있는 것이 특징이다. 티록신의 기능은 전체적인 물질대사를 촉진시키는 것이다. 어린아이들에서는 특히 육체적으로나 정신적으로 정상적인 발육을 하기 위해 이 호르몬이 필수적이다.

어른에게서는 티록신이 너무 적게 만들어지면 피로감과 함께 우울해지게 마련이며 대사율이 저하되어 쉽게 냉기를 느끼기도 한다. 의학적으로는 갑상선기능저하증(hypothyroidism)이라 말한다. 이런 사람들은 섭취한 음식물이 에너지로 변환되지 못해 자꾸만 비만해지게 마련이다. 음식물에 요오드가 적어도 비슷한 증상이 나타나는데, 이는 요오드가 부족하여 호르몬이 제대로 못 만들어지기 때문이다. 이런 경우 갑상선은 보상을 하기 위해 지나치게 일을 하게 되고 급기야 목 주위가 크게 부어오르게 된다. 이를 의학적으로 고이터(goiter, 갑상선종) 현상이라 부른다.

반대로 티록신이 지나치게 많이 분비되는 사람은 항상 초조하고 다소 신경질적이다. 의학적으로는 갑상선기능항진증(hyperthyroidism)이라 말한다. 이런 사람들은 살도 마르고 눈이 튀어나오는 경향이 짙다. 갑상선호르몬이 많이 분비되는 원인 중 하나는 갑상선종양이다.

칼시토닌은 혈액내의 칼슘 양을 감지하여 지나치게 많으면 뼈 속에 저장시킨다. 칼시토닌의 이러한 기능은 부갑상선호르몬과 반대되는 작용이다. 이렇게 상호 반대로 조절하여 전체적으로는 일정하고도 최적인 상태를 유지하려는 효과를 길항작용(antagonization)이라 한다. 호르몬 중에는 이렇게 길항작용을 통하여 항상성(homeostasis)을 나타내는 것들이 많이 있다.

5) 부갑상선

부갑상선(parathyroid)은 갑상선 표면에 붙어 있는 4개의 작은 조직이다(그림 9-34). 여기에서 분비되는 부갑상선호르몬(PTH, parathyroid hormone)은 혈액 내 칼슘량을 감지하여 필요한 만큼 뼈에서 방출되어 나오게 한다. 부갑상선호르몬과 칼시토닌은 서로 길항작용 관계에 있다. 칼슘과 인은 혈액에서 뼈로 들어와 조골세포(osteoblast)의 작용으로

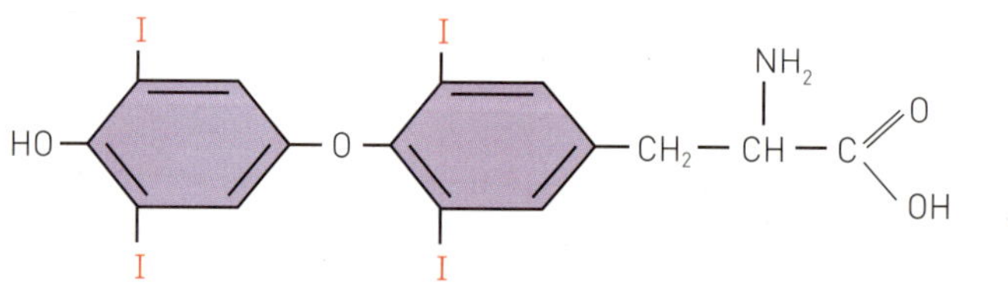

티록신 또는 테트라요오드티로닌(T_4)

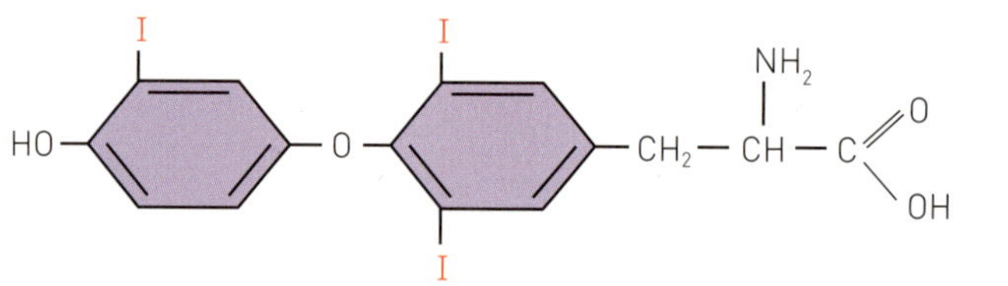

트리요오드티로닌(T_3)

그림 9-33. 갑상선호르몬

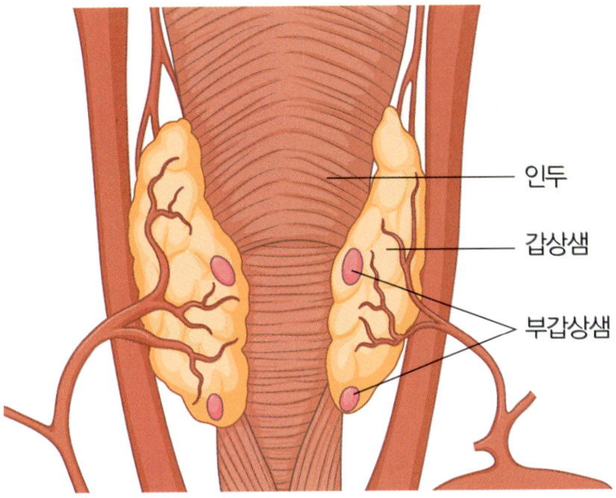

그림 9-34. 부갑상선

결정체를 뼈에 집착시킨다. 이 결정체의 이름은 히드록시아파타이트(hydroxyapatite)이다. 이때 조골세포가 콜라겐 단백질을 형성하는 유기 기질을 분비하고 여기에 히드록시아파타이트가 침착되면서 뼈가 단단해진다. 반면에 파골세포(osteoclast)는 히드록시아파타이트를 녹여내어 혈액으로 칼슘과 인을 방출시킨다. 혈중칼슘농도가 떨어지기 시작하면 부갑상선에서 PTH의 분비가 자극되고, 계속해서 파골세포를 자극하여 뼈를 녹게 만든다.

비타민 D는 햇빛을 받으면 피부에서 만들어지는데, 현대생활에서는 충분히 햇빛을 쬐기 어렵기 때문에 음식물로 섭취해야 한다. 비타민 D는 간과 신장에서 D_3 형태로 전환되어 비로소 활성을 띠게 된다. 비타민 D_3는 소장에서 칼슘과 인을 혈액으로 흡수하도록 자극을 하고, 이를 다시 뼈 속으로 축적시켜서 뼈를 단단하게 해 준다.

6) 부신

부신(adrenal gland)은 신장 바로 위에 위치한 내분비조직이다. 표면 부분을 피질(cortex)이라 하고 그 안쪽을 수질(medulla)이라 한다. 부신피질은 뇌하수체의 자극을 받아 3종류의 스테로이드호르몬들을 만든다.

이들은 미네랄로코르티코이드(mineralocorticoid)라고 불리는 종류와 글루코코르티코이드(glucocorticoid)라고 불리는 종류들이다. 미네랄로코르티코이드의 예로는 알도스테론(aldosterone)이 있고, 글루코코르티코이드의 예로는 코르티졸(cortisol)이 있다. 알도스테론은 무기염류의 양을 조절해 주는 역할을 하고, 코르티졸은 응급반응 시 혈당량을 증가시켜 준다. 세 번째 종류는 약한 안드로겐(androgen) 호르몬이다. 여성에게 존재하는 남성호르몬 형태로서 대표적인 예는 안드로스테네디온(androstenedione)이다.

알도스테론이 지나치게 분비되면 혈액에 이온과 수분이 증가하여 혈압이 상승한다. 코르티졸은 지방과 단백질을 포도당으로 바꾸어 주어 급할 때의 에너지원으로 사용할 수 있도록 해 준다. 또한 코르티졸은 수질에서 만들어지는 에피네프린(epinephrine)과 함께 혈압을 증가시켜 준다.

수질에서는 에피네프린과 노르에피네프린(norepinephrine)의 두 가지가 분비된다. 이들 호르몬은 이름은 비록 다르지만 모두 위급할 때의 각종 극한상황과 스트레스를 이겨낼 수 있게 해 준다. 이 호르몬들이 없다면 우리는 극도의 운동, 극한, 고도의 감정변화 등 스트레스를 견뎌낼 수 없을 것이다.

7) 췌장

췌장(pancreas)은 위의 뒤쪽 벽 왼쪽에 위치한 내분비기관이다(그림 9-35). 정확히 말하면 소화액도 만들기에 췌장은 내분비기관인 동시에 외분비기관이다. 내분비기관으로서의 췌장은 β세포에서 인슐린(insulin)을 그리고 α세포에서 글루카곤(glucagon)을 분비한다. 또한 췌장에서 소마토스타틴(somatostatin)이라는 호르몬도 분비된다. 인슐린과 글루카곤은 길항작용을 하여 혈당량을 일정하게 조절해 주는 호르몬들이다. 인슐린은 포도당을 혈액에서 걸러내어 근육과 간세포에 글리코겐 형태로 저장한다. 반면에 글루카곤은 저장된 글리코겐을 분해하여 포도당을 혈액에 공급해 준다. 소마토스타틴은 인슐린과 글루카곤을 모두 억제하는 것으로 알려져 있지만 정확한 기능에 대해서는 논란이 많다.

인슐린이 제대로 기능을 못하면 당뇨병이 발병한다. 물론 유전적으로 인슐린을 합성하지 못하거나 세포막에 인슐린의 수용체가 없는 등 다양한 원인이 있을 수 있다. 불과 20여 년 전만 하더라도 당뇨병은 불치병으로 알려져 있었으나 지금은 유전공학적으로 인슐린을 대량 생산할 수 있기 때문에 적절히 치료를 받으면 정상적인 생활도 가능한 병이다. 이것은 기초생물학 이론이 유전공학에 응용된 최초의 예이다.

8) 흉선

흉선(thymus)은 가슴 위쪽에 위치한 내분비조직으로 티모신(thymosin)이라는 호르몬을 분비한다. 이 호르몬은 T-세포라 불리는 면역세포의 성장을 도와 우리 몸을 감염으로부터 지켜 준다. 흉선은 어린아이에게서는 크고 왕성하나 어른이 되면서 점차 작아져서 결국 간신히 볼 수 있을 정도의 크기까지 줄어드는 것이 보통이다.

9) 송과선

송과선(pineal)은 간뇌, 즉 뇌의 중앙에 위치한 내분비조직이다. 눈에서 빛을 받아들이는 정보에 따라 멜라토닌(melatonin)이라는 호르몬을 분비한다. 멜라토닌은 어두울 때만 분비되는 호르몬으로서 신체의 각 구성 세포들에게 하루의 주기와 계절의 주기(circadian rhythm)를 알려주어 우리가 적응할 수 있도록 해 준다. 일 년으로 볼 때는 밤이 긴 겨울에 멜라토닌이 더욱 많이 합성된다. 멜라토닌 덕분에 동물들은 계절에 따른 교배주기와 동면시기를 조절할 수 있으며, 사

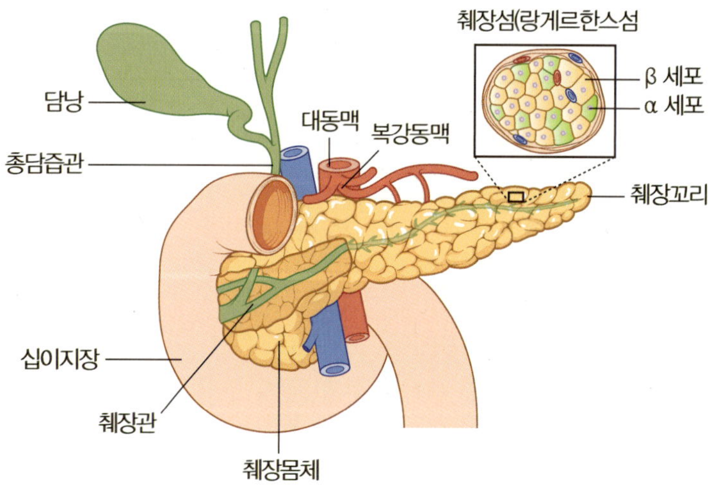

그림 9-35. 췌장의 구조

람은 시차 적응이나 수면주기 등을 조절할 수 있다. 멜라토닌은 불면증을 치료하는데 매우 유용할 수 있는데, 특히 밤에 멜라토닌 분비가 낮은 노인들에게 유용하다.

10. 면역

면역계는 외부 병원체에 대해 방어를 하는 모든 구조 및 과정들을 포함한다(그림 9-36). 여기에는 선천성면역과 후천성면역이 있다. 선천성면역은 상피막, 위장의 산성 소화액, 중성구, 단핵구, 대식세포들에 의한 대식작용, 혈장에 존재하는 보체단백질(complement protein), 자연킬러세포(natural killer cell, NK cell) 등에 의해 수행된다. 후천성면역은 림프구들이 병원체의 특이적 목표분자 또는 항원에 대해 만들어내는 항체를 통한 면역이다.

모든 동물의 방어작용은 1차적으로 피부에서 이루어진다. 피부는 점액성 물질을 만들어 내거나 또는 그 자체로서 외부에 대하여 1차적 방어막으로 작용을 한다. 만약에 피부가 손상되어 병원균이 체내로 침입을 하면 2차적 면역작용을 나타내게 된다.

사람을 비롯한 모든 동물은 외부에서 이물질(병균, 알레르기성 물질이나 독소 등)이 체내에 들어오면 이에 대하여 방어하는 기작을 가지고 있다. 하등한 동물이나 무척추동물도 원시적인 면역체계를 갖추고는 있다. 예를 들면, 아메바의 식작용(phagocytosis)이 그 예이다. 이 식작용은 식세포라는 특이한 기능의 세포를 이용해 이루어진다. 식세포를 통해 일어나는 면역작용은 선천성면역(innate immunity)이라서 그 면역 기작과 방어 기능이 늘 일정한데 비하여 척추동물의 후천성면역은 항체 반응이기 때문에 동일한 이물질의 침입이 반복되면 될수록 그때마다 더더욱 강회된다는 특징이 있다.

피부에서 분비되는 점액성 물질이나 식세포에 의한 식작용 등은 모두 초보적인 방어 기작에 속하는 것들이다. 백혈

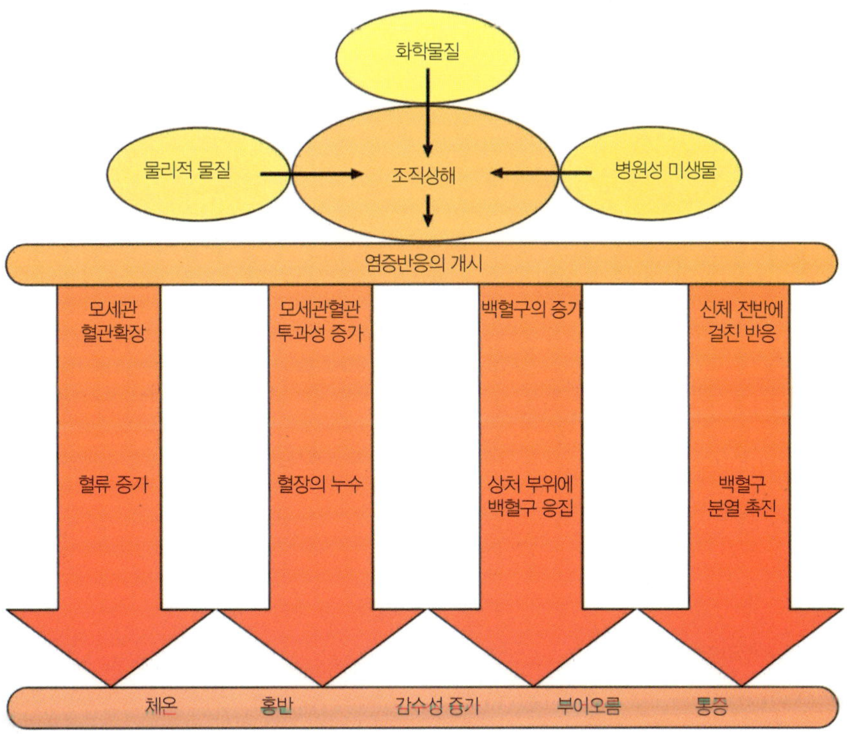

그림 9-36. 외부물질이 침입하는 경로와 이에 대한 방어

구 역시 면역에 관여하는데 침입한 병균의 생활을 저해하는 효소를 가지고 있거나 면역반응에 관여하는 세포를 활성시킴으로써 외부 공격에 대항할 수 있다.

① 사이토킨(cytokine)은 호르몬과 비슷하지만 혈류를 따라 이동하지 않고, 만들어진 염증 조직 부위에서만 작용하는 물질이다. 항암제로 쓰이는 인터페론(interferon)은 특별히 바이러스가 침입하였을 때 이를 공격하여 더 이상의 증식과 확산을 막아주는 사이토킨이다.

② 보체단백질(complement protein)은 침입한 병원균을 분해시키고 백혈구의 활성을 돕는 혈액 내 단백질이다. 평소에는 불활성화되어 있다가 외부 미생물이 침입해 항체가 만들어지면 같이 활성화되어 대식세포를 자극한다. 그 결과는 면역계를 활성화시키는 것으로써 식작용을 일으켜 삼킨 이물질이나 병원균을 리소좀으로 보내 가수분해해해 버리는 것이다. 때로는 혈관의 투과성을 증가시켜 염증반응을 촉진시키기도 한다(그림 9-37).

③ 면역작용으로 가장 흔하게 접하는 반응은 항원과 항체의 반응이다. 항체는 항원에 대항하여 우리 몸이 만들어내는 단백질이다. 대표적으로 흉선에 있는 T-림프구와 골수에서 만들어지는 B-림프구의 두 종류가 항체를 생산하는 세포들인데, 이때 만들어지는 항체에는 IgG, IgM, IgA, IgE, IgD 등 다양한 종류가 있다. T-림프구는 항원과 접촉하면 보조 T-림프구(T helper cell)와 T-억제세포(T-suppressor cell)로 분화한다. 보조 T-림프구는 B-림프구를 활성화시켜 항체를 생산하게 하는 반면 T-억제세포는 B-림프구의 항체 생산을 억제하면서 상호작용을 조절해 나간다. 한편 세포독성 T 세포(cytotoxic T cell)와 자연 살생세포(NK cell, natural killer cell)들은 외부에서 침입한 병원체를 직접 죽여 버리는 방어세포들이다.

항체마다 작용 기작이 서로 다른데, 예를 들면 IgA는 침, 눈물, 초유 등에 주로 들어 있어 공기나 음식물을 통해 들어오는 병원체에 대해 방어하는 작용을 한다. IgE는 백혈구를 자극하여 히스타민(histamine)을 분비하게 함으로써 알레르기 반응을 일으키는 항체이다. 알레르기를 일으키는 이물질을 알레르겐(allergen)이라 통칭한다. 동물의 털, 약물, 꽃가루 등은 흔히 볼 수 있는 알레르겐이다. 알레르기 반응은 일종의 과민성 반응으로서 우리 몸에 적색신호를 보내 대응체계를 갖추도록 지시하는 효과가 있다. 이렇듯 림프구라는 세포가 항체를 만들어 항원에 대항하는 면역작용을 "체액성 면역"이라 부른다. 항체의 또 다른 이름은 면역글로불린(immunoglobulin)이다.

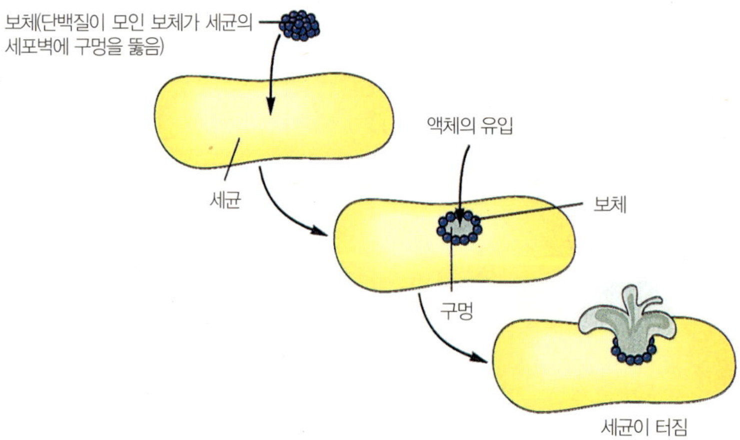

그림 9-37. 보체의 기능

항체의 구조를 보면 불변부와 가변부로 되어 있는데, 가변부의 아미노산 배열이 무한정으로 다양하게 변화할 수 있기 때문에 어떤 새로운 항원이 침입해 오더라도 대응해 낼 수가 있다. 이 가변부위에 항원이 결합을 한다(그림 9–38).

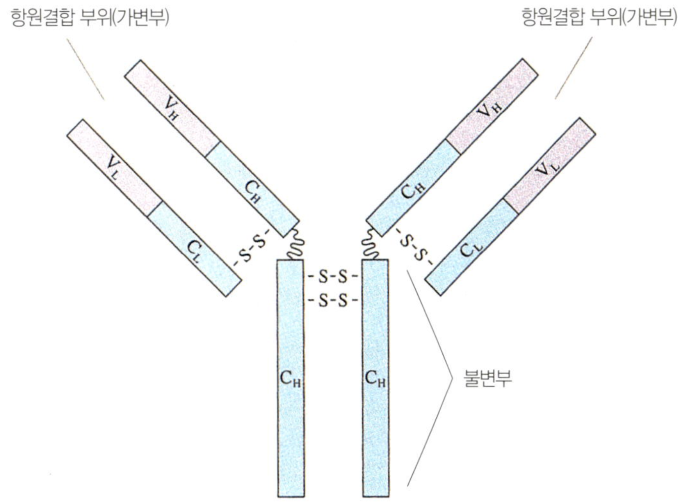

그림 9-38. 항체의 구조

요점정리

1. 우리 몸은 근육, 상피, 신경, 결합조직 등 4가지 기본 조직(tissue)으로 이루어져 있다.
2. 두 종류 이상의 조직이 모일 때 기관이라 부른다. 기관은 특정한 신체적 기능을 위해 일하는 실질적인 단위이다. 필수기관계는 호흡계, 소화계, 배설계, 순환계, 근육계, 신경계, 내분비계, 면역계와 생식계이다.
3. 순환계는 혈액과 혈관 그리고 심장으로 구성되어 있다. 순환은 혈액의 순환을 의미한다.
4. 근육은 크게 가로무늬근과 민무늬근으로 나누어진다. 위치에 따라서 골격근, 평활근, 심근으로 나뉘며, 의지에 따른 조절 여부에 따라 수의근과 불수의근으로 다시 나뉘어진다.
5. 기관계의 통합조절은 호르몬과 신경에 의해 전체적으로 조화 있게 이루어진다. 호르몬은 화학적 조절이고 신경은 전기적 조절이다.
6. 호흡계의 역할은 신선한 산소를 받아들이고 노폐물인 이산화탄소를 배출시키는 것이다.
7. 소화는 입에서 시작하여 대장에 이르는 기다란 소화관에서 일어난다. 이 관을 통해 음식물이 순차적으로 이동하면서 고분자가 개개의 단량체로 분해된다.
8. 신경계는 중추신경계와 말초신경계로 나뉜다. 중추신경계는 뇌와 척수이다. 말초신경계는 눈이나 귀 같은 감각기관과 직접 연결되어 정보를 받아들이거나 또 뇌로부터의 명령을 운동기관에 전달하는 신경이다.
9. 호르몬은 분비세포에서 미량으로 만들어진 다음 혈액으로 분비되고, 표적세포로 이동해서 활성을 나타낸다.
10. 선천성면역은 호중구, 단핵구, 대식세포, 보체단백질, 자연킬러세포 등에 의해 수행된다. 후천성면역은 림프구들이 병원체의 특이적 목표분자 또는 항원에 대해 만들어내는 항체를 통한 면역이다.

생각해 볼 문제

1. 기관계 중에서 생명유지에 직접적인 연관이 없는 것을 하나 선택하시오.
2. 이산화탄소와 pH가 증가하면 호흡이 빨라지는 이유를 설명하시오.

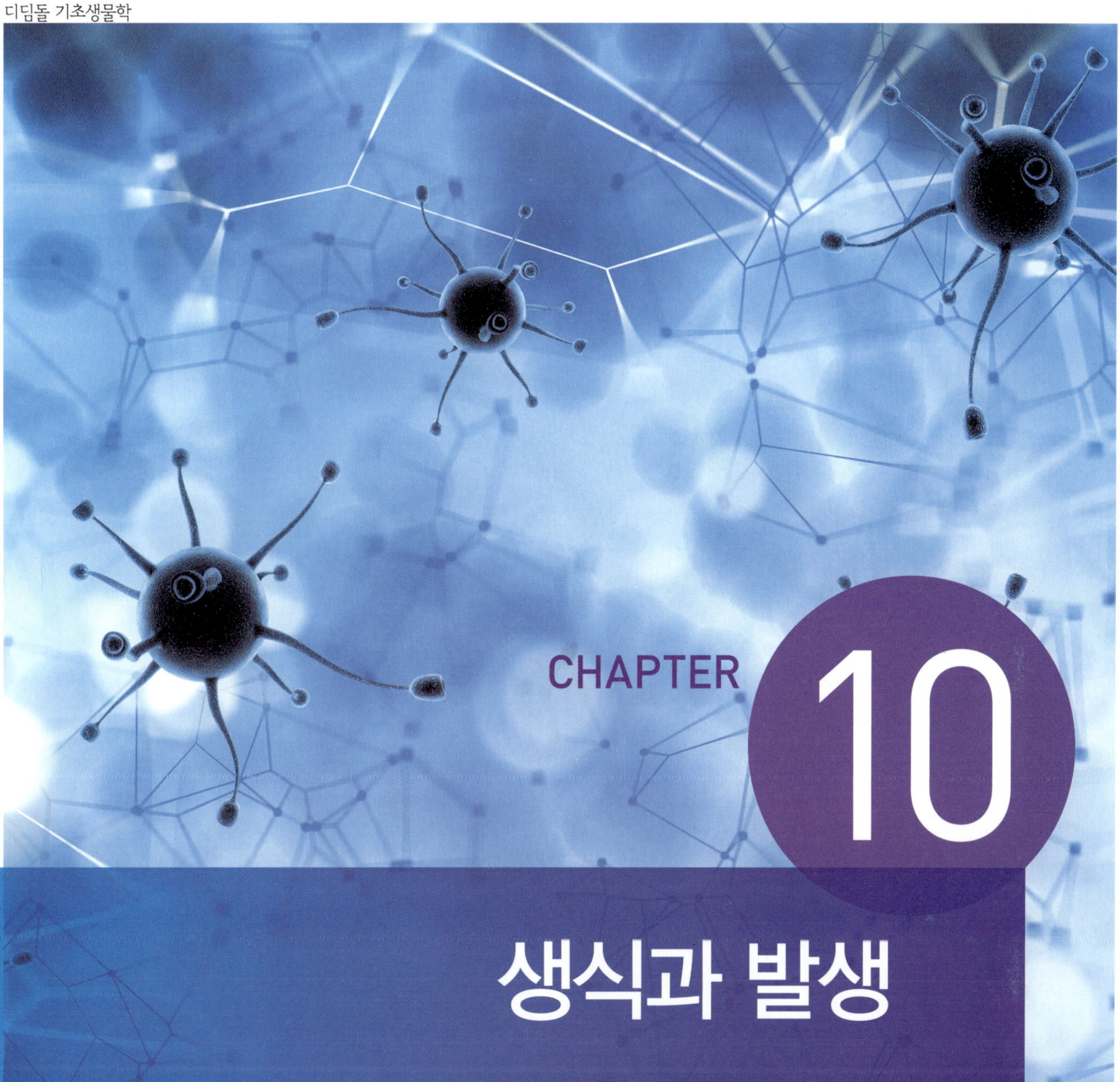

CHAPTER 10 생식과 발생

CHAPTER 10 생식과 발생

학습목표

인간을 비롯한 다세포생물의 수명은 한정되어 있다. 그렇기 때문에 한 종(species)이 계속해서 존속하려면 생식을 통해 새로운 개체가 창조되고 성장하며 사망하는 일련의 과정이 되풀이되어야 한다. 즉, 발생을 통해서 지구상의 모든 생명체는 멸종되지 않고 그 존재를 유지할 수 있는 것이다. 생식세포가 만들어지고 이들이 서로 만나서 온전한 개체가 탄생할 때까지 사람의 발생을 중심으로 살펴보도록 하자.

1. 유성생식과 무성생식

생식방법에는 암수 결합 없이 자기의 몸을 그대로 분열해 나가는 무성생식(asexual reproduction)과 암수 구별이 뚜렷한 유성생식(sexual reproduction)의 두 가지가 있다. 무성생식은 주로 세균이나 하등식물에서 관찰되는 현상이며(그림 10-1), 진화된 동식물에서는 유성생식에 의한 발생이 이루어진다. 한 개체의 발생과정에서 가장 뚜렷하게 관찰되는 현상은 물론 생식과 성장이지만 그 외에도 세포 재생에 의한 상처 치료, 젖니와 영구치의 성장, 이차성징의 발현 등 우리가 살아가면서 실행하는 모든 생명현상도 사실상 발생의 한 과정이다.

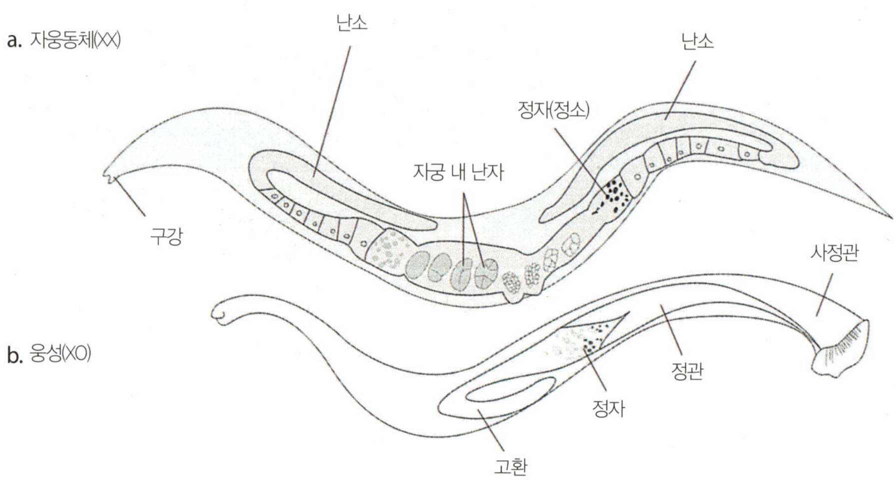

그림 10-1. 자웅동체의 예로서 예쁜 꼬마선충(C. elegans)

2. 사람의 발생

사람의 출생 이전과 출생 이후 기간들은 다음과 같이 구분할 수 있다. 사람의 전체 임신기간은 약 266일이다. 즉, 마지막 월경주기의 첫날부터 계산하면 280일(40주)이고, 수정 후부터 계산하면 266일(38주)이다. 그러나 이것은 어디까지나 이론적인 것이고, 실제로는 이보다 2~3주 긴 경우도 많다.

임신 전 기간을 9개월로 보았을 때 3개 분기로 나누어 부르는 것이 보통이다(그림 10-2). 즉, 첫 3개월을 제1삼분기(first trimester), 그다음 3개월을 제2삼분기(second trimester), 마지막 3개월을 제3삼분기(third trimester)라 부른다. 수정 후 처음 2주간은 수정란이 자궁 내에 떠 있다가 서서히 자궁내막(endometrium)에 착상(implantation)을 시도하는 기간이다. 이 기간 중 수정란은 상실배와 포배를 거쳐 포낭이 된다. 일단 착상에 성공하면 배자(embryo) 또는 배아라 부르기 시작한다. 물론 수정되는 그 순간을 인간의 시작으로 간주하지만, 발생학적인 차원에서 처음 14일은 아직 장기들이 형성되기 전이기 때문에 단순한 세포의 집합(cell mass)이라 할 수 있다.

착상에 성공한 2주 후부터 본격적으로 각종 원시기관(primitive organ)들이 형성되기 시작하는데, 배자기(embryonic stage)는 약 8주말까지 계속된다. 8주가 지나면 태아기(fetal stage)에 들어선다. 태아기는 출생때까지 지속된다. 태아기는 새로운 장기들이 나타나기보다 이미 만들어진 원시기관들이 더 커지고 성숙해지는 시기이다.

만약 착상 이전에 해로운 약물에 노출되면 아기는 자연유산이 될 확률이 높다. 노출된 시기가 배자기 때라면 원시기

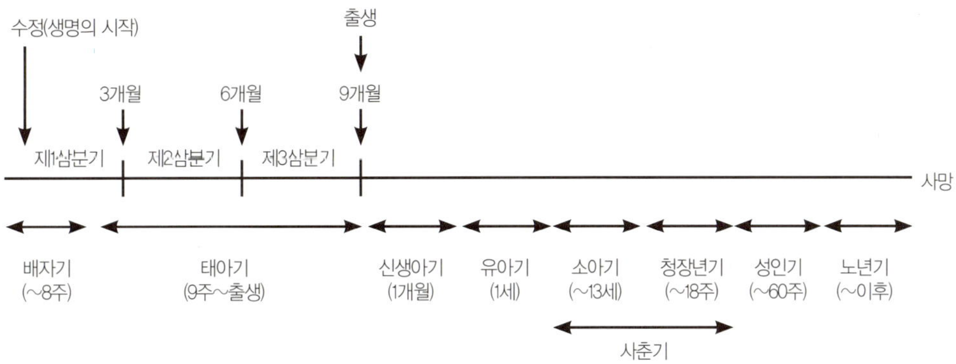

그림 10-2. 사람의 발생 과정

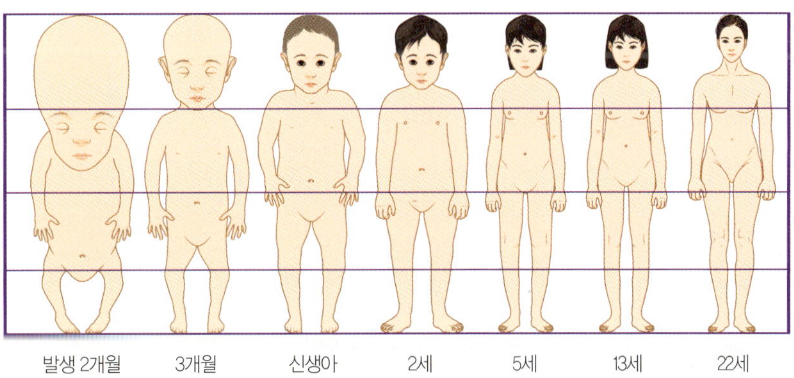

그림 10-3. 출생 이전의 머리 성장 속도 비교

관들이 제대로 형성되지 못하므로 선천성기형이 될 확률이 높고, 태아기 때에 노출되면 발육이 다소 뒤떨어질 뿐 상대적으로 위험도는 낮다. 출생 이전에는 머리가 유난히 크게 보이지만 점차 신체 다른 부위에 비해 머리의 성장 속도가 늦추어지면서 시간이 지나면 정상적인 비율을 되찾게 된다(그림 10-3).

3. 유전과 환경

발생은 크게 두 가지 요소에 의해 영향을 받는다. 유전 프로그램과 환경적 영향이 바로 그것이다. 유전 프로그램은 내적인 요소로서 신체의 어느 부분이 언제, 어떻게 만들어질지에 대한 명령이다. 그리고 이 명령은 한 세대에서 다음 세대로 전해지면서 그 종(species)의 특성을 유지할 수 있게 해 준다. 유전 프로그램이 정확해야 조직과 기관들이 정상적으로 발생할 수 있다는 것은 두말할 필요도 없다. 환경적 영향은 외적인 요소이다. 약물이나 발암물질, 공해 등 환경적 요인으로 인해 유전자에 돌연변이가 일어나게 되면 잘못된 명령이 내려질 것이고, 이 때문에 기형적 발생이 이루어지게 된다. 유전자가 올바른 지시를 내리더라도 환경이 이를 뒷받침하지 못하면 (예를 들어, 영양 부족이 생긴다면) 역시 정상적인 발생이 이루어지지 못할 것이다. 때문에 유전과 환경, 이 두 요소는 어느 것이 먼저라고 할 것 없이 대단히 중요한 특성들이다.

유전과 환경 외에도 정상적인 발생을 위해서는 다음의 세 가지 조건이 추가로 만족되어야 한다.

① 세포 수의 증식(cell division)이다. 발생은 앞에서 설명한 것처럼 수정된 세포(수정란)가 세포분열을 통해 복잡한 다세포성의 개체로 발달해 가는 과정이다. 사람의 몸은 약 100조 개(10^{14}개)의 세포로 되어 있으며, 이는 수정란으로부터 약 40대째(2^{40}) 세포분열을 한 결과이다.

② 세포성장(growth)이다. 막 분열을 마친 딸세포(daughter cell)들은 일반적으로 모세포(mother cell)보다 작기 때문에 적당한 크기로 다시 자라나야 한다. 단순히 크기만 회복되는 것이 아니라 기능적으로도 그 세포에 주어진 임무를 할 수 있도록 적절하게 분화(differentiation)되어야 한다. 개체성장이란 전체 세포의 수가 증가하면서 동시에 각 세포의 크기가 증가한 합의 결과이다. 올바른 성장을 위해서는 단백질을 섭취하여 끊임없이 새로운 원형질을 합성해 내는 일과 수분섭취에 따른 세포의 팽화작용, 지방의 축적, 무기물질(섬유질 등)의 증가 등이 수반되어야 한다. 성장은 체질, 온도, 영양상태, 성장촉진요인, 성장저해요인 등 여러 가지 요인에 의해 좌우되기도 한다.

③ 분화(differentiation)와 통합(integration)이다(그림 10-4). 분화란 성장과 분열의 결과로 세포와 조직, 기관의 성질이 비가역적(irreversible)으로 변화하는 것을 의미한다. 비가역적 변화란 한 번 진행되면 다시 돌아올 수 없는 변화를 말한다.

미분화세포는 아직 운명이 결정되지 않아 어떤 조직이나 기관으로도 분화할 수 있는 다능력 또는 전능(pluripotent)을 가지고 있으며 무한정한 세포분열도 가능하다. 그러나 일단 분화가 되면 더 이상의 세포분열이 불가능해지고 한 가지 기능만을 위해 특수화(specialization)된다. 그리고 이렇게 분화된 세포들이 자신의 기능을 수행하기 위해 위치를 바꾸어가며 적절하게 재배열됨으로써 조화 있는 개체를 형성하게 된다. 이렇게 전체적인 조화를 찾아가는 과정을 통합이라고 부른다.

사람의 수정란은 8세포기까지 온전한 미분화 상태를 유지한다. 즉, 8세포기까지는 그중 어떤 할구를 하나 떼어내 다

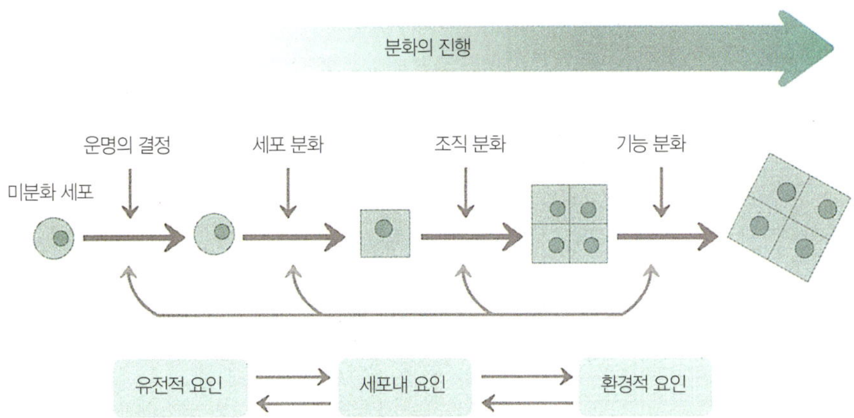

그림 10-4. 분화와 특수화 과정

시 자궁에 착상시키더라도 온전한 개체로 발생할 수 있다는 것이다. 일란성쌍생아가 가능한 이유가 바로 여기에 있다. 그리고 발생 중인 배자의 할구를 하나 취해서 유전자검사를 해도 괜찮은 이유도 이것이다. 통합은 신경계와 내분비계에 의해서 조절된다. 이처럼 개체가 바르게 발생하기 위해서는 성장과 분화 그리고 통합의 과정이 필요하지만 이 모든 것을 뒷받침하는 것은 역시 유전과 환경이다.

4. 사람의 생식기

생식기(reproductive organ)는 생식세포(germ cell)를 만들어내고 저장하며, 운반하거나 영양물질을 공급하면서 정상적인 수정과 착상, 발생이 가능하도록 도와주는 특수화된 기관이다. 비록 남성과 여성이 세부 구조적 차이가 있기는 하지만 전체적으로 생식기는 다음과 같이 기능적으로 나눠 볼 수 있다.

① 성선(genital gland)은 생식세포를 만들어 내는 곳이다. 남성은 고환(testes), 여성은 난소(ovary)가 이에 해당한다.

② 생식관(genital duct)은 성선에서 만들어진 생식세포를 이동시키는 관이다. 이동의 주목적은 배우자의 성세포를 만나는 것이지만 동시에 수정을 위해 필요한 정자의 운동력(mobility)과 수정력(capacity)을 부여하기 위한 것이다. 여성의 생식관은 수정란이 착상(implantation)하는 곳이기도 하다. 남성의 부고환(epididymis)과 정관(vas deferens), 요도(urethra)와 여성의 난관(oviduct), 자궁(uterus)이 여기에 해당한다. 사람은 다른 동물이나 조류와 구별하여 난관을 자궁관(uterine tube)이라 부르기도 한다.

③ 부생식선(accessory genital gland)은 생식과정을 돕는 각종 분비물들을 만들어 내는 분비선들이다. 남성의 정낭(seminal vesicle), 전립선(prostate), 요도구선(bulbourethral gland)이 이에 해당한다. 부생식선의 분비물은 영양분을 공급하고, 생식세포의 원활한 이동과 생명력을 부여하기 위한 것이다.

④ 외생식기(external genitalia)는 외견상 남여의 차이를 뚜렷하게 만들어주는 것으로, 생식세포를 남녀 간에 운반하는 교접기관으로 사용된다. 여성은 비뇨기와 생식기가 완전히 분리되어 있는 반면 남성의 경우에는 비뇨와 생식이 동일한 외생식기, 즉 요도를 통해 이루어진다.

5. 남성의 생식기 구조

남성의 생식기 구조는 10-5와 같다.

1) 고환

고환(testes)은 주름진 음낭(scrotum) 속에 들어 있으며, 체외에 위치하고 있다. 크기는 약 3.8×2.7×2.1cm의 작은 계란 모양이며, 무게는 10g 정도이다. 고환이 체외에 위치한 이유는 정자 형성을 위한 최적 조건이 통상 체온보다 1~2℃ 낮은 35℃ 전후이기 때문이다. 그보다 높은 온도에서는 정자 생산이 영향을 받는다.

고환 내부는 250여 개의 소엽으로 나뉘어지며, 여기에 곡정세관들이 들어 있다. 이 곡정세관에서 정자와 남성호르몬

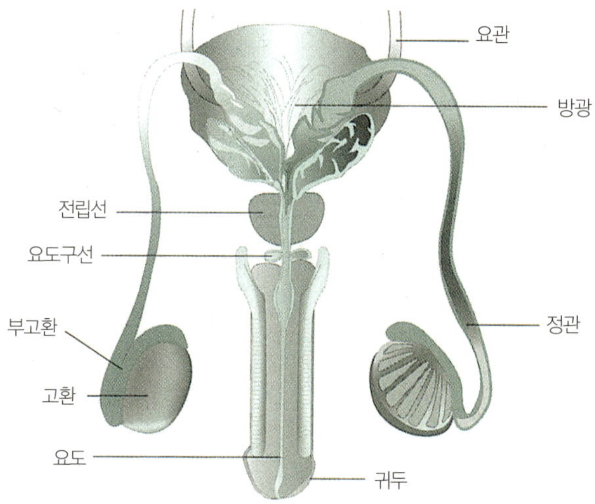

그림 10-5. 남성 생식기의 구조

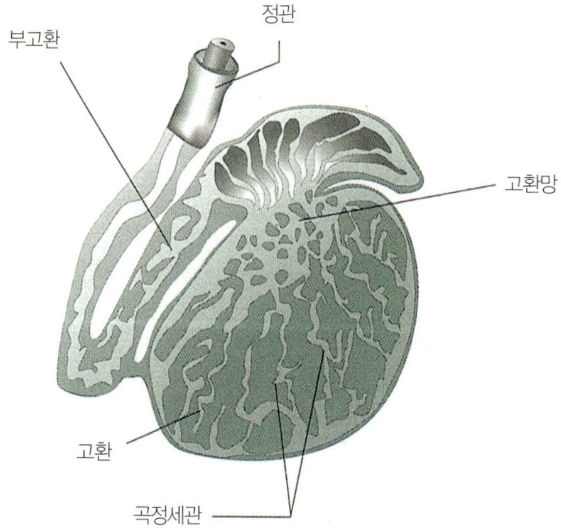

그림 10-6. 고환의 구조

인 테스토스테론(testosterone)이 만들어진다(그림 10-6). 혼동하기 쉽기에 다시 설명하지만 영어로 testis는 단수, testes는 복수이다.

2) 곡정세관

곡정세관은 전체를 펴면 1.6km에 달할 정도로 길고 가느다란 튜브이다(그림 10-7). 이 정세관내에서 매일 수천만 개의 정자가 생산되고 있다. 곡정세관의 벽은 기저막으로 둘러싸여 있고, 그 바로 안쪽에 지주세포(sertoli cell)들이 마치 손에 손을 맞잡듯 결합하여 빙 둘러 위치해 있다. 지주세포는 발생하는 성세포들에 영양을 공급하고 보호해 주는 세포이다. 이런 역할 때문에 지주세포를 간호세포(nursing cell) 또는 영양세포(nutrient cell)라고도 부른다.

지주세포들 간의 결합은 강한 연접결합(tight junction)이다. 이 구조로 인해 외부로부터 독성물질이 곡정세관 안으로 들어갈 수 없다. 이 특수한 보호 구조를 혈고환장벽(blood-testes barrier)이라고 부른다. 곡정세관들의 사이사이마다 간질세포인 레이디히세포(Leydig cell)가 존재한다. 간질세포에서는 남성호르몬인 테스토스테론(testosterone)이 분비된다.

3) 정자의 이동

곡정세관에서 만들어진 정자는 부고환(epididymis)에 다다른 다음 일시적으로 저장되게 된다. 정자는 이곳에서 운동력(mobility)과 수정력(capacitation)을 동시에 획득하게 된다. 결국 정자가 만들어져 부고환을 떠날 때까지 전체적으로 약 84일 정도가 소요되는 셈이다. 정자는 차례로 정관(vas deferens), 전립선(prostate gland) 등을 거쳐 외부로 사정된다. 전립선에서는 정자의 운동성 유지를 돕는 분비물을 만든다.

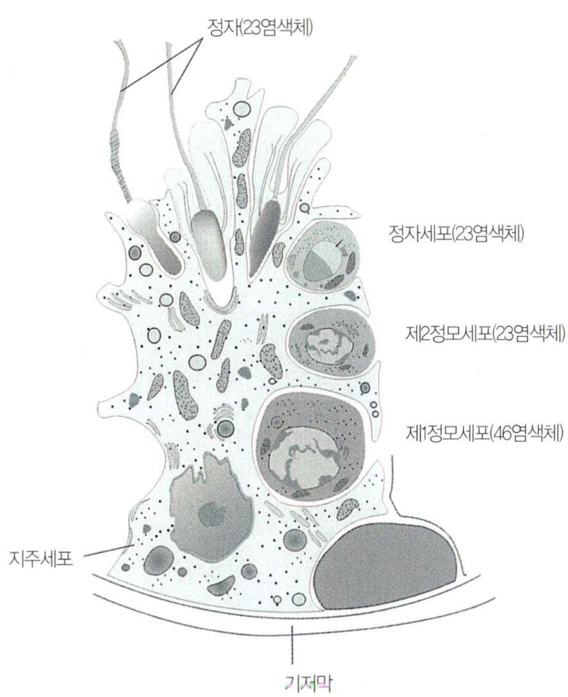

그림 10-7. 곡정세관과 레이디히세포

6. 여성의 생식기 구조

여성 생식기는 난자(ovum)를 만들어내는 것 외에도 정자와 난자가 온전하게 만나 수정할 수 있도록 장소를 제공해 준다. 또한 수정란이 자궁에 착상되면 임신 전체 기간을 통해 충분한 영양을 공급해 주고 자라나는 태아를 보호해서 원활한 임신이 이루어지도록 잘 유지시켜 주는 역할을 담당한다. 출생 후 신생아에게 수유를 통한 영양 공급도 여성의 역할이다. 여성 생식기는 기능별로 다음과 같이 분류할 수 있다(그림 10-8).

1) 난소

성선은 난소(ovary)로서 복강벽 좌우 골반 근처에 하나씩 위치한다. 난소는 크기가 약 3.5cm×2cm이고 무게는 3~5g 정도이다. 난소의 내부를 들여다보면 피질과 수질로 나뉘어지는데, 피질에는 다양한 발달 시기에 있는 난포들이 묻혀 있고 수질에는 혈관이 잘 분포되어 있다. 각각의 난자는 마치 사탕 알이 포장지에 하나씩 포장되어 있듯이 난포 속에 포장되어 들어 있다. 난포는 여러 가지 스테로이드호르몬을 분비하여 여성의 이차성징 및 생식기의 주기적 변화를 조절해 준다(그림 10-9).

2) 자궁관과 자궁

여성의 생식관은 난관(oviducts) 또는 자궁관(uterine tube)이라 부르는 관과 자궁(uterus) 그리고 질(vagina)로 구성되어 있다(그림 10-10).

난관의 조금 안쪽을 팽대부(ampulla)라 부른다. 이곳은 정자와 난자의 수정이 일어나는 장소이다. 팽대부 이외의 장소에서 수정이 일어나면 자궁외임신이 될 가능성이 높다(그림 10-11).

자궁(uterus)은 서양배 모양으로 생겼으며, 실제로 수정란이 착상하는 부위는 자궁의 후벽 정중앙이다. 자궁의 벽은 자궁내막(endometrium), 자궁근층(myometrium), 자궁외막(perimetrium)의 3개 층으로 되어 있다. 자궁내막은 수정된

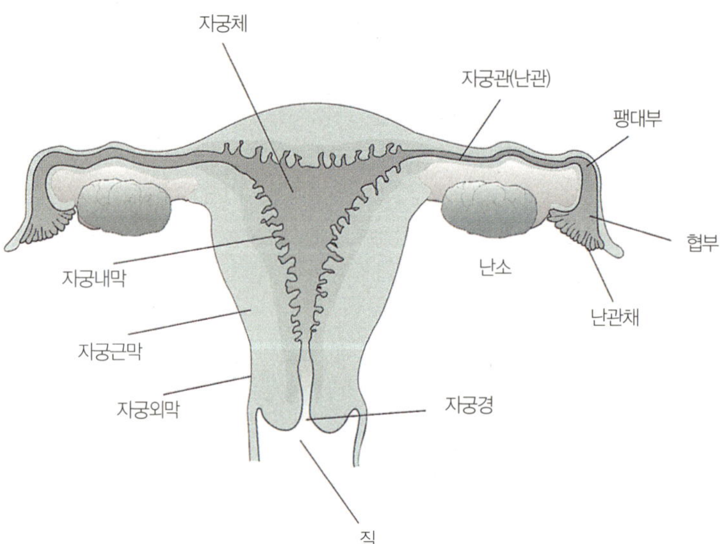

그림 10-8. 여성 생식기의 구조

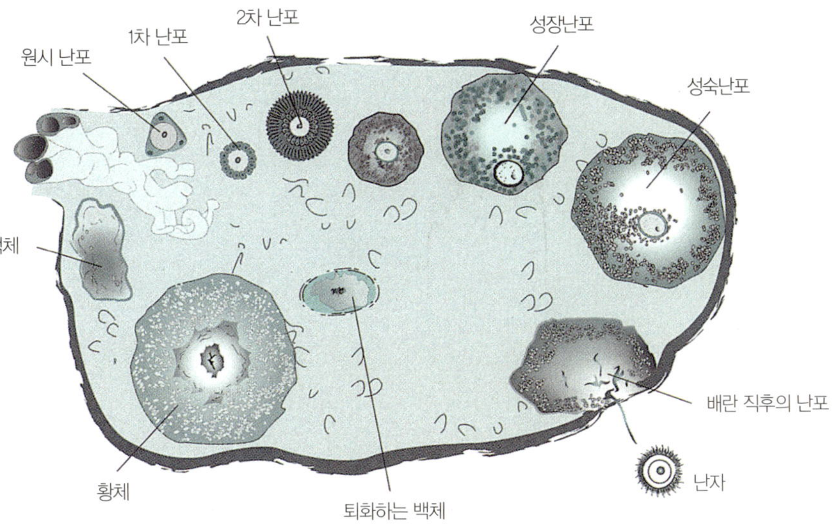

그림 10-9. 난소의 구조

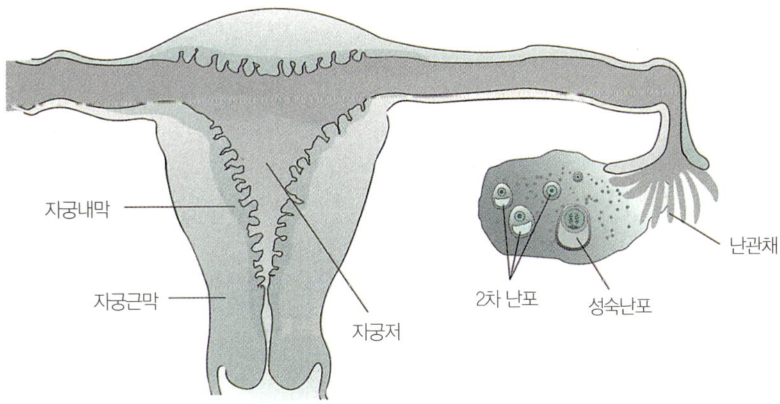

그림 10-10. 자궁과 자궁관

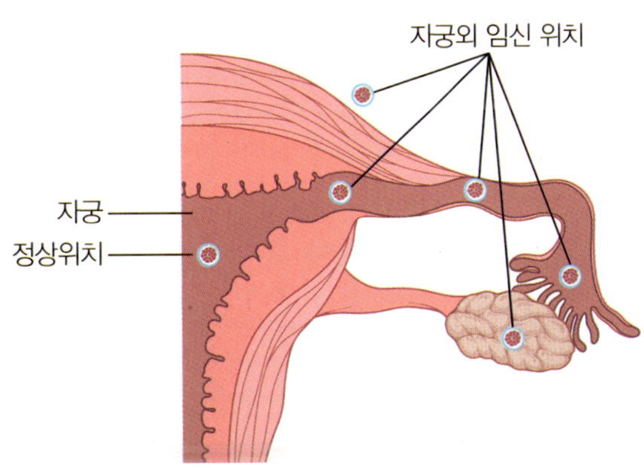

그림 10-11. 자궁외임신

접합자가 착상하는 곳이다. 이곳에는 혈관이 풍부하게 분포되어 있는데 월경주기(menstrual cycle)에 의해 주기적으로 두껍게 증식했다가 매 28일 주기로 떨어져 나가는 부분이다. 이렇게 내막이 혈액과 함께 떨어져 나가는 것이 월경혈(menstrual blood)이다. 자궁내막은 나중에 태반(placenta)의 일부가 된다.

자궁내막은 기능층(functional layer)과 기저층(basal layer)의 두 개 층으로 되어 있다(그림 10-12). 기능층은 월경 시 떨어져 나오는 부분이고, 기저층은 월경 시에도 그대로 보존되는 부분이다. 기능층이 주기적으로 떨어져 나가면 기저층에서 다시 세포분열이 일어나 기능층을 재생시켜 준다. 자궁내막은 가장 얇아질 때 약 0.5mm 정도이고, 기능층이 회복되면 2~3배 정도(약 1mm 정도)까지 두꺼워진다.

기능층은 다시 치밀층(compact layer)과 해면층(spongy layer)으로 나눌 수 있다. 내막에는 동맥(artery)과 정맥(vein)이 들어 있는데, 이들 역시 주기적으로 함께 떨어져 나갔다가 재생되곤 한다. 특히 동맥은 표면적을 넓혀 더 많은 영양분을 공급하기 위해 나선모양으로 휘어져 있는데, 이를 나선동맥(spiral artery)이라고 한다. 내막에는 또한 분비선이 많이 분포되어 있는데, 여기에서 분비되는 액체를 자궁유상액(uterine milk)이라고 한다. 자궁유상액은 글리코겐(glycogen)이 풍부하여 착상되기 전 수정란에 영양물질을 공급하는 동시에 자궁 안쪽을 촉촉히 젖게 해 준다.

자궁근층(myometrium)은 두꺼운 평활근으로서 출산 시 강하게 수축하여 아기가 빠져 나오는 것을 돕는 근육층이다. 자궁근층의 두께는 15mm 정도이다. 가장 바깥쪽에 있는 자궁외막(perimetrium)은 얇은 장막층으로 가장 바깥에서 자궁 전체를 보호하고 있다.

3) 부생식선

질(vagina)은 교접기관인 동시에 아기가 출생할 때 산도로 작용한다. 남성과 달리 여성의 부생식선은 그다지 뚜렷하지 않다. 이밖에도 남성에게서는 찾아볼 수 없는 특수기관인 태반(placenta)과 유선(mammary gland)이 여성에게 있다. 태반은 임신 중에만 발생했다가 출산과 동시에 사라지는 구조이기 때문에 사람의 발생을 단기간에 지켜보기에 아주 좋은 실험재료이다. 여성은 남성과 달리 출생 후에도 아기를 보호하고 영양을 공급하기 위해서 수유기관인 유선이 필요하다.

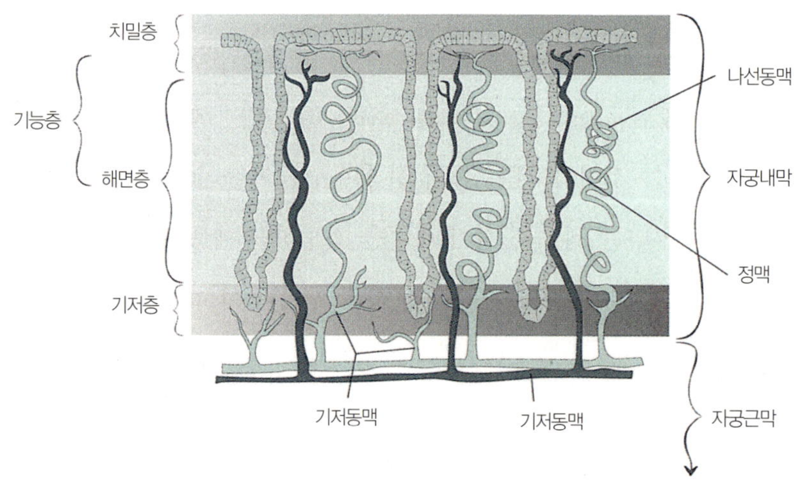

그림 10-12. 자궁내막의 구조

7. 정자발생

편의상 정자발생은 3개 단계로 나누어진다(그림 10-13). 첫 번째는 그 숫자를 늘리는 체세포분열의 단계이다. 남성에게서 정자의 수는 대단히 중요하며 또한 수많은 정자를 만들어내도 절대로 고갈되지 않을 장치를 마련하는 것 또한 필요하다. 두 번째 단계는 감수분열이다. 염색체의 수를 절반으로 줄여 난자와 수정을 할 준비를 해야 하기 때문이다. 세 번째는 형태변화를 수반하는 정자완성과정(spermiogenesis)이다. 정자가 난자를 찾아 길을 떠나려면 스스로 운동하기 위한 꼬리가 필요하다. 또한 핵이 들어 있는 머리도 유선형으로 변해야 하고 너무 커도 이동에 방해가 되기 때문에 최대한 응축시킬 필요가 있다.

이렇게 3개 단계를 거치면서 정자가 완성되는 데에 걸리는 시간은 약 64일이다. 그러나 정자발생이 완성되더라도 아직 어린 정자는 부고환으로 이동되어 20여 일을 더 머물러야만 비로서 운동력(mobility)과 수정력(capacity)을 획득하게 된다.

① 첫 번째 단계는 다음과 같이 이루어진다. 수정란이 난할을 시작하여 약 3주가 지나면 배아의 꼬리 쪽에 원시성세포(primordial germ cell)가 나타나게 된다. 이들은 아직 고환이 형성되지 않았기 때문에 일단 그 자리에 머물러 몇

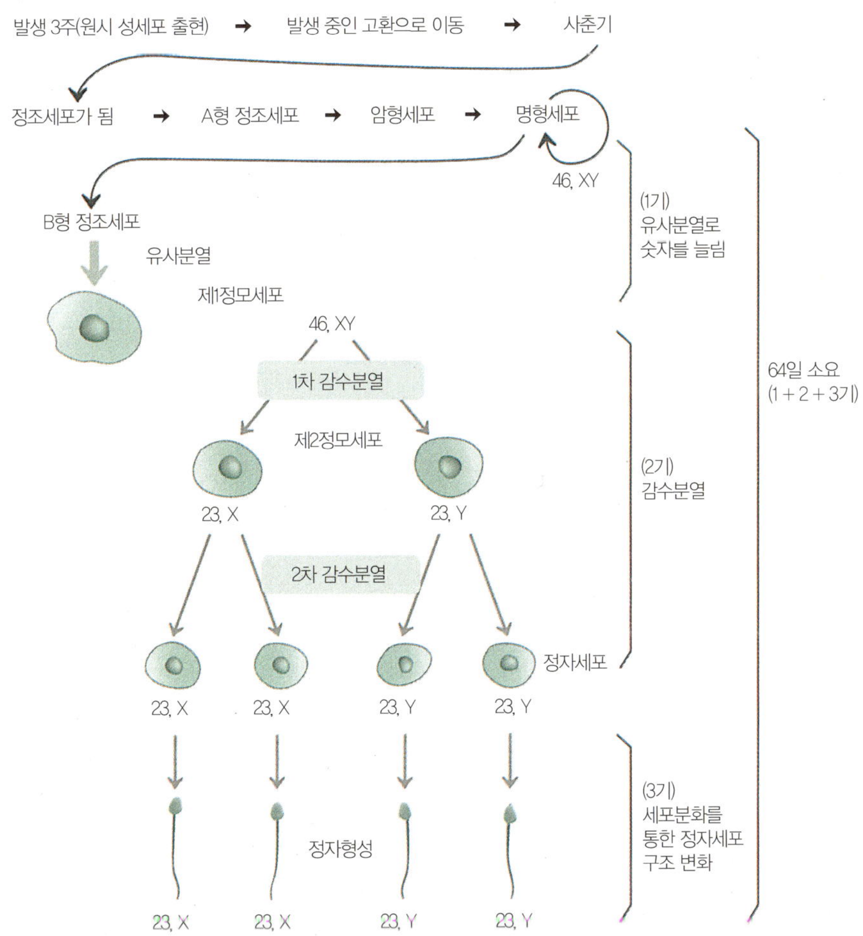

그림 10-13. 정자발생

주를 기다려야 한다. 약 5주가 지나면 몸통 중앙 부위에 원시적인 고환이 생기게 되고 이제 원시성세포는 장거리를 아메바 운동하듯 움직여 옮겨가게 된다. 원시성세포는 일단 발생하는 고환에 자리잡고 나면 특별한 변화 없이 사춘기 때까지 그 자리에 그대로 머무르게 된다. 사춘기가 되면 고환 내에 곡정세관들이 완성되고 이때부터 원시성세포를 정조세포(spermatogonium)라고 부른다. 정조세포가 빠르게 또 끊임없이 체세포분열을 하여 제1정모세포(primary spermatocyte)로 발달하기 때문에 충분한 숫자의 정자가 확보될 수 있다.

② 두 번째 단계는 감수분열이다. 제1정모세포가 두 번 분열하여 최종적으로 4개의 딸세포가 생기는데, 이때 염색체의 수가 반감되어 있다. 일차감수분열 때에 이미 염색체는 숫자적으로 반감되게 되고, 이차감수분열을 완료하면서 양적으로도 완전히 반감되게 된다. 일차감수분열이 끝나면 제2정모세포(secondary spermatocyte)가 만들어지고, 이차감수분열이 끝나면 정자세포(spermatid)가 만들어진다. 정조세포와 제1정모세포는 충분한 수의 정자를 확보하기 위해 워낙 빠르게 분열을 한다. 그러다 보니 핵분열을 세포질분열이 미처 따라가지 못하게 되어 핵은 분열되었지만 세포들은 아직 서로 연결되어 있는 소위 "세포간다리(intercellular bridge)" 현상이 일어난다(그림 10−14).

③ 감수분열이 모두 끝나 정자세포가 만들어지면 세 번째 단계인 정자완성과정(spermiogenesis)에 들어가게 된다. 정자완성과정을 통해 정자는 비로서 그 모습을 갖추게 된다. 정자완성과정에서는 여러 세포소기관들의 변화가 뚜렷하다.

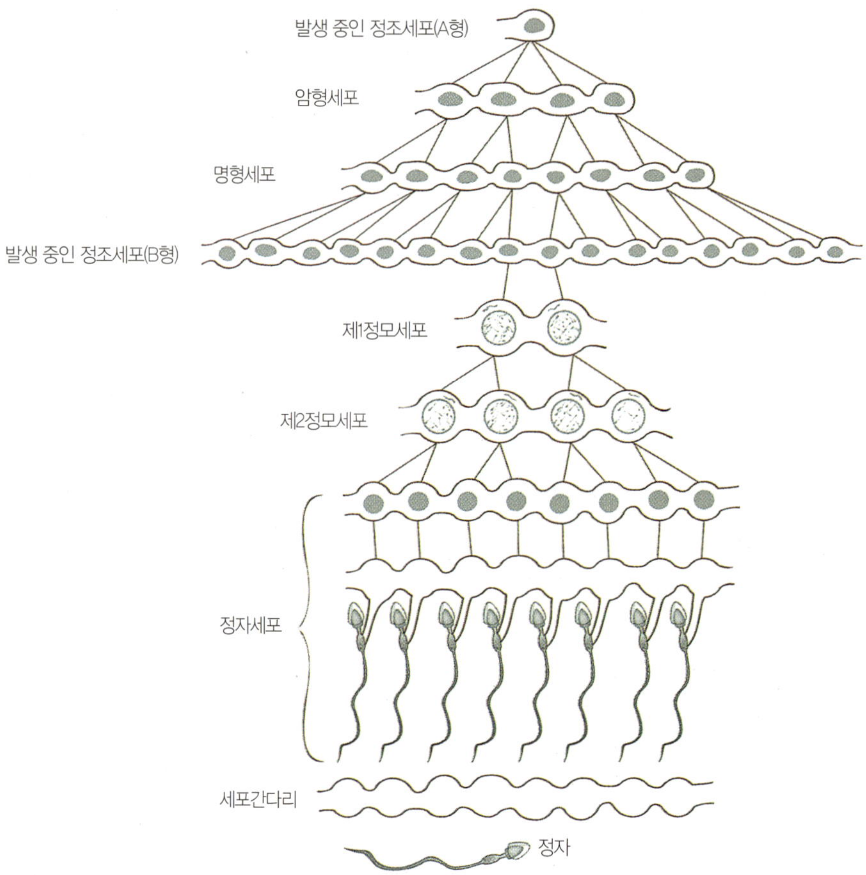

그림 10-14. 정자발생에서 나타나는 세포간다리

핵(nucleus)은 완전히 응축되어 크기가 절반 이하로 줄어들고, 골지체(Golgi body)는 부풀어 올라 핵의 한쪽을 완전히 덮어 두모(head cap)를 형성한다. 두모는 첨체(acrosome)라고도 부르는데, 그 안에 첨체과립(acrosomal granule)이 가득 들어차 있다. 이 과립에는 히알루로니다아제(hyaluronidase), 아크로신(acrosin) 등의 분해효소가 있어 수정될 때 정자가 난자의 벽을 뚫고 들어가는 것을 도와준다. 중심소체(centriole)는 골지체와 반대 방향으로 이동하여 꼬리의 발생을 돕는다. 원래 중심소체는 세포분열 시 방추사를 만들어내는 세포소기관이지만 정자발생때에는 편모 꼬리를 만들어 준다. 미토콘드리아(mitochondria)는 한데 모여서 발생 중인 꼬리를 둘러싸 미토콘드리아 다발(mitochondrial sheath)을 형성한다(그림 10−15).

핵이 응축되고 각 세포소기관이 자리를 잡으면서 남은 세포질은 지주세포(sertoli cell)의 식작용(phagocytosis)으로 제거된다. 완성된 정자는 이제 지주세포에서 분리되어 곡정세관 안쪽에 머무르다가 부고환으로 이동하여 약 20여 일간 머무르게 된다. 사정되지 않은 정자는 퇴행되거나 사멸하여 영양소로 재활용된다.

1) 정자의 구조

완전히 성숙한 정자는 길이가 약 60~65μm 정도이다. 부피로 비교한다면 난자에 비해 약 1/85,000 정도밖에 되지 않는 크기이다. 사람의 정자는 머리가 원형이며, 구조상 머리(head)와 꼬리(tail) 그리고 이 두 부분 사이의 목(neck)으로 나뉘어진다.

머리는 유전물질인 염색체를 싣고 있고, 꼬리는 파상운동으로 정자가 앞으로 전진할 수 있게 한다. 꼬리의 앞부분을 둘러싼 미토콘드리아는 에너지를 공급해 준다. 미토콘드리아가 위치한 꼬리 앞부분을 축세사(axial filament)라 하는데, 이는 정자가 앞으로만 이동할 수 있도록 방향을 잡아주는 역할도 한다. 미토콘드리아는 운동을 위한 에너지인 ATP를 생산해내고, 꼬리에 위치한 다이닌(dynein) 효소가 이를 ADP와 인(phosphate)으로 분해하면서 배출되는 에너지를 꼬리에 공급해 준다(그림 10−16).

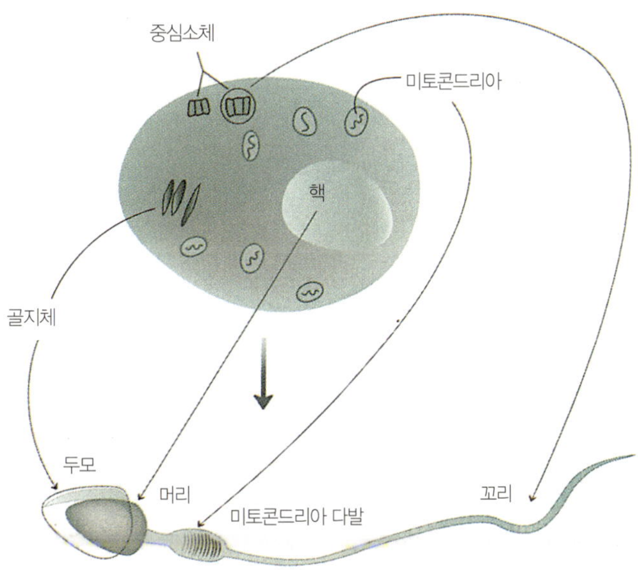

그림 10-15. 정자완성과정

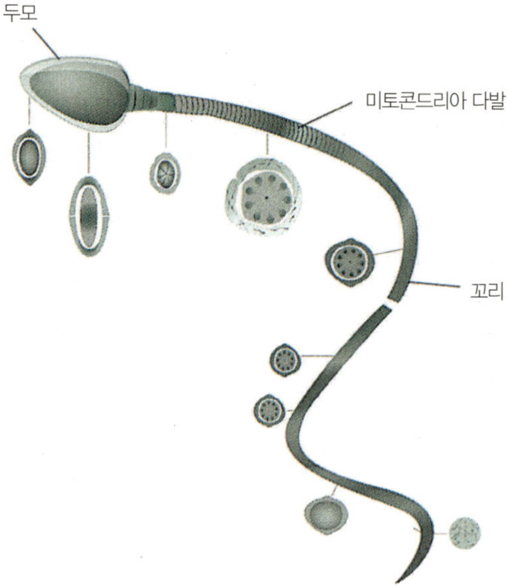

그림 10-16. 성숙된 정자의 구조

8. 난자발생

난자발생(oogenesis) 역시 발생 3주에 원시성세포로부터 출발한다. 꼬리 쪽에서 발달한 원시성세포는 분화하는 난소 속으로 발생 5주경에 이동하여 자리를 잡는다. 발생 3개월경에 원시성세포는 난조세포(oogonia)로 분화가 되고 체세포 분열을 통해 그 수가 급격히 늘어나게 된다. 난자발생에서 또 하나 생각할 점은 난포(follicle)의 발달과 배란이다. 정자와 달리 개개의 난자는 난포라는 주머니 속에 넣어져서 발달하게 되기 때문이다. 난조세포 때에는 아직 난포라 부르기 어렵지만 여러 개의 난자가 단층의 상피세포로 한꺼번에 둘러싸여 있는 형태를 취한다.

발생 5개월이 되면 난조세포는 제1난모세포(primary oocyte)로 발달하는데, 이때 숫자적으로 최고에 달해서 난소 당 600만 개 정도까지 들어차게 된다. 제1난모세포는 핵이 현저하게 뚜렷하며 역시 단층의 편평한 상피세포로 둘러싸여 있지만 이때부터는 개개의 난자가 개개의 난포에 들어 있게 된다. 이 상태의 난포를 원시난포(primordial follicle)라 부른다. 즉, 원시난포 속에 제1난모세포가 들어 있는 것이다. 간혹 하나의 난포에 두 개의 난자가 잘못 들어가는 경우를 보는데, 이런 난자들은 동시에 배란되어 각각 수정될 수 있기 때문에 이란성쌍둥이의 원인이 된다.

이후 출생을 거쳐 사춘기에 이르기까지 난자와 난포는 계속 퇴화하면서 가장 우수한 40,000여 개(난소당 약 20,000여 개) 만을 남기게 된다. 사춘기까지의 기간을 소위 "망기"라고 하는데, 이는 일종의 휴식기로서 난자로서는 세포분열이 일시적으로 멈춘 기억상실기에 해당한다. 이 시기에 원시난포를 구성하는 난포세포들이 난자성숙억제물질(OMI; oocyte maturation inhibitor)를 분비하여 열등한 난자들을 퇴화시키거나 성장을 멈추게 하기 때문이다. 사춘기에 다다르면 난자들은 일차감수분열의 전기와 중기 사이에서 멈추어 배란을 기다리게 된다(그림 10−17).

사춘기에 이르면 매 28일 주기로 배란(ovulation)이 시작된다. 배란을 통해 배출되는 난자는 주기별로 하나이지만 실제로는 50여 개의 난자가 동시에 성숙되다가 가장 성숙이 빠른 하나만 배란되고 다른 것들은 퇴화되는 것이다. 단순 계산에 의하면 여성은 매달 50개의 난자가, 일년이면 약 600개의 난자가 그리고 배란이 시작되는 사춘기부터 폐경기까지를 약 35년으로 본다면 평생 21,000여 개의 난자가 필요한 셈이다. 이는 대체로 난소 하나에 들어 있는 난자의 수효이므로

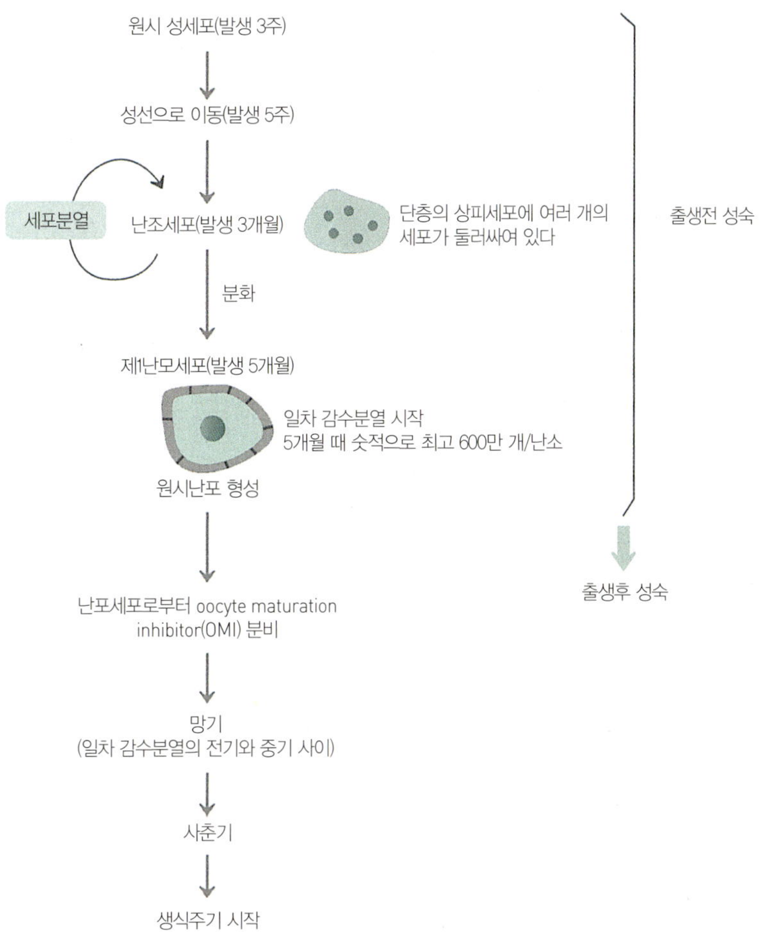

그림 10-17. 난자발생

난소 2개를 가짐으로써 여성은 평생 배란에 필요한 충분한 수의 난자를 미리 가지고 태어나는 셈이다. 즉, 임신 중인 여성은 자기 자신과 태아 그리고 태아의 난소 속의 난자를 포함하여 한 몸에 3대가 공존한다고 이야기해도 좋은 것이다.

이런 점은 남성이 사춘기가 되어 비로서 정자를 만들기 시작하는 것과 근본적 차이가 있다. 여성은 매 월경주기마다 각 난소에서 교대로 배란을 한다.

1) 배란

사춘기에 이르면 배란될 난자, 즉 제1난모세포에는 변화가 없이 이를 둘러싼 난포만 발달하기 시작한다. 원시난포는 일차난포(primary follicle)로 변하는데, 이는 난포세포(follicular cell)들이 분열하여 여러 층으로 되면서 만들어지는 것이다. 원시난포의 세포들이 편평한 데 비해 일차난포의 난포세포들은 커서 입방 또는 원주 모양을 하고 있다. 또한 일차난포와 제1난모세포 사이에 약간의 틈이 생기면서 투명대(zona pellucida)가 형성되기 시작한다. 투명대는 당단백질이 들어차 있는 공간으로 제1난모세포를 외부 충격으로부터 보호하는 역할을 한다. 이때부터 일차난포와 제1난모세포 사이의 물질연락을 위해 작은 돌기들이 투명대에 분포하기 시작한다.

일차난포가 계속 발달하면 이차난포(secondary follicle)가 된다. 이차난포를 성장난포(growing follicle)라고도 한다. 이차난포의 난포세포들은 마치 굵직굵직한 과립처럼 보이기에 과립세포(granular cell)라고도 부른다. 이차난포의 과립세포들은 크기 때문에 거의 원주 모양을 하고 있다. 세포층도 여러 층으로 두꺼워져서 과립세포층을 이루게 된다. 이제 제1난모세포는 난포 안에서 한쪽으로 몰려 위치하게 되고 난포강이 출현하면서 여기에 난포액이 들어차게 된다. 바깥쪽은 두 개의 막이 생겨나 성장하는 난포를 받쳐주는데, 이들을 각각 내막과 외막이라 부른다. 내막은 세포성으로 에스트로겐을 분비하는 층이고, 외막은 섬유성의 지지층이다.

이차난포가 더욱 발달하면 성숙난포가 된다. 성숙난포를 난소에서 난자를 처음 관찰한 사람의 이름을 따서 그라프씨 난포(Graafian follicle)라고도 한다. 이때가 되면 난포는 거의 난소 표면으로 돌출되어 나올 정도로까지 커지게 된다. 이 시기가 되면 경쟁적으로 같이 발달하던 다른 난포들은 모두 퇴화되어 버린다. 난포강이 더욱 커지면서 제1난모세포는 완전히 한쪽 편에 밀려서 위치하게 되는데, 여전히 투명대와 난포세포들로 둘러싸여 있다(그림 10-18). 제1난모세포와 이를 둘러싼 난포세포들을 함께 지칭해 난구(cumulus oophorus)라고 부른다. 배란될 때는 난자와 함께 난구 전체가 터져 나오게 되고 난자 주위를 둘러싼 난포세포들을 방사관세포(corona radiata)라 부른다(그림 10-19).

원시난포로부터 성숙난포까지의 발달은 약 12일 정도가 걸린다. 이때는 배란 2일 전이다. 이때 비로소 제1난모세포(primary oocyte)는 그동안 망기를 거쳐 긴 세월 동안 멈추었던 일차감수분열을 재기하게 된다. 이때 생기는 두 개의 딸

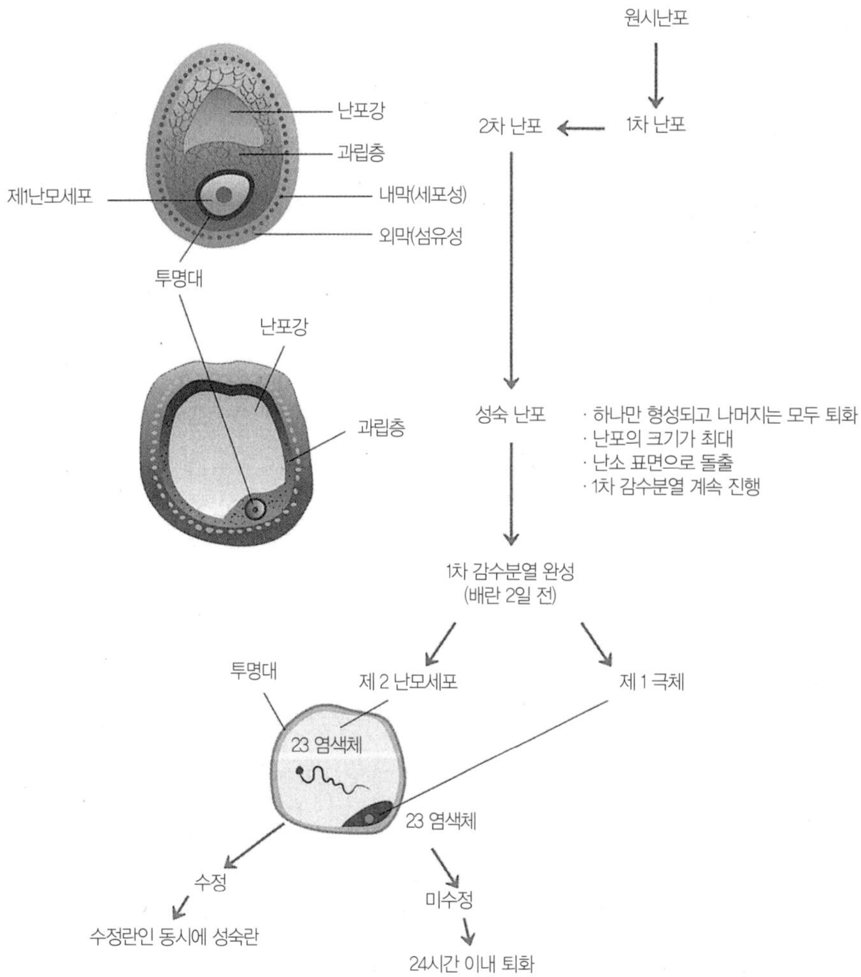

그림 10-18. 배란주기에 따른 난자발생

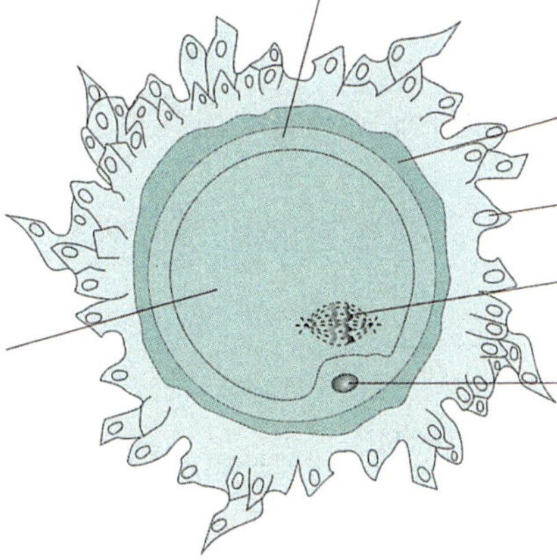

그림 10-19. 방사관세포

세포 중 하나는 제2난모세포(secondary oocyte)이고, 또 다른 하나는 제1극체(primary polar body)이다. 각각의 세포는 감수분열되었기 때문에 염색체를 23개씩 가지게 되는데, 대부분의 세포질이 제2난모세포에 들어가게 되기 때문에 제1극체는 사실상 기능이 없는 세포이다. 제1극체는 투명대와 난포세포 사이에 위치하게 된다.

제2난모세포는 계속해서 이차감수분열을 진행하는데, 중기에 이르렀을 때에 맞추어 배란이 되게 된다. 즉, 배란될 때의 난자는 제2난모세포로서 이차감수분열의 중기 상태이다. 배란된 난자가 정자에 의해 수정되면 즉시 이차감수분열이 완성되기 때문에 수정란은 동시에 성숙란인 셈이다. 만일 24시간 내에 수정되지 않으면 난자는 이차감수분열을 마치지 못하고 미성숙란 상태로 그냥 퇴화되고 만다. 제1극체도 이차감수분열을 계속하는지 의견은 분분하지만 아직 그 여부가 분명하지 않다.

2) 여성의 생식주기

여성의 생식주기는 대체로 12~13세에 시작하는데, 약 35년간 지속되다가 폐경기(menopause)를 맞으면서 멈추게 된다. 그러나 이 기간도 개인별 차이가 있는 편이다. 생식주기는 뇌와 난소, 자궁의 기능이 호르몬에 의해 조화롭게 조절되는 아주 정교한 생화학적 반응이다. 생식주기는 건강한 젊은 여성에서 약 28일 주기로 이루어진다(그림 10-20).

3) 난포자극호르몬와 배란촉진호르몬

사춘기가 되면 뇌에서 두 종류의 호르몬이 분비되기 시작한다. 뇌하수체전엽에서 분비되는 난포자극호르몬(FSH; follicular stimulating hormone)이 그 첫 번째 신호탄격인 호르몬이다. FSH는 뇌하수체전엽에서 분비되어 혈액을 타고 난소로 전해져 난포들을 자극해 성장시키는 호르몬이다. FSH의 영향으로 난소에서는 매달 약 50여 개의 난포가 성장하기 시작하는데, 이때 난포들에서 에스트로겐(estrogen)이 대량으로 만들어지게 된다.

사춘기 이후 여성의 유방이 발달하고 피하지방이 축적되는 등 이차성징(secondary sexual characteristics)이 뚜렷해지는 이유가 바로 이 에스토로겐 때문이다. 난포가 계속 발달하여 배란 하루 전인 약 13일째에 이르면 뇌하수체전엽에서는 또 다른 호르몬인 배란촉진호르몬(LH; leuteinizing hormone)을 분비해 준다. LH의 별명은 황체형성호르몬인데, 배

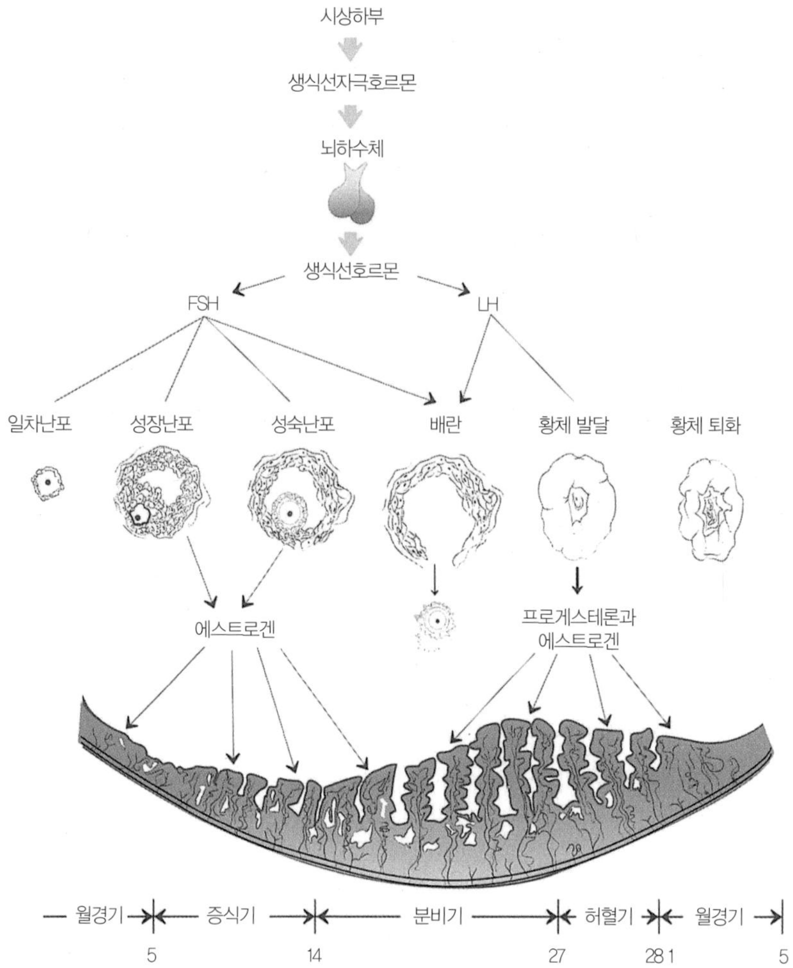

그림 10-20. 여성의 생식주기

란 직후 LH가 황체를 형성하게 해 주기 때문이다. 즉, LH는 배란을 촉진하는 동시에 배란 직후 붕괴된 난포를 황체(corpus luteum)로 변화시켜 주는 호르몬이다. LH의 양은 배란 직전에 갑자기 증가하는데, 이 현상을 LH 충격파(LH surge)라고 부른다.

배란 자체는 불과 1~2초 만에 이루어지는데, 이때 배란된 난자는 투명대와 방사관세포로 싸여서 나오게 된다(그림 10-21). 실제 배란은 14일째 일어나게 된다. 배란이 끝난 난포에는 임신호르몬인 프로게스테론(progesterone)이 가득 들어차게 되는데, 그 색깔이 노란색이기 때문에 난포 전체가 황체로 보이게 된다. 황체에서는 주로 프로게스테론을 분비하지만 약간의 에스트로겐도 지속적으로 분비한다.

에스트로겐의 역할이 세포분열과 조직 수축인 반면 프로게스테론은 조직을 안정시키는 역할을 한다(그림 10-22). 난소에서 분비된 에스트로겐은 혈류를 타고 자궁으로 이동해 자궁내막을 증식시켜서 수정란이 착상할 수 있도록 준비시켜 준다. 임신이 이루어지면 자궁내막은 프로게스테론에 의해 이후 안정적으로 유지되지만 임신에 실패했을 경우 약 2주 후에 자동적으로 떨어져나가면서 월경이 시작된다.

임신이 되면 난소의 황체는 더욱 커져서 임신황체(pregnant luteum)로 발달하는 반면 수정되지 않으면 백체(corpus albicans)로 퇴화되게 된다. 매주기마다 50여 개의 난자가 성장하지만 이 중 하나만이 배란되고 나머지는 백체로 퇴화

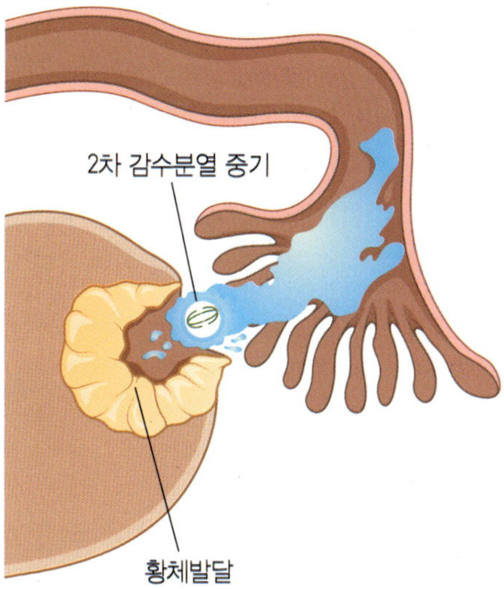

그림 10-21. 배란된 난자와 난관채(배란의 모습)

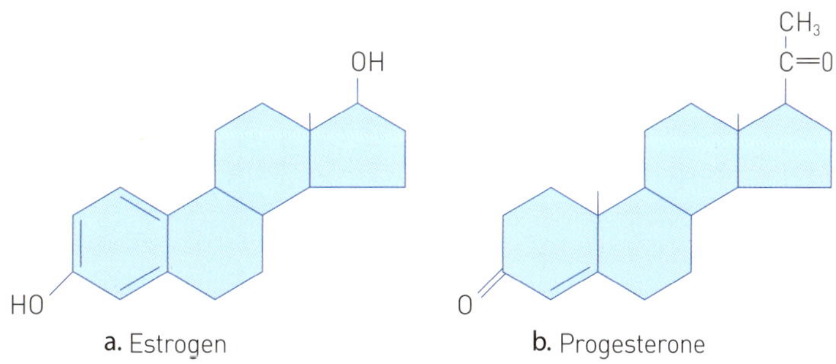

그림 10-22. (a) 에스트로겐과 (b) 프로게스테론

되기 때문에 여성의 난소를 관찰하면 앞서 말한 대로 그 사람의 생물학적 나이를 대략 측정할 수 있다.

난소에서 배란 이전의 시기를 "배란전기", 배란 이후의 시기를 "배란후기"라고 하는데, 이는 각각 자궁에서의 "월경후기"와 "월경전기"에 해당하는 시기이다. 때로 여성의 생식주기가 길어지거나 짧아지는 경우가 있는데, 보통 배란전기에서 변화가 있기 때문에 생겨나는 현상이다.

4) 생식주기의 조절

배란을 앞두고 FSH는 난포에서 만들어진 에스트로겐에 의해 음성적 억제(negative feedback)를 받는다. 동시에 에스트로겐이 LH의 분비를 촉진시켜(positive feedback) 배란을 유도해 준다. 배란이 일어났음에도 불구하고 임신되지 않으면 황체에서 만들어진 프로게스테론이 LH를 억제하여 더 이상의 배란이 일어나지 않게 하는 동시에 새로운 난포의 발달을 위해 FSH 분비를 촉진시킨다.

5) 월경주기

월경주기(uterine cycle, endometrial cycle, menstrual cycle)는 자궁내막이 주기적으로 증식했다가 떨어져 나가는 반복적인 주기를 말한다. 주로 난소에서 분비되는 에스트로겐과 프로게스테론의 영향을 받는데, 이는 차례로 뇌하수체에서 분비되는 FSH와 LH의 영향을 받게 된다. 월경주기는 매 28일 주기로 이루어지는데, 월경이 시작된 날을 1일로 계산하여 14일째에 난소에서는 배란이 일어난다. 배란을 중심으로 이야기할 때 제1일부터 제14일까지를 배란전기라 하고, 제15일부터 제28일까지를 배란후기라 한다. 월경을 중심으로 보면 제1일부터 제14일까지는 월경후기이고, 제15일부터 제28일까지는 월경전기이다. 때문에 용어를 주의할 필요가 있다. 자궁내에서 일어나는 변화를 시기별로 다음과 같이 나눌 수 있다.

① 월경기(menstrual phase)는 주기의 처음 1일부터 5일까지를 말한다. 월경주기의 첫 단계로서 자궁벽의 기능층이 떨어져 나가고 이후 4~5일에 걸쳐서 월경(menstruation) 형태로 배출되는 기간이다. 기저층은 이때 보호된다. 난소에서는 난포의 성장이 시작되는 시기로 에스트로겐의 분비가 조금씩 시작되는 시기이다.

② 증식기(proliferative phase)는 6일부터 14일에 해당하는 기간으로 약 9일간 계속된다. 이 기간은 난소에서 난포가 성장하는 것과 일치되는 시기이기에 난포기(follicular phage)라고도 부른다. 이 기간 중 난포에서 분비되는 에스트로겐의 영향을 심하게 받기 때문에 세포분열이 왕성해지고 그 결과 자궁내막의 두께가 거의 2~3배까지 증가한다. 상피세포들은 재형성되어 내막의 표면을 덮게 되고, 분비선과 나선동맥도 길이와 수가 증가한다.

③ 황체기(luteal phase)는 분비기(secretory phase)라고도 부르는데, 15일에서 27일까지 약 13일간에 해당한다. 난소에서 배란 직후 황체가 형성되는 시기로서 프로게스테론의 영향을 심하게 받는 시기이다. 황체에 의해 형성된 프로게스테론은 글리코겐이 풍부한 물질을 분비선의 상피세포에서 분비하도록 자극한다. 분비가 증가하면서 분비선은 점차 넓어지고 꼬이며 분비낭의 구조도 확실해진다. 황체에서는 약간의 에스트로겐도 함께 분비하므로 자궁내막은 계속해서 두꺼워지고 나선동맥 역시 더욱 자라며 꼬이게 된다. 자궁내막이 최대로 두꺼워지면 약 1mm까지 자라게 된다. 만일 배란된 난자가 수정되면 수정란은 황체기의 약 6일째에 자궁내막에 착상을 하게 된다.

④ 허혈기(ischemic phase)는 27~28일에 해당하는 월경주기의 마지막 1~2일이다. 임신이 일어나지 않으면 자궁내막은 이때부터 퇴화되기 시작한다. 허혈기는 황체기의 마지막 부분으로 생각할 수도 있는데, 허혈이라는 말은 "부분적인 혈액감소"를 의미한다. 자궁내막은 이 기간 중에 혈액 고갈로 말미암아 창백해지며 간간이 나선동맥의 위축이 일어난다. 나선동맥의 위축은 차례로 황체로의 혈액 공급을 약화시키고 결국 황체가 퇴화되면서 호르몬의 분비가 감소하게 된다. 호르몬이 감소하면 분비선의 분비도 감소하고 동시에 자궁내막이 퇴화되기 시작한다. 허혈기의 마지막에는 나선동맥의 수축이 심해지면서 혈액이 파열된 내막을 통해 전체적으로 퍼지게 되고 이쪽 저쪽에 고이면서 내막의 벽을 부수어 혈액 누출과 함께 새로운 월경주기가 시작된다. 월경 기간 중 여성이 잃게 되는 혈액은 약 50~60㎖ 정도이다.

9. 정자 이동과 보호

정자는 정액의 형태로 여성 생식기에 주입된다. 경우에 따라 다르지만 보통 한 번의 사정으로 약 3억 마리의 정자가 여성에게 전달된다. 여성 생식기로 들어간 정자는 스스로 꼬리 운동을 해서 자궁 입구를 통과한다. 정액은 전립선액과

정낭이 분비물 때문에 알칼리성을 띠는데, 이것이 여성 생식기로 들어가면 산성 환경과 맞물려 전체적으로 중성이 되게 된다. 정자는 한 마리씩 따로 움직이는 것이 아니고 수백 마리 이상 함께 다발을 지어 움직인다. 여성 생식기는 외부 세균의 침입을 막기 위해 산성을 유지하고 있기 때문에 정자 역시 들어가자마자 절반 가까이 죽어 버린다. 정자가 무리를 지어 이동하는 이유도 보다 안쪽의 정자를 보호하려는 수단 중 하나이다. 자궁입구를 통과한 정자가 계속해서 자궁과 난관을 통과할 때는 이들 기관의 근육 운동에 의해 도움을 받는다.

사정 직후 잠시 응고되었던 정액은 약 15분이 지나면 다시 액화되게 된다. 정액에 포함되어 있는 과당(fructose)은 운동에너지를 제공하며, 정낭에서 분비된 프로스타글란딘(prostaglandin)은 자궁의 운동력을 증가시켜서 정자 이동을 돕는다. 정자가 팽대부까지 도달하는 데 걸리는 시간은 정확히 알려져 있지 않으나 대략 5분에서 45분 정도 걸린다고 보고되어 있다. 이로부터 계산된 정자의 평균 이동속도는 약 2~3mm/분이다. 약 3억 마리의 정자 중에서 수정 장소까지 도달할 수 있는 것은 몇 백 마리에 불과하고 대부분은 중도에서 죽거나 퇴화되어 버린다.

정액 1㎖에 들어 있는 정자는 약 1억 마리 정도이다. 그러나 이는 개인에 따라 다르며 같은 사람에서도 상황과 몸 상태에 따라 변할 수 있다. 대체적으로 총 정자의 수가 2,000만 마리보다 적은 경우, 특히 운동력이 적고 비정상적인 정자가 많으면 불임이 초래된다. 수정에 실패한 정자들은 자궁에서 식작용(phagocytosis)에 의해 소화되어 버린다.

10. 수정

수정이 일어나는 곳은 난관 중 가장 길고도 넓은 팽대부(ampulla)이다. 만일 수정이 되지 않으면 난자는 자궁으로 천천히 이동해서 24시간 이내에 퇴화되어 버린다. 보통은 난자와 정자가 12시간 이내에 수정이 된다. 정자는 난자에 접근하면서 끊임없이 난관 벽에 머리를 부딪히게 되는데, 이때부터 조금씩 첨체를 둘러싼 막이 벗겨지면서 효소들이 방출될 준비를 한다.

정자가 뚫어야 할 두 가지 장벽은 난자를 둘러싼 방사관세포들과 난자의 세포막이다. 정자는 첨체로부터 히알루니다아제(hyaluronidase)와 같은 효소를 계속 방출하면서 방사관에 붙어 있는 과립성의 난포세포들을 제거하는 동시에 꼬리의 추진력으로 방사관을 통과한다. 이때 첨체로부터 방출되는 또 다른 효소들은 아크로신(acrosin)과 뉴라미니다아제(neuraminidase)이다. 일단 첫 번째 정자가 투명대를 통과하면 투명대 반응(zona reaction) 일어나서 다른 정자들을 통과할 수 없게 된다. 투명대를 통과하는 정자는 때때로 여러 마리일 수도 있지만 보통 하나의 정자만이 수정을 시키는 것이 가능하다.

정자가 투명대를 통과하면 머리가 제2난모세포의 표면과 접촉하여 정자와 난자의 세포막끼리 융합을 하게 된다. 두 세포의 세포막은 동일한 성분, 즉 인지질의 이중막이기 때문에 둘이 마주치면서 자연스럽게 합쳐지게 되는 것이다. 그런 다음 정자의 내용물들이 난자의 세포질 안으로 들어가게 된다(그림 10−23).

흔히 정자의 꼬리도 난자 속으로 들어가는지 혼동하는 경우가 있는데, 그 이유는 정자의 꼬리를 감싸고 있던 세포막이 난자의 세포막과 융합되어 얼뜻 보면 꼬리 형태를 유지한 채로 뒤에 남기 때문이다. 그러나 실제로는 꼬리까지 난자 속으로 들어가고 일단 들어간 다음에 꼬리와 미토콘드리아 등 정자의 성분들이 모두 신속하게 분해되어 버리는 것이다.

수정이 되면 제2정모세포는 곧 두 번째 감수분열을 완성하여 성숙한 난자(성숙란)가 되고 이제 난자의 핵과 정자의 핵이 마치 빵처럼 부풀어 올라 각각 자성전핵(female pronucleus)과 웅성전핵(male pronucleus)이 된다. 계속해서 이 두 개의 전핵이 난자의 중앙에서 합쳐지게 되고 그럼으로써 염색체가 수적으로 회복된 온전한 세포, 즉 접합자(zygote)가 만들어진다. 수정은 배란 직후 24시간 내에 완성된다(그림 10-24).

정자의 미토콘드리아는 에너지를 공급하는 중요한 세포소기관이지만 막상 수정이 일어나면 모두 사라지고 난자 안에는 여성의 미토콘드리아만 남게 된다. 즉, 자손에게 전달되는 미토콘드리아는 모두 어머니로부터 전해져 온 모계유전의 결과인 것이다.

1) 다정자 수정의 방지

다정자 수정현상은 정상적인 임신을 저해하는 요인 중 하나이다. 따라서 대부분의 동물들은 난자에 정자가 하나만 들어가는 것을 확실히 하기 위한 보호 기작을 마련하고 있는데, 투명대 반응이 그 대표적인 예이다. 투명대 반응이란

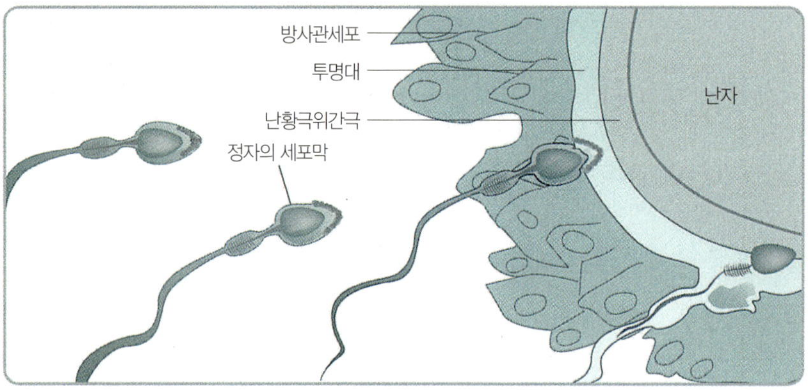

그림 10-23. 단계적으로 난자로 들어가는 정자

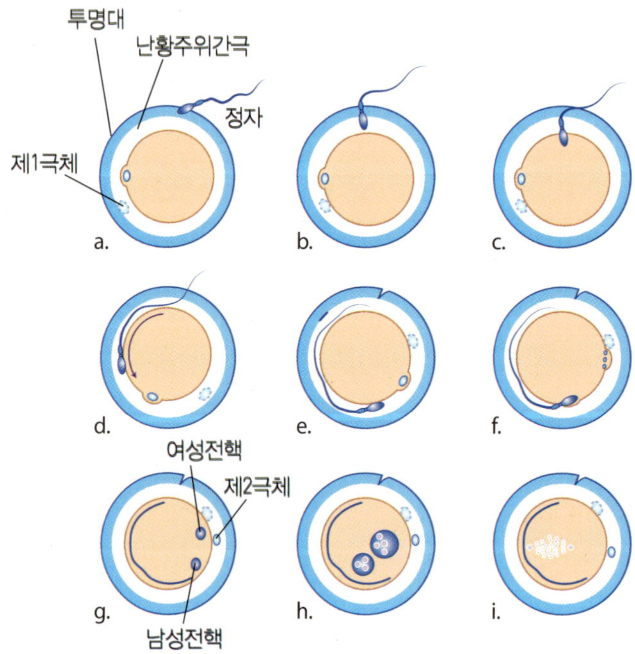

그림 10-24. 수정의 과정

첫 번째 정자가 난자의 세포막을 통과하자마자 막의 변화를 일으켜 다른 정자들이 추가로 진입하지 못하게 하는 반응이다. 성게에서는 빠른 반응과 느린 반응이 모두 관찰되므로 성게 알을 예로 설명하기로 한다.

빠른 반응은 성게처럼 체외수정을 하는 해양성 동물에서 주로 발견된다. 난자의 세포막이 정자의 세포막과 융합을 함으로써 수정이 이루어지는데, 순간적으로 첫 번째 정자가 통과한 후 막전위(membrane potential)를 변화시킴으로써 다정현상을 막는 방법이다. 성게 알의 휴지기(resting membrane potential)의 막전위는 −70mV(세포 밖이 + 전위, 세포 안이 − 전위) 정도이다. 그러나 첫 번째 정자가 결합한 직후 Na^+ 이온이 안으로 한꺼번에 몰려 들어오면서 막전위는 +20mV까지 순식간에 올라가게 된다. 정자는 막전위가 −10mV 이상이면 난자와의 융합이 불가능하기 때문에 다정현상이 방지될 수 있다. 전기적 보호 반응이기 때문에 속도가 빠른 것이 그 특징이다(그림 10−25).

느린 반응은 효소에 의해 상대적으로 서서히 진행되는 화학적 보호반응으로 역시 성게에서 발견되지만 체내수정을 하는 고등동물에서 주로 볼 수 있는 반응이다. 난자의 세포막 바로 밑에는 약 15,000개나 되는 많은 과립들이 있는데, 이들을 피질과립(cortical granule)이라고 한다. 첫 번째 정자가 난자를 통과하자마자 그 주변에 있던 피질과립들이 세포막과 결합을 하여 터지게 되고 내용물인 효소를 난황간극(vitelline space)과 세포막 사이 공간에 방출하게 된다. 결과적으로 이곳에 있던 단백질들이 분해되고 점액성다당류가 그 공간에 분비되면서 삼투압이 높아져 주변의 액체가 이곳으로 흘러 들어와 가득 차게 된다. 게다가 피질과립이 히알린(hyalin)을 분비해 처음 난자가 통과한 부분이 더욱 두꺼워지고 이것이 점차 난자 전체를 빙 둘러싸면서 수정막(fertilization envelope)이 형성되게 된다. 수정막이 형성되는 데 걸리는 시간은 첫 번째 정자가 수정을 이룬지 약 1분 이내이다. 수정막이 형성되면 난자에 붙어 있던 정자들이 모두 떨어져 나가게 된다. 히알린은 세포막 주위를 둘러싸서 난할 시에 할구들을 지지하는 역할도 겸한다. 한편 포유류에서는 수정막이 형성되지 않고 빈딘(bindin) 단백질을 변형시켜 정자와 난자의 결합 반응을 막아준다는 주장도 있다(그림 10−26).

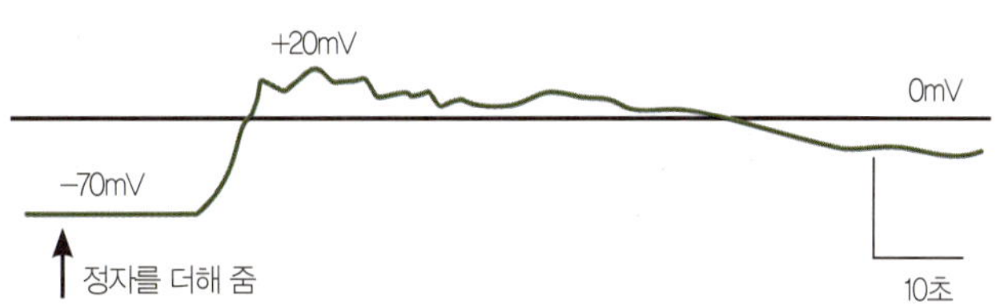

그림 10-25. 다정현상 방지를 위한 빠른 반응

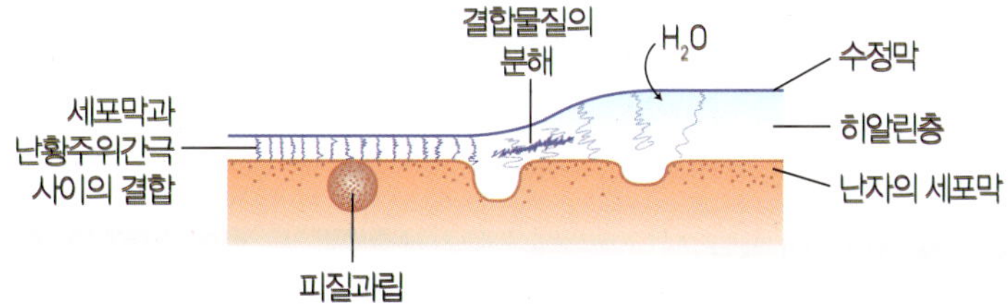

그림 10-26. 다정현상 방지를 위한 느린 반응

2) 수정의 결과

정자와 난자가 수정이 되면 몇 가지 의미있는 변화가 생기게 된다.

① 염색체 수의 복원이다. 생식세포의 융합으로 말미암아 사람은 46개의 염색체, 즉 체세포의 염색체 수를 가진 접합자가 만들어진다. 이것이야말로 진정한 의미에서 사람(human being)의 시작이라 할 수 있다.

② 한 종(species)내에서의 다양한 유전자 변화이다. 접합자의 염색체 중 절반은 어머니로부터, 또 다른 절반은 아버지로부터 오기 때문에 접합자의 유전자는 이들 염색체가 새롭게 조합된 형태이다. 이로 말미암아 사람은 양쪽 부모로부터의 유전(biparental inheritance)이 가능하며 같은 형제라 할지라도 사람마다 다양한 변화를 가질 수 있게 된다. 여기에 정자와 난자가 만들어질 때 감수분열의 전기에서 일어나는 염색체의 교차(cross over)도 유전물질의 재조합을 야기하여 사람간의 독특한 유전적 차이를 가능하게 한다.

③ 일차적 성의 결정이다. 즉, 염색체에 의해 결정되는 성이다. X 염색체를 가진 정자는 XX 접합자를 만들어 여성으로 발생시키며, Y 염색체를 가진 정자는 XY 접합자를 만들어 남성으로 발생시킨다.

11. 난할, 발생 1~2주

난할은 세포의 수를 늘이기 위하여 계속적으로 반복되는 세포분열이다. 보통 난관내에서 자궁 쪽으로 이동하며 일어나는데, 투명대에 쌓여 있는 채로 일어나므로 세포의 수는 증가하지만 세포질의 증가는 없게 마련이다. 난할이 거듭될수록 각각의 세포는 점차 작아지다가 최종적으로 성인의 체세포 크기를 유지하게 된다.

난할의 결과 생기는 각각의 세포를 할구(blastomere)라 부른다. 수정 후 약 30시간 정도 지나면 2개 세포로 분할되며, 3일 후에는 12~16개의 할구로 된 상실기(morula)에 도달한다. 이후 포배기(blastula)를 거쳐 자궁으로 들어가게 된다. 이때까지를 "착상전기"라 부른다.

난할의 결과 접합자내의 원형질이 구획되는데, 이는 발생에서 대단히 중요한 사건인데, 원형질의 부분마다 조금씩 다른 구성의 mRNA와 세포소기관을 가지고 있기 때문이다. 따라서 원형질이 구획되고 재배열된다는 것은 각 할구세포가 장차 어떤 조직과 기관으로 분화될지를 결정짓는 요인이 된다. 수정란은 8개 세포로 나뉠 때까지는 각 세포의 운명이 결정되지 않는다. 즉, 각 세포는 완전히 미분화된 상태라서 만약에 하나를 떼어나 자궁에 다시 착상시키면 마치 수정란처럼 처음부터 다시 시작할 수 있다는 이론이다. 이것은 복제아기의 실험적 근거이기도 하다. 그러나 일단 8세포기를 넘어서면 세포는 분화를 시작하고 비가역적인 운명이 결정되게 된다.

수정 후 4일이 지나면 상실기 배자 내부에 공간이 생기기 시작한다. 이 공간에 액체가 들어차는데, 이 액체는 자궁유상액이 투명대를 통해 유입된 것이다. 공간들은 곧 합쳐져서 하나의 커다란 포배강(blastocyst cavity)이 되며, 이 상태가 되면 배자를 포낭(blastocyst)이라 부른다. 포낭은 착상을 준비하면서 자궁 내에 2일 정도 떠 있게 되는데, 이때 세포가 두 종류로 나뉘게 된다. 하나는 영양막세포(trophoblast)라 불리는 바깥쪽 세포(outer cell mass)들이고, 다른 하나는 배자막(embryoblast)이라 불리는 내부세포덩어리(inner cell mass)이다. 배자막은 나중에 아기로 발생하는 부분이고, 영양막세포는 태반의 일부가 될 부분이다. 이처럼 태반은 태아의 영양막과 모체의 자궁내막이 합쳐져서 만들어지는 조직이다(그림 10-27).

5일째가 되면 투명대가 점차 소실되면서 착상을 본격적으로 준비하기 시작한다. 포낭이 자궁에 떠 있는 동안에는 영양분을 자궁내막선에서 분비되는 유상액으로부터 공급받는다.

수정 6일째가 되면 포낭은 배자극(embryonic pole)쪽으로부터 시작해 자궁의 내막상피에 착상을 시작한다. 일단 착상이 이루어지면 세포분열이 더욱 왕성해져서 영양막이 안쪽의 세포영양막(inner cellular trophoblast)과 바깥쪽의 합포영양막(outer syncytiotrophoblast)으로 분리된다. 합포영양막은 영양막세포들이 워낙 빠르게 분열하면서 자궁내막을 파고 들어가기 때문에 핵만 분열하고 미처 세포질이 나누어지지 못한 상태(multinucleated protoplasmic mass with no cell boundaries)이다. 이렇게 영양막이 빠르게 발달하는 이유는 착상을 통해 모체의 자궁으로부터 더욱 많은 영양분을 빠르게 공급받아 성장하기 위한 태아의 전략이다. 발생 7일이 되면 포낭은 이제 자궁 내막의 치밀층 표면까지 파고 들어간다. 포낭이 어떻게 자궁내막을 파고 들어가는지 구체적으로 알려진 바는 없지만 아메바운동과 비슷한 방법으로 단단히 착상되어 들어갈 것으로 추정하고 있다. 합포영양막은 계속 발달하면서 자궁 조직을 부수어 나간다. 이때부터 포낭은 파괴된 모체의 조직 부스러기로부터 영양분을 얻는다. 즉, 발생 1주말에는 포낭 상태로 자궁에 단단히 착상이 되고, 합포영양막을 통한 조직영양이 이루어진다. 포낭 안쪽에서 발달하고 있는 배자막도 세포재배열이 일어나 원시내배엽(hypoblast)층이 형성된다. 발생 2주말에는 더욱 발전하여 바깥쪽의 외배엽(ectoderm)과 안쪽의 내배엽(endoderm)으로 나뉘어진다.

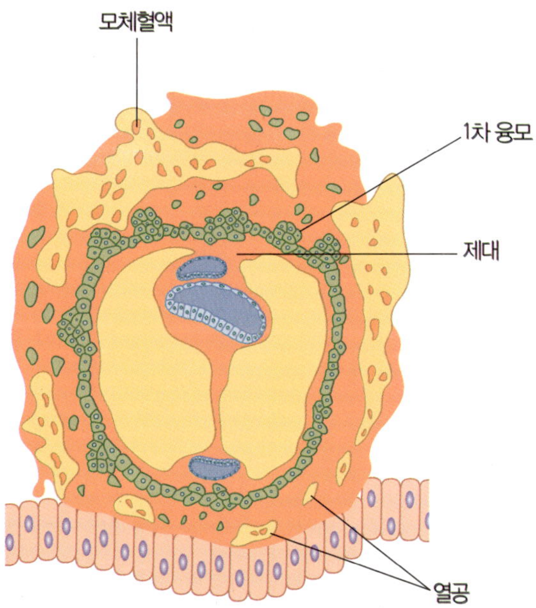

그림 10-27. 영양막과 열공

12. 배자기

배자기(embryonic stage)는 발생 3주~8주에 해당하는 시기이다. 배자기의 뚜렷한 특징은 주요 내장기관과 신체 각부의 기초가 완성된다는 것이다. 그렇기 때문에 약물에 접촉되면 선천성기형이 발생할 빈도가 높은 시기이기도 하다. 발생 3주 때 두 개층 사이에 중배엽(mesoderm)이 발달하면서 최종 3개 층으로(3층배자반) 다시 정렬된다. 이때까지 걸리는 시간이 약 3주이다. 중배엽은 외배엽에서 유래가 된다. 각 배엽은 점차 신체 각 부분으로 분화하게 되는데, 전체적인 내용은 그림 10-28과 같다.

외배엽에서는 주로 신경계통(nervous system), 피부(epidermis), 털(hair), 손톱과 발톱(nails), 피부의 땀샘(glands), 입과 내장기관의 안쪽을 덮는 상피층(linings) 등이 발달하고, 중배엽에서는 근육(muscle), 뼈(bone), 골수(marrow), 혈액(blood), 혈관(blood vessel), 결합조직(connective tissue), 내부 생식기관(reproductive system), 신장(kidney) 등이 발달한다. 내배엽에서는 소화기관을 덮는 장간막과 호흡계(respiratory tract), 방광(urinary bladder), 요도(urethra) 등이 형성된다. 한편 태반(placenta)이 형성되기 시작하면서 배자에 공급되는 영양분이 급속하게 증가하고, 배자의 성장도 그만큼 빨라지게 된다.

발생 4~7주에 사이에는 머리의 성장 속도가 신체 다른 부위의 성장 속도보다 유난히 빠르다. 따라서 머리가 몸의 거의 1/3 정도에 해당할 정도로까지 크게 된다. 머리의 성장 속도는 발생 3개월이 지나면서 상대적으로 느려져 궁극적으로 정상비율로 돌아온다. 머리 모양은 점차 둥글어지며 곧추서게 된다. 얼굴에는 눈, 코, 입이 나타나서 차차 사람의 형상을 갖추게 되고, 팔과 다리가 길어지며, 손가락과 발가락도 발달한다. 망막에는 색소가 나타나기 때문에 눈이 분명해진다. 7주말까지는 주요한 내장기관이 모두 만들어지고 거의 온전한 사람의 형상을 이루게 된다.

배자기는 8주말에 완성되며 발생과정에서 가장 중요한 시기이다. 이 기간 중에 배자는 자궁벽에 단단히 착상되며 중요한 외부, 내부기관들이 완성되는 시기이다. 눈은 아직 열려있지만 곧 닫히게 된다. 이 기간 중에 발생을 저해하는 요인이 어떠한 것이라도 일어난다면 태아가 형태이상(malformation)과 기능이상(malfunction)을 일으킬 확률이 높다. 8주

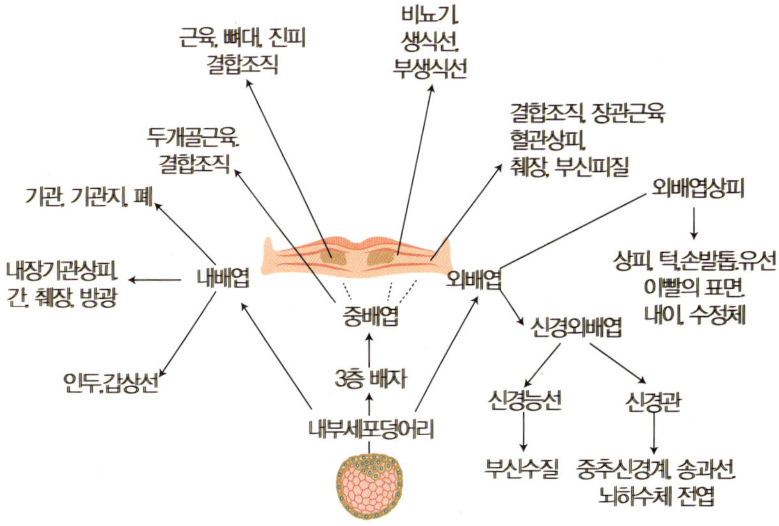

그림 10-28. 배엽별 분화

말에 배자는 길이가 30mm 정도이며, 무게는 5g 이하이다. 비록 신체적으로 아직 완성되지 못했을 지라도 눈, 귀, 코 등의 이부구조가 발달하고 사지가 분명하기 때문에 인간으로서 손색이 없다. 간의 성장도 현저해지며 생식융기가 발달하기 때문에 전문가라면 성을 구별할 수도 있는 시기이다.

13. 태아기

발생 9주부터 출생까지를 태아기(fetal stage)라 부른다. 태아기에서는 1개월을 4주, 즉 28일을 기준으로 한다. 태아기 때는 더 이상의 분화가 일어나지 않는 대신 배자기에 형성된 기본 조직들이 성장하고 성숙되어 출생 준비를 마치는 기간이다. 따라서 선천성기형의 위험성은 상대적으로 낮다. 이 시기에 새로운 기관들이 생길 수도 있다. 태아기에는 전반적으로 성장률이 굉장히 빠르며 신체 각 부분의 성장 비율이 바뀐다. 예를 들면, 배자기 때는 머리가 신체보다 상대적으로 빠르게 성장했지만 그 속도는 점차 느려지고 대신 신체 길이 성장이 가속화된다.

3개월째 접어들면서 팔이 정상적인 비율로 자라나고 이 비율은 이후 계속 유지된다. 신체 전반에 걸쳐 뼈(bone)가 단단해지고 12주에 이르면 외부생식기가 남 · 여로서 구별이 뚜렷해진다. 아직은 골수가 완전하지 않아서 간에서 조혈작용이 주로 일어난다. 소변이 만들어지면서 양수로 배설된다. 3개월 말에는 미미하지만 입술을 건드리면 흡인반응이 나타난다.

4개월째에는 몸길이가 13~17cm에 달하고 다리가 점차 길어지며 뼈는 계속해서 단단해진다. 여성에게서는 난소의 분화가 시작된다.

5개월째에는 이제 다리가 정상적인 비율로 자리 잡으며 근육 운동이 활발해진다. 이때부터 어머니가 태동을 느낄 수 있다. 태아의 심박동은 산모의 복부를 통해 들을 수 있다. 머리카락이 나타나고 피부에는 태모와 태지가 덮이게 된다. 피하지방에는 갈색지방이 축적되어 출생시 체온이 저하되는 것으로부터 몸을 보호할 준비를 한다. 갈색지방은 열(heat)을 생산하는 주요 에너지원이다.

6개월째에는 체중의 증가가 현저하고, 눈썹이 나타난다. 피부는 주름지고 아직 반투명하다. 때문에 혈관이 들여다보이고 전반적으로 피부가 빨갛게 보인다. 6개월말에 폐포벽에는 계면활성제(surfactant)가 형성된다.

7개월에 다다르면 피부에 지방이 많이 축적되어 몸이 부드러워지고 태아는 눈을 뜨게 된다. 태아의 키는 약 37cm 정도이다. 이때까지는 간에서 조혈작용을 해왔지만 7개월째부터 골수가 이 기능을 떠맡게 된다. 동공반사 또한 나타나며 손톱도 손가락 끝에 도달해 있다. 7개월은 대단히 중요한 시기이다. 왜냐하면 모든 장기와 신체조직의 기능이 완성되는 시기이기 때문이다. 가장 늦게 기능이 완성되는 조직은 폐(lung)이다. 조기 출산의 생물학적 정의는 28주 이후 만삭 전에 임신이 중단되는 것이다. 28주를 기준으로 하는 이유는 이때가 지나야 비로서 마지막 장기인 폐가 완성되어 살아남을 확률이 증가하기 때문이다.

7개월 이후에 출산하면 700g 이하의 태아도 살아남을 확률이 그만큼 높다. 그러나 아직 외부적으로 미완성된 조직들이 많기 때문에 자궁 내에서의 시간이 더 필요하다.

8개월이 되기까지 남자아기의 고환은 신장과 비슷한 위치에 있지만 이제 자기 위치로 이동해 음낭 속에 자리잡는다.

9개월이 되면 태아의 키는 거의 47cm 정도로 크며, 피부도 피하지방이 쌓여 부드러워진다. 태아의 몸은 전체적으로 오동통해진다. 이제 피부가 불투명하므로 분홍색으로 나타나게 된다. 흑인의 태아도 빛에 노출되기 전에는 멜라닌

(melanin) 색소가 만들어지지 않아 동일한 색을 띠게 된다. 이 시기의 태아는 물체를 꽉 움켜잡을 수 있으며 빛에 대해 자연스럽게 방향을 잡는다.

만삭(full term) 시 백색지방은 약 16%를 차지한다. 이때의 아기는 키가 약 50cm이고, 몸무게는 2.7~3.6kg 정도이다. 피부는 태지와 죽은 상피세포로 덮여 있고 머리털과 손톱, 발톱 역시 잘 자라 있다. 두개골 역시 뼈가 잘 자라 있고 머리가 점차 자궁경(cervix)을 향해 거꾸로 자리잡게 된다. 태아의 성장은 모체의 자궁의 모습과 크기와 관련이 있다.

14. 태반

착상 직후 영양막(trophoblast)으로부터 뻗어져 나온 작은 돌기들이 마치 자궁내막을 침입해 들어가듯 더욱 가지를 치고, 발생 4주째가 되면 융모(chorionic villi)를 형성한다. 이렇게 발생하는 융모 내부에 혈관들이 점차 나타나고, 이 혈관들은 제대(conecting stalk)를 통해 배자까지 연결된다. 자궁내막의 침식이 더욱 진행됨에 따라 모체의 혈관이 터져 열공(lacunae)에 가득 차게 되고 융모 주위에 모체 혈액이 가득 차게 된다. 이때부터 배자와 모체 사이의 영양분 교환이 융모막을 경계로 일어나게 된다. 그러나 실제 배자와 모체 사이에 직접적인 혈액 교환은 없다.

종합하면 태반은 태아부와 모체부의 혼합으로 구성되는데 태아부는 융모막이고, 모체부는 자궁내막의 치밀층과 해면층이 된다. 태반은 완전히 발생했을 때 길이 약 20cm 정도이다. 두께는 2.5cm 정도이고 무게가 약 0.5kg 정도 된다.

태반은 태아의 모든 물질대사를 책임지고 있어 태아가 자궁내에 있는 동안 실질적인 장기 역할을 한다. 동시에 태반은 사람의 조직 중에서는 가장 짧은 수명(10개월)을 가지고 있어 사람의 발생 전반에 걸친 생리적 연구에 좋은 재료가 되기도 한다.

표 10-1. 아기 발생 순서 요약

난할기	2주	수정란이 계속 분열하여 포낭(blastocyst)을 형성한다. 세포들이 재배열되어 내부세포덩어리(inner cell mass)가 나타나고 포낭은 자궁벽에 착상된다.
배자기	3~8주	내부세포덩어리가 점차 배자반(embryonic disk)을 형성한다. 배자(embryo)가 점자 원통 모양이 되고, 주요 내부기관들과 외부 신체구조들이 나타나기 시작한다. 태반과 탯줄이 형성된다. 배자는 양수에 떠 있게 된다.
태아기	9주~출생	배자기에 형성된 구조들이 계속 성장한다. 뼈가 단단해지는 골화현상이 진행된다. 생식기관이 분화되고 발달한다. 팔, 다리가 정상적인 길이로 성장한다. 근육 운동이 활발해지고 피부가 지방과 죽은 상피세포로 점차 덮힌다. 머리가 자궁경(cervix)을 향해 위치하여 출산을 준비한다.

요점정리

1. 발생은 유전 프로그램과 환경에 의해 영향을 받는다. 유전과 환경 외에도 정상적인 발생을 위해서는 세 가지 조건이 추가로 만족되어야 한다. 즉, 세포 증식, 세포성장, 분화와 통합이다.
2. 사람의 생식기는 크게 4 부분으로 나뉘어진다. 성선은 생식 세포를 만들어내는 곳이다. 고환과 난소가 이에 해당한다. 생식관은 생식 세포를 이동시키는 장치로서 여성의 난관과 자궁, 남성의 정관이 여기에 해당한다. 부생식선은 각종 분비물을 만들어내는 곳으로 남성의 전립선이 이에 해당한다. 외생식기는 외견상 남녀의 차이를 만들어 주는 부위이다.
3. 포유동물의 성분화는 염색체에 의해서 1차적으로 일어난다. 또한 호르몬에 의한 2차적 요인도 중요하다. Y 염색체에 들어 있는 '정소결정인자'인 Tdf가 성분화를 결정해 준다.
4. 하나의 정자가 성숙, 완성되는데 걸리는 시간은 약 64일이다. 완성된 정자는 부고환에 약 20일간 머무른 다음 외부로 배출된다.
5. 가임기의 여성은 약 4만 개의 난자를 가지고 있다. 사춘기에 이르면 통상 28일 주기로 배란이 시작된다. 여성의 월경주기는 월경기, 증식기, 황체기, 허혈기의 순서로 진행된다.
6. 경구피임약은 에스트로겐과 프로게스테론을 혼합한 것이다.
7. 난자 하나에 여러 마리의 정자가 들어가는 것을 다정현상이라 한다. 이를 막기 위한 방법으로는 빠른 전기적 반응과 느린 효소적 반응이 있다.
8. 발생 2개월까지를 배자기, 3개월부터 출생까지를 태아기라고 한다. 출생 후 발생은 신생아기, 소아기, 유아기, 장년기, 노년기로 나뉘어진다.

생각해 볼 문제

1. 남성과 여성의 생식기 구조를 요약, 정리하시오.
2. 성분화에 있어서 1차적 결정과 2차적 결정은 무엇인지 설명하시오..

CHAPTER 11 생식의학

CHAPTER 11

생식의학

학습목표

사람의 발생과정을 보다 구체적으로 이해하게 되었고 다양한 진단기술이 발전하면서 아기가 태어나기도 전에 선천성기형이나 특정 질환의 발병 가능성 여부를 예측하는 것이 가능해졌다. 산전진단과 시험관아기 시술이 함께 이루어지면 건강한 다음 세대를 이어갈 수 있다는 점에서 생식의학은 관심의 초점이 되고 있다. 그러나 생식의학은 선행 실험이 불가능하다는 점과 실수를 용인하지 않는다는 점에서 접근이 쉽지가 않다. 최근에 있었던 세 부모 아기의 탄생은 현대 생식의학의 기술들이 어느 정도에 이르렀는지를 극명하게 보여 준다. 산전검사와 생식의학의 다양한 면모들을 살펴보고 문제점을 생각해 보자.

1. 산전검사

산전검사(prenatal diagnosis)는 출생 이전에 유전자를 검사하는 방법으로, 크게 세 가지 종류가 있다. 이들은 각각 장점과 단점이 있기 때문에 검사 시기와 시술 방법에 따라 어느 것을 선택할지 부모가 결정해야 한다. 가장 흔한 것은 염색체의 이상을 살펴보는 것이다. 그중에서도 다운증후군이 검사의 일차적 목표이다.

다운증후군은 임산부의 나이 35세를 전후하여 그 발병 빈도가 급격히 증가하며 최고점에 도달했을 때에는 거의 신생아 1%가 영향을 받을 정도이다(그림 11-1).

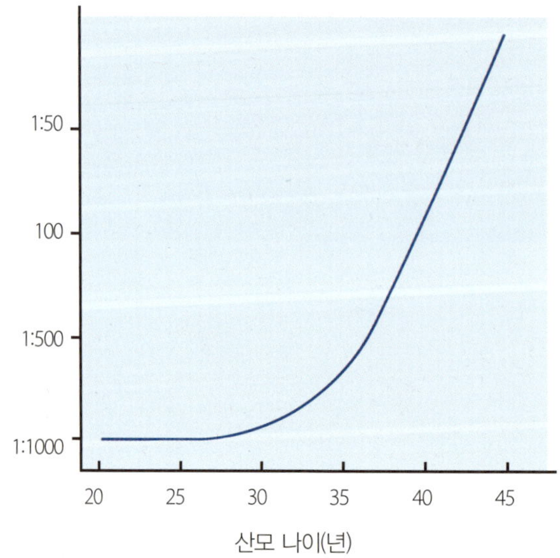

그림 11-1. 다운증후군의 발병 빈도

최근에 젊은 사람들의 출산율은 떨어지는 반면 늦둥이를 낳는 풍조가 유행하고 있다. 그러나 발생학적인 측면에서 보면 다운증후군의 위험성을 높이는 사회적 문제를 안고 있다.

2. 초음파검사

초음파검사(ultrasound examination)는 움직이는 아기를 직접 관찰할 수 있기 때문에 가장 다이내믹한 검사 방법이다. 초음파검사는 사람이 들을 수 있는 파장보다 높은 음파를 이용해 아기의 영상을 관찰하는 방법이다. 초음파검사에 사용되는 초음파는 대략 1,000,000~20,000,000cycle이다. 초음파검사의 원리는 산에서 "야호"하고 외치면 메아리가 되돌아오는 것과 같다(그림 11-2).

초음파검사를 위해 여성의 배에 트랜스듀서(transducer)라고 하는 초음파 발생 장치를 올려놓는다(그림 11-3). 트랜스듀서를 배 위 주변으로 이리저리 움직이면 초음파가 배를 뚫고 아기 신체 각 부분에 부딪친 후 다시 반사되어 연결된 컴퓨터에 모이게 되는데, 이렇게 반사된 초음파를 영상으로 나타내면 아기의 모습을 있는 그대로 볼 수 있다(그림 11-4).

1) 초음파검사와 흔한 질문

초음파검사와 관련하여 자주 질문하는 내용들은 다음과 같다.

① 초음파로 출혈의 흔적이 보이는데, 출혈은 어디에서 유래한 것이며 대아에게 위험한 것인가? 답은 그렇지 않다. 임신 초기에 출혈이 생기는 경우가 가끔 있지만 그 출혈이 오래 지속되지만 않는다면 별로 문제되지 않는다. 대개의 경우 자연유산이 되지 않는 한 태아도 정상적으로 발육하는데, 다만 출혈이 어느 부분에서 유래되었는지 초음파로만 판단하기는 어렵다.

② 임신 시기를 정확히 기억하는데 초음파검사 결과 의사 선생님이 전혀 다른 날짜를 이야기한다면 혼란이 있을 수 있다. 대개는 마지막 월경 날짜를 기준으로 계산을 하지만 때로 혼동되기 쉽다. 아기가 성장 발육하는 비율은 그 주령에 따라 거의 정해져 있기 때문에 일주일 이상 차이가 나지 않는다면 대개의 경우 초음파검사 결과가 더욱 정확하다.

그림 11-2. 초음파검사의 원리

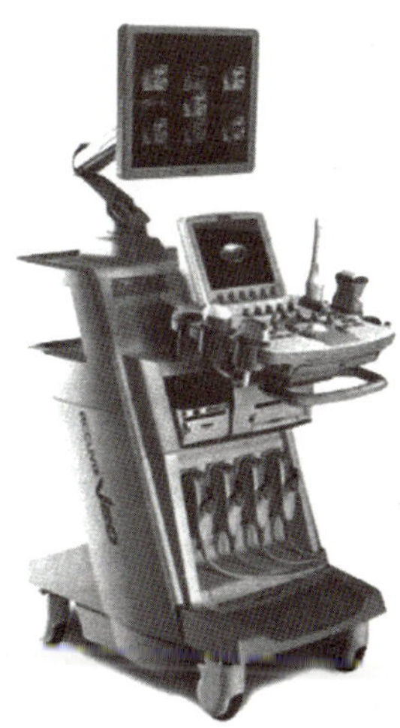

그림 11-3. 초음파검사기

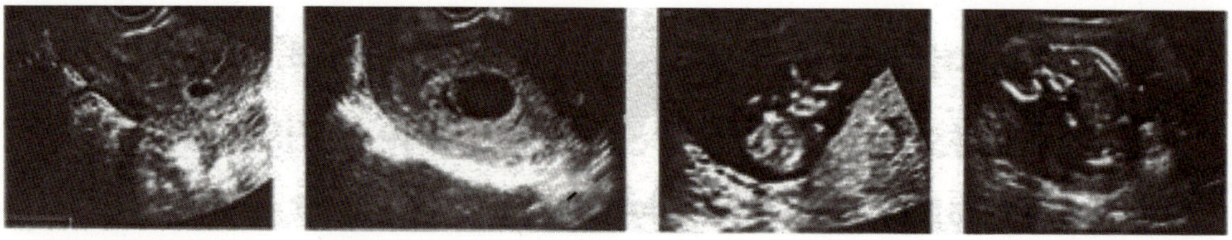

그림 11-4. 태아의 대체적인 월별 초음파(왼쪽부터 1, 2, 3, 4개월임)

③ 아기가 유산되었다면 초음파검사로 그 시기와 원인을 알 수 있을까? 라는 질문도 종종 일어난다. 임신 초기에 아기가 유산되면서 세포덩어리로 남아 있다면 그 크기를 보고 대체적인 시기를 추정하는 것이 가능하지만 원인까지 파악하는 것은 쉽지가 않다.

④ 출산예정일을 정확히 알기 위해서 초음파검사를 여러 번 실시하는 경우도 있다. 이럴 경우 임신 초기에 실시한 검사가 출산일을 결정하는 데 더 정확하다. 나중에 실시하는 검사는 출산일을 결정하기 위해서보다 아기가 정상적으로 자라고 있는지를 말해 주는 데 유익한 정도일 뿐이다.

⑤ 초음파검사로 일란성과 이란성쌍둥이 여부를 구별할 수 있는지도 자주 묻는 질문이다. 초음파로 들여다보면 쌍둥이일 경우 쉽게 관찰이 되지만 영상의 선명도 자체가 아기의 얼굴을 보고 구별할 수 있을 정도는 아니다. 따라서 일란성인지 이란성인지를 초음파검사만으로 구별하는 것은 무리이다.

⑥ 초음파로 관찰할 때 태아의 머리가 몸통보다 크게 보이는데, 그 이유는 태아의 초기 성장에서 머리가 몸통보다 훨씬 빠르게 발달하기 때문이다. 그리고 이 현상은 32주경까지 지속된다. 따라서 이때까지는 실제로 머리의 직경이 몸통의 직경보다 더 크게 마련이다. 32주가 지나면 머리는 상대적으로 성장 속도가 늦추어지고 또 몸통에 지방분이 축적되면서 머리보다 몸통이 더 크게 된다.

3. 양수천자

양수천자(amniocentesis)는 태아의 염색체나 유전자를 직접 검사하기 위해 임신부의 자궁에서 양수를 채취하는 방법이다. 태아의 피부에서 떨어져 나온 몇 개의 상피세포가 이 양수에 떠 있고 이 세포들은 태아의 유전자를 검사하기 위한 좋은 재료가 된다.

양수천자를 시술하기 적합한 시기는 임신 약 15주~17주 사이이다. 그 이전에는 양수의 양이 너무 적어서 시술하기가 어렵기 때문이다. 모든 임산부가 양수천자를 반드시 실시할 필요는 없다. 양수천자로 모든 질환을 검사할 수도 없을 뿐 아니라 경비도 다소 비싸기 때문이다. 다만 다운증후군 등 특수 질환이 우려될 경우에만 실시하는데, 특히 35세 이상 임산부에게는 적극 권장된다. 35세 이하일 경우에는 16주에 혈액검사를 통해 다운증후군 가능성이 높으면 양수천자를 실시한다. 여기서 혈액검사라는 것은 혈액의 AFP(α-fetoprotein) 수치를 측정하는 것이다.

1) 적아세포증

한 가지 문제가 될 수 있는 것은 적아세포증이다. 엄마와 아기의 Rh 혈액형이 서로 다를 경우, 특히 엄마가 Rh−이고 아기가 Rh+일 때에는 엄마의 항체 때문에 아기가 목숨을 잃을 수도 있기 때문이다. 이럴 경우 시술 도중 아기에게 상처가 생겨 혈액이 섞이지 않도록 각별히 주의해야 한다. 대개의 경우 시술 전에 미리 혈액형 검사를 하는 게 원칙이다. 양수천자에서 얻어진 양수는 먼저 AFP 수치를 확인하는 데 사용된다. 다운증후군의 경우 이 수치가 낮은 것이 보통이기 때문에 만일 이 수치가 낮으면 다음 단계로 유전자검사를 들어가는 것이다. 양수천자 이후 특별한 문제가 없으면 하루 만에 일상적인 생활로 돌아갈 수 있다. 99%의 경우는 한 번의 시술로 끝나지만 채취된 상피세포의 수가 너무 적으면 간혹 재시술을 받아야 할 수도 있다.

2) 양수천자와 흔한 질문

양수천자에 대해서 중요한 몇 가지를 정리하면 다음과 같다.

① 양수천자에 걸리는 시간은 대단히 짧으며 자궁 내에 주사바늘이 실제 머무르는 시간은 불과 30여 초도 안 된다. 일단 양수에 바늘이 닿기만 하면 양수를 빨아들이고 곧 바늘을 제거하기 때문이다.

② 양수천자 시술 도중에 아기를 찌를 확률은 전적으로 의사의 숙련도에 달려 있다. 최근에는 초음파를 들여다보면서 시술하기 때문에 위험율도 현격하게 줄어들었다. 가끔 태아가 바늘 쪽으로 접근하기도 하지만 이 역시 초음파로 감지되기 때문에 충분히 피해갈 수 있다.

③ 채취한 만큼의 양수가 다시 보충되는 데에는 2~3일 정도 소요되지만 전혀 문제되지 않는다. 양수는 태아의 소변이 주성분이기에 태아가 성장할수록 비뇨계도 발달하고 소변량은 점점 많아지게 마련이다. 양수천자로 빼내는 양수는 15㎖ 정도인데, 이는 전체 양수의 1/10도 채 되지를 않는다. 따라서 보충되는 데 걸리는 시산은 녀칠 이내이다.

④ 양수천자로도 아기의 성별을 알 수 있다. 양수 그 자체로는 어렵지만 양수에서 상피세포를 배양하여 염색체를 검사하면 간단히 성별을 알 수 있다. 현미경으로 Y 염색체 유무를 확인하면 된다.

4. 융모막 검사

융모막 검사는 보통 CVS(chorionic villus sampling)라고 부른다. 융모란 초기상태의 태반을 말한다. 초기의 태반은 태아에서 유래한 영양막이고, 이것이 점차 표면적을 넓혀가면서 융모가 된다. 즉, 융모는 태아의 세포로 되어 있고 이를 채치하여 유전자검사를 실시하는 것이다.

융모막 검사는 양수천자보다 훨씬 빠르게 태아의 세포를 얻을 수 있다는 것이 장점이다. 직접 융모막을 떼 내기 때문에 필요한 만큼의 세포를 충분히 확보할 수 있어 추가로 세포 배양을 할 필요가 없다는 것도 장점이다. 그만큼 검사 결과를 빨리 알 수 있다.

융모막 검사 역시 35세 이상의 임신이나 이미 기형아를 출산한 경험이 있는 경우가 주된 검사 대상이다. 10주 이후에는 아무 때나 검사가 가능하지만 10~12주경에 실시하는 것이 보통이다. 융모막 검사는 엄마가 태동을 느끼기 이전인 15주 전후에 결과를 알 수 있기 때문에 유산에 따른 정신적 고통이 상대적으로 적다는 장점이 있다. 융모막 검사 역시 특별한 준비는 필요 없으나 Rh 혈액형 검사는 반드시 거쳐야 한다.

5. PCR

몇 개의 세포에서 추출한 DNA의 양은 정확한 검사를 하기에는 많이 부족하게 마련이다. 그래서 개발된 방법이 유전자 증폭기술인 PCR(polymerase chain reaction)이다. PCR은 실시간 유전자증폭기술이다. PCR 기술을 이용하면 불과 서너 시간 만에 DNA를 100만 배 이상 증폭해낼 수 있다. 빠른 시간에 DNA를 증폭시킬 수 있고 또 적은 양의 DNA도 증폭시킬 수 있기 때문에 유전자검사뿐 아니라 친자확인 내지는 범죄 용의자 확인에까지 널리 쓰이는 기술이다(그림 11-5).

1) 실시간 중합효소연쇄반응(Real time – Polymerase Chain Reaction; RT-PCR)

실시간 중합효소연쇄반응은 핵산의 증폭 과정 중에 PCR 증폭물이 생성되는 과정으로 모니터 등을 통하여 실시간으로 확인할 수 있는 PCR 기법의 하나로서 최근 들어서는 COVID 19 검사법으로 널리 알려지게 되었다. 일반적인 PCR과는 달리 형광염료나 탐침자 등을 추가하여 핵산의 생성을 감지할 수 있는 방법으로서 상대적인 양의 측정을 통하여 정량 분석도 가능하다는 장점을 가지고 있다. 비용 등의 문제로 인하여 아직은 그 활용도가 한정적이기는 하지만 신속하고 정확한 질병의 진단이 가능하기 때문에 그 활용범위는 점차 넓어질 것이다.

6. DNA 염기서열결정

또 다른 기술은 DNA 염기서열결정법(DNA sequencing)이다. 염기서열을 결정하는 데 사용되는 기계의 이름은 DNA 염기서열분석기(DNA sequencer)이다(그림 11-6). 유전암호는 A, C, G, T라는 네 개의 알파벳으로 되어 있고, 이 알

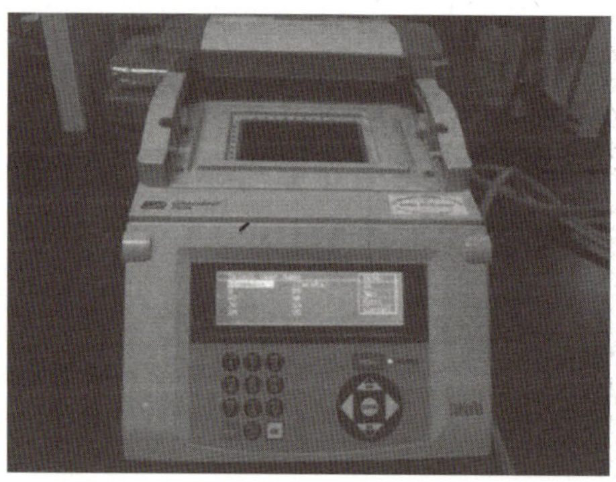

그림 11-5. PCR 기계

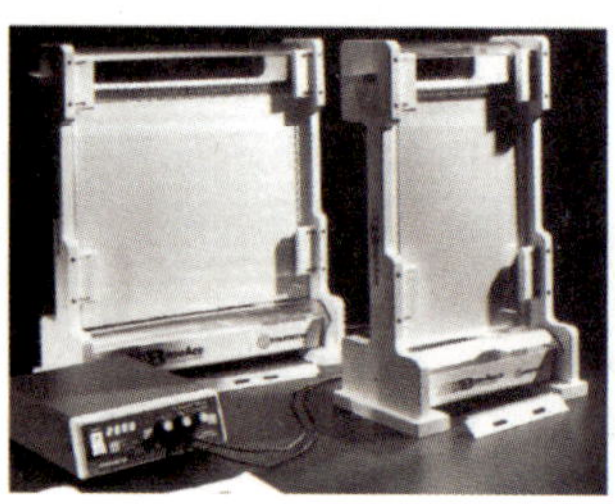

그림 11-6. DNA sequencer

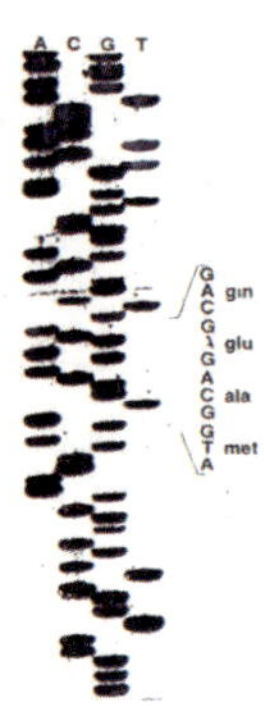

그림 11-7. DNA 염기서열 사진

파벳들은 DNA 구조의 염기를 나타낸다(그림 11-7). 이들의 순서가 어떻게 되어 있는지에 따라 서로 다른 유전자가 되는 것이다. 또한 염기서열의 변이는 선천성질환의 원인을 말해 준다.

7. 윤리적 문제와 유전상담

산전진단 검사가 비록 건강한 아기와 행복한 가정을 보장하는 과학적 발달의 산물이라 할지라도 몇 가지 문제점을 안고 있다.

① 유전자검사를 누구한테 적용하느냐의 문제이다. 35세 이상 임산부에게 적극 권장되는 양수천자라도 본인이 원하지 않으면 강제로 시술할 수 없기 때문이다. 게다가 의료보험 등의 여건으로 인해 어떤 사람은 쉽게 검사를 받을 수 있는 반면 어떤 사람에게는 경제적으로 굉장히 어려울 수도 있다. 게다가 어떤 사람은 유전자검사의 결과를 믿지 않으려는 경향을 보일 수도 있다.

② 검사 결과가 부정적일 때 낙태를 결정하는 문제이다. 이것은 윤리적 문제이기도 하고 법적 문제이기도 하다. 그리고 전적으로 생명의 시작을 언제로 간주할 것인가와 관련되어 있다.

③ 최종 낙태를 결정하는 당사자는 의사가 아니라 전적으로 부부 본인들이어야 한다. 의사는 결정을 내리는 데 필요한 의학적 정보만 최대한으로 제공하고 낙태와 출산의 장단점을 설명해 주어야 한다. 생명을 존중하면서 경제적 상황과 아기에 대한 확고한 의지 등 제반 여건을 충분히 고려하고, 필요한 사회적 지원과 제도 등도 함께 검토하여 어디까지나 부부의 의지로 현명한 판단을 할 필요가 있다. 이에 따라 생명 보호를 위한 법적 장치 역시 빠르게 마련해 나가야 할 것이다.

8. 모자보건법

모자(母子)보건법에 따르면 임신부에 유전학적 정신 장애가 있거나, 전염성 질환이 있거나, 근친상간 또는 강간 등에 의한 임신이거나, 임신이 지속되면 산모의 건강이 위험해지는 경우만을 낙태의 법적 허용 범위에 넣고 있다. 즉, 미혼 임신이나 터울 조절, 태아 기형 등으로 인한 낙태는 불법으로 간주하고 있다. 만약 불법 낙태가 이루어지면 원칙적으로 의사와 산모 모두 징역 2년 이하의 처벌을 받게 되어 있다(참고: 2019년 4월 11일 낙태죄가 위헌이라는 판결이 나면서 2021년 1월 1일부터는 낙태죄가 역사 속으로 사라지게 되었음).

1) 대리모

대리모는 다른 여성을 대신해서 임신과 출산을 해 주는 어머니를 말한다. 즉, 다른 여성의 자궁을 빌려 아기를 출산한다는 뜻인데, 난소가 제대로 기능을 하고 난자 역시 정상이지만 자궁에 문제가 있어 착상이 제대로 일어날 수 없는 경우 대리모를 필요로 한다. 사실 대리모를 필요로 하는 경우는 다양하다. 자궁내막의 유착이 심해서 기능이 없거나, 처음부터 자궁에 기형이 있어서 아기를 가질 수 없는 경우, 자궁 출혈이 너무 심하거나 자궁을 적출한 경우들이 모두 이에 속한다. 자궁적출수술을 받았거나 자궁이 어떤 이유로든지 열 달 동안의 임신 과정을 버틸 수 없다면 대리모를 필요로 한다. 물론 이럴 경우 대체로 남자도 같이 검사를 받아야 된다. 남편의 정액이 정상이고 건강한지, 부부에게 또 다른 감염 질환은 없는지 확인을 해야 한다.

대리모 임신의 가장 큰 문제는 물리적 · 생물학적 및 정서적으로 부모와 자녀 간의 맞물림에 관한 것이다. 때로는 정자를 기증받아서 수정란을 만드는 경우도 있고(정자공여), 또 반대로 난자를 기증받아서 수정란을 만드는 경우(난자공여)도 있다. 이런 경우들은 더 넓은 의미의 대리모 개념이다.

2) 대리모 사례들

① 태국에서 있었던 사건이다. 태국 여성이 대리모로서 정상 임신이 불가능한 호주인 부부의 아기를 임신했는데 아들과 딸의 쌍둥이로 확인되었다. 임신 몇 개월 뒤에 산전검사(prenatal diagnosis)가 실시되었고, 그 결과 딸은 정상이었지만 아들은 다운증후군을 가지고 있음이 확인되었다. 호주인 부부들은 아들을 낙태시킬 것을 대리모에게 강하게 요구하였고, 심지어 추가적인 금전적 보상까지도 제시하였다. 그러나 대리모는 이미 아기들과 정서적 유대가 형성되었고, 임신된 그 자체가 생명이라고 주장하면서 낙태를 거부하였다. 결국 2013년에 아기가 태어났는데 호주인 부부는 의뢰했던 아이들 중에서 건강한 딸만 데리고 가버렸다. 당연히 이 사건은 사회적 반향을 크게 일으켰다. 대리모는 자기 자신의 아이들이 이미 있음에도 불구하고 다운증후군을 가지고 태어난 아들까지 함께 키우겠다고 선언하였다. 결국 시민단체들이 모금을 해 주었고 일단 이 여성의 생활을 뒷받침할 수 있게 되었다. 문제는 (반드시 그런 것은 아니지만) 경제적으로 어려운 여성들이 대리모를 지원하는 경향이 높다는 것이다. 그렇기 때문에 아기에게 문제가 생기면 의뢰인이 쉽게 낙태를 요구하는 것 같은 인상을 줄 수 있다. 대리모 여성의 경우 경제적 문제 때문에 자신의 목소리를 높이기 어려운 상황에 처하기 때문이다. 이 사건 이후로 태국에서는 상업적인 대리모 출산 행위를 전면 금지시켰다.

② 2014년, 태국에서 발생한 사건이었다. 방콕 시내의 한 아파트에서 아홉 명의 아기가 동시에 발견된 것이다. 이들은 모두 대리모를 통해서 태어난 아이들이었는데, 주변 주민들이 계속해서 아기 울음소리가 난다고 경찰에 신고를 했고, 경찰이 아파트를 확인 검색한 결과 생후 1개월에서 2년쯤 되는 아기들 아홉 명이 집단으로 방치되어 있었던 것이다. 이 아파트의 소유자는 일본인으로 드러났고 재벌가의 상속자로 판명되었다. 아기들에게는 각각 태국인 베이비시터가 한 명씩 딸려 있었다. 더욱 놀라운 것은 모두 인공수정으로 태어난 아이들인데 생모가 스페인, 스웨덴, 말레이시아, 호주, 브라질 등 다양한 인종의 여성들이었다는 사실이다. 이외에도 여섯 명의 아기가 추가로 출산된 사실이 확인되었다. 이들 대부분은 재벌 상속가를 아버지로 하여 출생신고까지 마친 상태였다. 대리모 출산을 위해서 이 남성은 태국에서 대리모를 구하였고, 대리모 여성들은 방콕의 한 클리닉에서 수정란을 착상받아 임신하고 출산한 것이다. 이 사건은 외국에서 성장하고 있는 아이들에게 재산을 물려줄 경우 상속세를 물지 않아도 된다는 법을 교묘하게 이용한 대리모 사건으로 여겨지기에 사회적 충격을 안겨 주었다.

③ 인도에서도 대리모 출산이 사회적 윤리 문제가 되고 있다. 인도에서는 매년 수백 명 이상의 아이들이 대리모를 통해서 태어난다고 추산되고 있다. 이 때문에 인도 당국에서도 대리모에 관한 법규를 정비하려고 준비 중이다. 특히 외국인이나 동성애자는 대리모 출산할 수 없다는 것을 확정지으려 하는데, 그 이유는 자칫 인도가 아기 공장이라는 수치스러운 별명을 안게 될까봐 우려스럽기 때문이다. 다만 5년 이상 정상적인 결혼 생활을 했는데도 불구하고 아기가 생기지 않을 경우 대리모 출산을 인정하는 형태로 법을 바꾸고 있는 중이다.

④ 영국이나 캐나다에서는 대리모의 개념이 많이 다르다. 인도적 차원에서 임신이 어려운 사람들에게 아기를 낳아서 기부해 주는 그런 개념으로 대리모를 인정한다. 그럴 경우에는 대리모에 대한 금전적 보상은 사실상 없다. 심지어

는 친척이나 친구가 대리모를 할 수도 있는 것이다. 일종의 기부 개념이다. 생물학적으로 볼 때 가장 크고 절실한 문제는 엄마와 아기의 유대이다. 물론 금전적인 문제 때문에 대리모 역할을 할 경우라도 그렇다고 해서 완전히 교감이 없을 수는 없다. 호르몬적으로도 아기와 엄마 사이에 교감이 분명히 있을 수밖에 없는 상황이다. 그러나 과연 교감이 정상적으로 잘 이루어지고 있느냐 하는 정서적 문제 그리고 대리모가 어느 시점에서 마음이 바뀌어 아기에 집착하는 경우에 대한 법적인 판단 문제 등의 문제가 빈번하게 대두된다.

⑤ 대리모를 의뢰한 뒤 출산 이전에 이혼해 버린 경우가 있었다. 여성은 자신이 난자를 제공하지 않았기 때문에 인공수정과 임신 과정에 관여한 바 없다고 주장하였다. "본인은 아이와 전혀 관계가 없다"라고 주장한 것이다. 남성이 어쩔 수 없이 아기를 자기가 키우려고 했지만 법이 정하는 생물학적 의미로 볼 때 남자가 혼자 아기를 가질 수 없다는 것이 문제였다. 반드시 양쪽 부모가 있어야 하기 때문에 불가능해진 것이다. 이른바 '난자공여'에 해당하는 사건이다. '정자은행' 또는 '정자공여'의 경우도 근본적으로 마찬가지이다. 부모가 없이 남성 또는 여성 혼자서는 아기를 가질 수 없다는 것이 법적인 해석이다. 이는 어떤 면에서 대리모와 조금 다른 개념이 될 수가 있지만 궁극적으로는 만들어진 수정란이 누구의 자궁엔가 착상되어야 하기 때문에 연결된 문제이다.

⑥ 미국에서 일어난 일이다. 선천적 장애를 가진 아기를 잉태한 대리모가 생명을 자기 마음대로 포기할 수 없다는 주장을 하였고, 낙태하기를 거부한 사건이 있었다. 결국은 의뢰한 부부가 아기를 포기하였고, 대리모는 대리모에게도 부모 자격을 주는 미시간주로 이사를 하였다. 그리고 경제적으로 혼자서는 아기를 키울 수 없으므로 양부모를 구했는데, 결국 경제적 지원을 자청한 양부모가 나타나서 아기를 출산하였다. 아기는 태어나자마자 응급처치를 받았고 계속해서 생존에 필요한 여러 종류의 수술을 받았다. 살아가면서도 계속 수술을 받아야 하는 상황인데 수술을 받더라도 아이가 걷지도 못하고 말도 할 수 없는 확률마저 상당히 높은 상태였다. 그럼에도 불구하고 대리모와 양부모는 생명에 대한 경이로움을 느낀다고 하며 매우 보람 있는 결정을 했다고 생각하고 있다. 여기서 또 다른 질문이 하나 던져진다. 과연 아기가 이토록 평생 고통을 지고 갈 것을 알면서도 낙태를 하지 않고 출산까지 진행한 것이 옳은 결정이었는가 하는 것이다. 오히려 태어나는 아기에게 사회적 장애를 안겼고, 대리모와 양부모는 자신의 행위로 인해 보람을 느꼈을지 몰라도 삶의 가치로 볼 때 잘못된 결정이 아니었는가 하는 문제이다.

인공수정을 시도한 부부들은 보통 수정란을 여러 개 동시에 얻게 되고 착상되지 않은 수정란을 냉동 보관하는 것이 이제 일반적인 생식의학의 기술이 되었다. 이렇게 해서 대리모를 구해 착상을 했는데 임신 과정 중에서 아기의 선천성 장애가 발견이 되는 경우가 있다. 이럴 경우 아기가 태어난다 해도 앞으로 제대로 살아가기 힘들 것이고 의료 지원을 위해 엄청나게 많은 비용이 들 것이며, 태어나도 얼마나 자주 그리고 많이 수술을 받아야 하며, 그래도 아이가 정상적인 사회 활동을 보장받지 못할 것 같으면 대리모에게 낙태를 권하는 일이 당연한 것처럼 보일 수도 있다.

동성애 커플이 대리모를 구해서 아기를 가지게 되는 경우도 문제가 있다. 아기의 유전적 상태라든지, 사회적 보호의 문제라든지 등등이 문제가 될 수 있을 것이다. 게다가 생물학적 부부가 아닐 경우 대리모 아기에 대해서 어디까지 권리를 가질 수 있는지도 명확하게 결정지어야 할 필요가 있다.

위의 예시들에서 본 것처럼 많은 경우에 대리모는 경제적으로 약한 상태이다. 즉, 약자 입장에 있다는 것이다. 그러나 그렇다고 해서 대리모를 의뢰한 사람들이 마음대로 낙태를 강권할 수 있을까? 대리모를 구하는 것 자체가 여성으로서의 인권을 포기하게 한 것이며, 가난한 여성을 착취하는 사회적 문제가 되는 것이 아닌가 하는 질문이 계속되고 있다.

3) 시험관 아기

시험관 아기(test tube baby)를 시술하는 과정은 다음과 같다(그림 11–8). 여성에게 배란촉진호르몬(LH)을 주사하여 배란을 유도한 뒤 얻어진 난자를 배양접시 위에 놓고 그 위에 정자를 붓는 것이다. 이때 성공 확률을 높이기 위해 10여 개의 난자를 동시에 수정시키고 제일 건강한 2~3개를 동시에 자궁에 착상시킨다. 시험관 시술을 했을 때 쌍둥이가 자주 나오는 이유가 바로 이 때문이다. 그러나 주위에서 보듯이 여전히 시험관 아기의 성공률은 그다지 높지 못하다. 때문에 여러 번 반복해서 시술을 해야 하는데, 여성에게 반복적으로 배란촉진호르몬을 주사하면 그만큼 건강을 해치게 된다.

그렇다면 한 번 배란했을 때 채취해 수정시킨 난자들을 버리지 않고 냉동 보관할 수는 없을까? 배란된 난자 중 6개가 수정되었다면 그리고 지금 그 중에서 3개를 자궁에 착상시키고 나머지 4개는 보관하였다가 둘째, 셋째 아기를 원할 때 그냥 녹여서 자궁에 착상시키면 되지 않을까? 이것이 바로 금세기 생식의학의 최고 테크닉인 냉동 수정란 기술이다.

4) 냉동 성세포와 윤리

문제는 냉동 수정란이 여러 윤리적 문제들을 수반한다는 것이다. 6개의 냉동된 수정란을 어느 순서로 자궁에 착상시킬 것인가? 동시에 수정된 이 여섯 개의 수정란을 우리 마음대로 형, 동생으로 탄생시켜 순서를 바꾸는 것은 괜찮은 행위인가? 어느 수정란은 착상시켜서 살리고 어느 수정란은 폐기 처분할지를 우리가 마음대로 정해도 괜찮은가? 냉동 보관된 수정란을 녹이기 전에 부부가 이혼해 버린다면 그 수정란은 누구의 소유인가? 등등이 그런 것들이다.

① 실제로 영국에서 일어난 고소 사건을 보면 이런 일이 아주 심각하다. 수정란을 냉동 보관하였는데 몇 년이 지나도 부부가 나타나지 않고 연락조차 닿지 않아 병원에서는 폐기 처분하려고 했는데, 사회단체에서 엄연한 생명체인 수정란을 폐기하지 못하도록 병원을 고소하였다. 어쩔 수 없이 병원은 주인 없는 수정란을 보관하기 위해 더 많은 냉동고를 구입해야 했고, 이를 위해 더 많은 건물을 지어야 할 형편에 놓여 버렸다. 갈수록 이혼이 늘어나고 있는

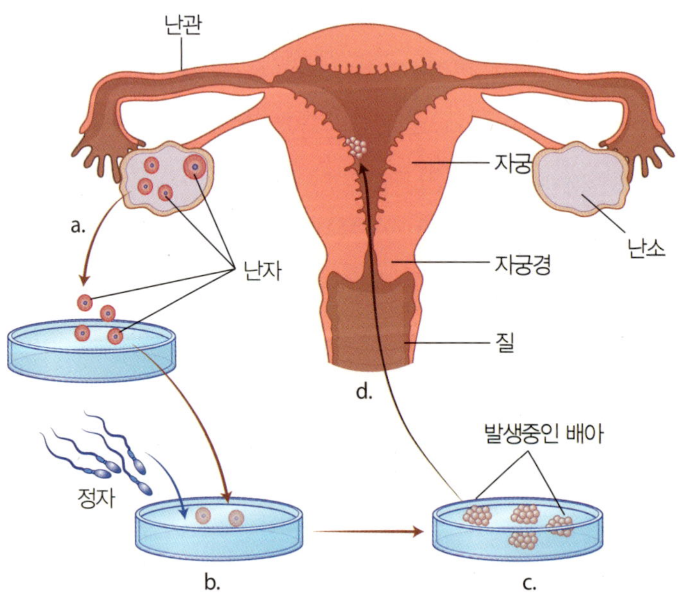

그림 11-8. 시험관 아기 시술

현대 사회에서 당연히 생길 수 있는 문제이다. 이 사건 이후 영국을 비롯한 여러 나라에서 냉동 수정란 보관기간을 법에 명시하려는 움직임을 보이고 있다. 우리나라에서는 보관기간을 5년으로 한정하고 있다.

② 한편 폐기된 수정란이 원하지도 않는 연구용으로 쓰이거나 암시장에서 아기가 없는 가정에 거래될 가능성도 충분히 있다. 만약 부부가 이혼을 했는데, 이 과정에서 여자는 더 이상 수정란을 보관하지 않기를 원한 반면 남자는 새로 결혼한 부인의 자궁에 착상시켜 아이를 낳기 원한다면 어떻게 될까? 남자의 욕심과 옛 부인의 권리 그리고 새 부인의 인권을 어디까지 인정하고 누구의 팔을 들어주어야 할 것인가? 냉동 수정란의 소유는 과연 누구에게 있는 것인가? 이 사건은 재판으로 이어졌고, 결과는 옛 부인의 의견을 존중하는 것으로 결론이 났다.

생식의학(reproductive medicine)이 발달하면서 과거에는 생각지도 못했던 문제들이 계속 제기되고 있다. 실제로 후진국에서는 부모의 동의 없이 수정란이 폐기되거나 매매되는 일이 있을지도 모른다. 21세기 바이오테크놀로지 시대에는 정말 지금은 생각할 수 없는 여러 가지 논쟁거리들이 생겨날 가능성이 지극히 높다. 이에 대비하기 위해서 지금이라도 사회 각 분야의 지식인들이 머리를 맞대고 미래를 준비하는 현명함이 필요하다.

5) 폐경기 후에 낳은 아기

63세의 여성이 나이를 속이고 인공수정된 난자를 착상받아 아기를 낳은 사건이 일어났다. 이 여성은 금세기 최고령 출산사로서 기네스북에 오르게 되었다. 이 여성은 이 아이를 대신 키워줄 연하의 남자를 인터넷으로 공고까지 하였다.

생식의학의 발달로 이제는 나이가 무색해질 정도이다. 폐경기에 다다른 여성들도 적절하게 호르몬 치료를 받으면 갱년기 증상이 완화될 수 있으며, 심지어는 자궁의 상태도 건강하게 유지하여 늦은 임신이 가능해졌다. 심지어는 자기 자궁을 적출해내고 젊은 여성의 자궁을 이식받아 아기를 낳은 후에 그 자궁을 되돌려주는 이식도 실험 중에 있다. 조직배양을 원하는 과학자들은 임신기간 10개월이 너무 길다면서 3개월에 임신을 끝낼 수 있는 인공자궁 개발에 착수하였다. 이런 혁혁한 발전은 유전공학과 발생공학을 결합시킨 바이오테크놀로지의 뛰어난 기술적 성과라 할 수 있다.

물론 기술 발전 뒤에는 여러 가지 문제들이 사회적, 윤리적 차원에서 그대로 남아 있다. 이렇게 태어난 아기의 육아 문제, 냉동 수정란을 이용해 낳은 아기의 친자확인 문제, 여성을 아기 낳는 도구로 전락시키지 않는 사회적 인식 등이 당면한 문제이다.

요점정리

1. 산전검사는 출생 이전에 태아 유전자를 검사하는 방법이다. 양수천자와 융모막검사 그리고 초음파검사 등이 있다.
2. 각각의 검사마다 장점과 단점이 있다. 초음파검사는 태아의 영상을 직접 관찰할 수 있다는 장점, 양수천자는 시술이 간단하다는 장점, 융모막검사는 별도의 세포배양 기간이 필요하지 않다는 장점이 있다.
3. 현재로서는 산전진단의 일차적 목표가 다운증후군을 검사하는 것이다.
4. 다운증후군은 임신부의 나이 35세를 전후하여 발병빈도가 급격히 증가한다.
5. 적아세포증은 엄마의 혈액형이 Rh−, 아기의 혈액형이 Rh+일 때 나타난다. 드물지만 엄마의 항체로 인해 아기가 목숨을 잃을 수도 있다.
6. 유전자검사를 위해 'PCR'과 'DNA 염기서열결정법'이 종종 이용된다. PCR은 적은 양의 시료에서 추출한 DNA의 양을 늘려서 검사를 가능하게 해 주는 기술이다.
7. DNA의 염기서열을 확인해 유전암호를 해석하는 기술이 DNA 염기서열결정법이다. ACTG로 구성된 네 개의 알파벳 순서를 확인하는 것이다.
8. 생식의학은 윤리적 문제를 수반한다. 유전자검사를 누구한테 적용하느냐에 대한 문제이다. 이는 검사가 강제적일 수 없음을 의미한다. 또한 검사의 결과가 부정적일 때 낙태를 결정하는 문제가 야기된다. 이것은 윤리적 문제일 뿐 아니라 법적 문제이기도 하다.
9. 우리나라는 모자보건법이 있어서 법적으로 허용되지 않는 경우 낙태를 불법으로 간주하고 있다. 미혼 임신이나 터울 조절, 태아 기형으로 인한 낙태는 불법으로 간주한다.
10. 정자 기증을 통한 임신 등 이전에는 미처 생각하지 못했던 문제들과 새로운 기술들이 다양하게 나타나고 있다. 이는 인류에게 위험을 초래할 수도 있기 때문에 매우 조심스러운 문제이다.

생각해 볼 문제

1. 여러 가지 산전검사 기술들에 대하여 요약하시오.
2. 모자보건법의 주요 내용들을 발췌해서 정리하시오.

CHAPTER 12

재미있는 현대생명과학

CHAPTER 12 재미있는 현대생명과학

학습목표

현대 생물학은 기초학문의 영역을 벗어나 실용학문으로 자리잡고 있다. 식물이나 동물의 특성을 개량하여 우수 품종으로 재창조하고, 미생물을 이용하여 필요한 의약품과 식품들을 대량 생산하기도 한다. 유전자 치료, GMO 식품, 인간게놈프로젝트, 복제양 돌리 등으로 인해 바이오테크놀로지라는 용어는 더 이상 낯설지 않다. 최근에는 크리스퍼라는 유전자 가위가 개발되면서 유전자를 자유자재로 자르고 붙이는 기술이 한층 발전하게 되었다. 이처럼 이제 생물학은 간호학, 의학, 약학 등 의료분야 종사자에게 한층 더 높은 이해를 요구하고 있다. 글로벌 경쟁의 핵심 분야로서 현대 생물학의 재미있는 이슈들을 살펴보도록 하자.

1. 생체시계

2017년도 노벨상 수상자 중 세 사람이 특히 눈에 띄었다. 생체시계에 대한 연구를 한 과학자들이다. 생체시계는 일종의 리듬과 같은 것이라서 제대로 작동되어야만 몸의 면역작용 등 건강 지표가 살아나고 삶의 질이 양호할 수 있어 대단히 중요하다. 생체시계는 호르몬에 의해 조절된다. 그리고 이들의 연구 대상은 초파리였다. 초파리는 주로 야간에 활동하는데, 크기가 작고 수명도 2주 밖에 되지 않아 짧은 시간 내에 어떤 생리학적 변화를 연구하기에 좋은 재료이다.

처음에는 초파리가 주간과 야간에 활동하는 정도를 비교 · 연구하면 어떤 특정한 유전자가 이에 관여하는지를 파악할 수 있다는 단순 이론에서 연구가 시작되었다. 그리고 그 유전자를 변형시켜 본 결과 생체시계가 길어지거나 짧아진다는 것을 최종 발견한 것이다. 이 유전자의 이름은 생체주기유전자, 즉 “Period Gene”이다. 이 유전자가 만들어낸 단백질이 밤에는 세포내에 쌓였다가 낮에 없어지면서 생체시계가 작동하는 것이 원리이다.

이렇듯 생체리듬은 눈으로 볼 수 없는 형이상학적인 형질인데도 불구하고 유전자가 관여하고 있으며 더 나아가 유전자를 조작함으로써 생체리듬을 바꿔 줄 수 있다는 것이 이 연구의 중요한 의미이다. 그동안 유전자는 눈으로 보이는 특징들, 즉 키, 눈동자의 색 등을 결정하는 것으로만 알려져 왔기 때문이다.

이렇게 생체리듬을 마음대로 바꿀 수 있게 되면 긴 여행 끝에 겪게 되는 시차를 쉽게 극복할 수 있을 것이다. 물론 피곤할 때에 유전자 발현을 조금 조절하여 빠르게 회복될 수 있는 약물 개발도 가능할 것이다. 그러나 만약 나쁜 목적으로 사용된다면 근로자들에게 조절 약물을 처방해 24시간 잠을 자지 않고 일을 하게 한다든가 군인들로 하여금 밤에도 잠을 자지 않고 싸우게 만드는 부정적 효과를 예측할 수 있다. 하루 24시간 중에 언제 잠이 깨고 또 언제 잠이 드는지도 생체리듬 시계의 작용이 적절하여야 호르몬이 적절하게 분비됨으로써 유지되는 것이다.

건강의학적으로 보면 수면은 신체 항상성 유지에 매우 중요하다. 생체시계가 잘 작동하여야 체온이나 혈압, 식욕, 수

면욕구 같은 생리 지표들이 정상적으로 조절될 수 있기 때문이다. 심지어 생체시계가 고장 나면 수면 장애를 넘어 치매나 당뇨 같은 노인성 내지는 퇴행성질환의 위험이 높아질 수 있다. 생체주기를 조절하는 약물을 잘못 사용하면 단시간에 인류 전체를 심각한 위험에 빠뜨릴 수 있기 때문에 심각한 생명윤리 문제가 야기될 수 있다.

2. 뇌 아바타 기술

21세기 뇌 과학은 그 발전 속도가 놀랍도록 가속화되고 있다. 뇌와 컴퓨터를 직접 연결하여 MRI 장치로 촬영한 영상과 측정된 뇌파를 인공지능(AI)을 이용하여 단시간에 분석하는 기술도 곧 개발될 전망이다.

가장 눈에 띄는 것은 뇌 임플란트 기술로, 생각만 가지고 물체를 움직이는 것이 가능한 기술이다. 눈동자 이외에는 손가락 하나 움직일 수 없는 근위축성측색경화증(ALS) 환자나 기도가 마비되어 숨을 쉴 수가 없어서 목에 관을 삽입해 호흡하는 환자라 할지라도 뇌 운동 피질 부위에 전극을 삽입하고, 뇌에서 발생되는 미세한 전기 신호를 측정하여 그 신호를 무선 송수신기를 통해 컴퓨터로 전송하는 방식으로, 일부 수술 성공 사례가 보고되었다. 수술 뒤 6개월 후에 환자가 다른 사람의 도움 없이 뇌파만 가지고 컴퓨터에 영문 글자를 입력하는 데 성공한 것이다. 물론 1분에 2~3 글자 정도 입력이 가능할 정도로 매우 힘든 작업이지만 일단 외부와의 소통 경로가 열린 것이다.

한편 뇌에서 나오는 신호를 해석하여 수족을 움직이게 하는 연구도 진행 중이다. 원숭이에서 로봇 팔을 무선으로 움직이는 데 성공한 보고도 있다. 지금은 사지가 마비된 환자를 대상으로 연구를 진행 중이지만 앞으로는 인공청각이나 인공시각 등 다양한 분야로 기술이 확장되면서 보다 편리한 방법들이 속속 개발될 것으로 기대하고 있다.

어떤 사람들은 이런 기술을 “아바타 기술”이라고 부른다. 전신마비 환자가 생각만으로 로봇 팔을 움직여 음료수를 입에 가져오는 데 성공하기도 하였고, 팔과 다리를 사고로 잃은 사람이 생각대로 의족을 로봇처럼 움직이는 실험도 잇달아 성공하고 있다. 심지어 개체 간 신호를 주고받는 실험도 있었다. 어떤 사람이 키보드를 누르면서 자기 뇌에서 나온 신호를 다른 방에 있는 사람의 뇌로 전달하였더니 그 사람이 자기도 모르게 키보드를 누른 것이다. 이처럼 개체 간 사이에 뇌 신호를 주고받는 고도의 기술도 이미 실험적으로 성공하였고 앞으로의 상용화를 기다리고 있다.

또한 막대세포만 있고 원뿔세포가 없는 사람이 색깔을 소리로 감지하는 기구를 뇌에 심은 후 색을 구분할 수 있게 되었고, 자외선도 인식할 수 있게 된 예가 보고된 바 있다.

3. 배아은행

아직은 시기상조이지만 2~8주의 배아를 미혼녀나 불임부부, 동성애자들에게 분양 판매하고 착상 시술하는 사설 배아은행에 대한 시도가 실제로 있다는 소식이 들렸다. 이것은 21세기에서 볼 수 있는 완전히 새로운 형태의 산업구조이다.

문제는 정보의 상업화이다. 이렇게 만들어진 배아를 사려는 사람은 난자와 정자를 제공한 사람의 이력도 제공받는데, 그 이력에는 범죄 사실과 학력, 외모, 현재의 건강상태까지 모든 생물학적 정보가 포함된다는 것이다. 이 회사는 또한 기증자들의 조건을 제한하고 있어 학력은 대졸 이상이어야 하고 나이도 20대로 제한하며 박사 학위자를 선호하기 때문에 새로운 우생학적 차별까지 불러일으키고 있다. 심지어는 기증자들의 어린 시설 사진과 함께 현재 모습까지도 확인한 다음 분양을 받을 수 있다고 하여 사람의 생명을 상품화했다는 비난을 피해갈 수 없다.

이 회사는 기증받은 정자와 난자를 시험관에서 수정시켜 배아로 발생시킨 후에 판매하거나 불임부부를 위한 임신 시술을 해 준다는 것이다. 준비된 배아는 여성 의뢰인에게 직접 착상할 수도 있고 아니면 대리모에게 임신시킬 수도 있다고 한다. 당연히 생명과학자들은 드디어 생명을 상품화시키는 잘못된 기술 남용 사례가 나타나기 시작했다고 우려를 표하고 있다. 그러나 앞으로는 이보다 더한 사례들이 얼마든지 나타날 수 있다. 사회적 제도와 윤리가 기술을 앞질러 갈 수 있도록 박차를 가해야 할 것이다.

4. 맞춤아기

바이오테크놀러지와 생식의학의 발달은 당연히 우생학의 문제를 몰고 왔다. 인간게놈프로젝트의 결과 여러 가지 열성유전자와 우성유전자가 이미 확인되었고, 성급한 벤처회사들은 태아의 지능과 장래 당뇨병에 걸릴 확률까지 진단해 준다고 광고할 정도이다.

서로가 사랑하여 결혼을 했는데 원하지 않는 열성유전자가 진단되었거나 유전병의 가족력이 있는 경우 당연히 나쁜 유전자를 제거하고 싶을 것이다. 더 나아가서 예술적 재능이 있고 지능까지 우수한 아이를 유전자 조작으로 만들어준다면 누구나 귀가 솔깃할 수밖에 없다.

과학 기술은 항상 발전하게 마련이다. 그리고 그 속도도 점점 빨라지고 있다. 지금은 공상과학 수준의 아이디어일지라도 가까운 미래에 반드시 실현되고야 마는 게 현실이다. 미래의 부모들은 의사에게 여러 가지를 요구하게 될 것이 분명하다. 예를 들면, 태어날 아기의 얼굴은 동글게, 키는 180cm 이상, 눈은 파랗게 등등 각종 요구를 하게 될 지도 모른다. 어쩌면 주민등록증을 발급받듯이 태어나자마자 유전자검사 합격증을 받아야 할지도 모른다. 유전자검사를 통해 혹시나 있을지도 모르는 유전자 이상을 미리 교정함으로써 결함이 아예 없도록 만든 아기를 맞춤아기(perfect baby)라고 한다. 머지않은 미래에는 유전질환의 유전자를 제거하는 정도에서 그치지 않고 매우 이상적인 맞춤아기를 조합하여 만들어 내게 될지도 모른다. 즉, 체형이 아름답도록 유전자를 조작한다든지, 머리카락의 색을 바꾼다든지, 체격과 체력을 완벽하게 조작함으로써 슈퍼스타로 만든다든지 하는 생존과 무관한 미용 차원의 변형을 말한다. 물론 아직까지의 기술과 능력으로는 불가능하지만 법과 규제를 앞서가는 바이오테크놀로지의 속도를 생각하면 이렇게 디자인된 아기가 머지않은 미래에 태어나지 않을 것이라고 어느 누구도 장담할 수 없을 것이다.

5. 피부 마이크로칩

우리 몸에서 가장 넓은 면적을 차지하는 부위는 피부이다. 피부는 외부와 직접 맞닿아 있다 보니 주변 환경과의 접촉이 빈번하고, 그로 인해 염증이나 알레르기 반응의 직접적인 원인이 될 수 있는 부분이다. 그럼에도 불구하고 우리는 그동안 신장이나 간 같은 내부 장기들에 대한 연구는 동물실험을 통해 활발히 수행한 반면 피부에 관해서는 연구가 상대적으로 부족한 실정이다. 특별히 피부는 동물실험을 통해서 하기 어렵다는 것이 단점이다. 동물의 피부와 사람의 피부는 구조상 많이 차이가 나기 때문이다. 게다가 유럽 지역을 비롯한 여러 국가들에서 동물실험을 통한 피부 관련 약물이나 화장품 연구를 금지하고 있기 때문에 더욱 어려운 실정이다.

이런 이유로 인해 실험용 인공피부에 관한 관심이 고조되고 있다. 인공피부가 자연피부와 비슷할수록 정확한 연구결과를 얻을 수 있기 때문에 점점 더 사람의 피부를 닮은 재질과 조성의 아바타 피부를 개발하는 연구가 박차를 가하고 있다. 예를 들면, 우리 피부에는 아주 작은 구멍들이 많이 있어 이를 통해 약물의 출입이 가능하므로 인공피부 역시 이런 미세 구멍을 함께 포함시켜 만들어야 하며, 피부에는 표피뿐 아니라 진피가 있고 약물에 대한 반응이 서로 다르기 때문에 이를 반영시킬 수 있어야 한다는 것이다.

가장 인기 있는 것은 피부 마이크로칩(microchip) 세트이다. 직경과 반경이 약 10×2cm 정도 되도록 틀을 만들되 표피와 진피 부분까지도 포함시켜 만든 일종의 피부 아바타이다. 여기에는 표피, 진피, 혈관의 3개 구조가 함께 들어 있어 이를 통해 전달되는 약물의 효과와 피부 반응을 동시에 연구할 수 있도록 고안된 것이다. 이렇게 만든 인공피부는 동물 대체시험이 가능하기 때문에 실제 피부와 가장 유사하다는 평가를 받고 있다. 피부 모델 마이크로칩을 이용해 유럽에서는 2013년도부터 화장품 개발을 위한 동물 피부실험이 자유로워졌다.

6. 베토벤 새앙쥐

베토벤이라는 별명의 생쥐가 있다. 처음부터 이름이 베토벤은 아니고 천재 음악가 베토벤처럼 소리를 듣지 못한다는 데서 유래가 된 것이다. 음악가 베토벤 역시 처음부터 청력이 상실된 것은 아니었다. 베토벤은 10여 년 이상에 걸쳐 서서히 청력이 상실이 되었기 때문에 그것이 유전적인 것인지 아니면 환경적인 것인지에 대해 사람들의 논란이 계속 있어 왔다. 그렇지만 아마도 청력과 관련된 세포들에 축적된 유전적 문제로 인해 청력이 최종 상실되었으리라 여겨진다.

베토벤 생쥐는 청력과 관계된 특정 유전자에 문제가 있는 것으로 확인되었다. 이 유전자가 고장나면 달팽이관에서 청각신호를 생성하는 부분에 노폐물이 쌓이고, 청각신호가 제대로 만들어지지 않아 청력을 소실하게 되는 것이다. 아마 베토벤도 청각신호 생성에 문제가 있었고 결국 유전자로 인한 문제 아니었을까 하는 추정이다.

유전자가 고장났다는 이야기는 A, C, G, T 염기서열에서 특정한 부분이 잘못 바뀌어져 있다는 뜻이다. 그리고 만약 그렇다면 그 잘못된 부분만 꼬집어 떼어내고 정상적인 것으로 바꿔 주면 치료가 이론적으로 가능하다. 이처럼 이론적으로는 유전자 편집이 매우 간단하지만 실제로는 대단히 복잡하고 정교한 기술이 필요한데, DNA가 굉장히 길고 두 줄이며, 심지어는 나선으로 꼬여 있기 때문이다. 그 때문에 어느 한 부분만을 딱 잘라 내고 정확히 그 부분을 정상적인 것으로 바꿔 준다는 것은 대단히 어려운 일이다.

최근에 유전자 가위인 크리스퍼가 개발되면서 이것이 점차 상용화 가능할 것으로 기대를 모으고 있다. 유전자의 잘못된 부분을 정교하게 잘라내고, 이를 교정해 주는 특별한 세포내 기구이다. 마치 글을 쓰다가 오타가 나면 그 글자만 꼭 집어 수정하는 것과 유사하다고 해서 유전자 편집이라고도 한다. 이 기술은 앞으로 겸상적혈구빈혈증(sickle cell anemia)이나 헌팅톤증후군(Huntington syndrome) 등 아주 정교한 작업이 필요한 난치병들을 치료하는 데 도움이 될 것으로 보인다.

7. 생분해성 미생물

혈액을 먹어치우는 드라큘라 미생물이 개발된 지도 상당한 시간이 지났다. 또 중금속을 먹어치우는 미생물의 개발도 더 이상 낯설지 않다. 그런데 이번에는 스티로폼(styrofoam)을 먹어 치우는 애벌레가 발견되어 흥미를 끌고 있다. 스티로폼은 건축물의 방음, 방열에 쓰이는 흔한 발포성 플라스틱 재료인데 밀웜(mealworm)이라는 애벌레가 이를 안전하게 분해할 뿐만 아니라 우리가 재활용할 수 있는 건강한 재료로 바꿔 주기까지 한다는 것이다. 사실 밀웜이 스티로폼을 직접 소화하는 것은 아니고, 그 장내에 어떤 미생물이 있어서 그것이 스티로폼을 분해해 주는 것이다. 밀웜은 단백질이 풍부해서 식용으로도 사용한다. 이처럼 플라스틱이나 스티로폼처럼 썩지 않아 골치 아픈 환경 쓰레기를 생물학적 제재를 이용하여 해결하려는 새로운 아이디어는 고무적이 아닐 수 없다.

8. 유전자 변형 모기

유전자 조작을 통하면 괴생명체가 탄생한다는 선입견은 이제 무색한 것 같다. 물론 새로운 생명체가 만들어지는 것은 맞지만 인류의 입장에서 볼 때는 유리한 방향으로 변형된 생명체이기 때문이다. 예를 들면, x-51a 같은 코드번호가 붙여진 모기가 있다. 모기는 태어나서 장구벌레를 거쳐 성체가 된다. x-51a를 숲에 풀어놓으면 배우자와 짝을 짓게 되는데 x-51a와 짝을 지어 태어난 새끼는 장구벌레 단계에서 더 이상 자라지 못하고 죽어 버리고 만다. 즉, 유전자 변형으로 인해 성체가 될 수 없는 새끼들만 태어나는 것이다. 그리고 결국은 그 지역의 모든 모기가 멸종되어버리는 것이다. 실제로 이 실험은 성공적인 것으로 조사되었다. 이를 통해 모기가 옮기는 전염병을 예방할 수 있다. 그러나 때로는 이러한 유전자 변형이 새로운 형태의 질병을 초래할 수도 있다는 우려가 있어 조심스러운 검증이 요구되고 있다.

9. 탈리도마이드와 켈시 박사

새로운 신약이 개발되면 보통은 동물을 이용한 임상실험을 우선 실시한다. 여기서 안전성이 확보되면 그다음에 사람에게 적용시키는 것이 순서이다. 그럼에도 불구하고 동물에서의 연구 결과가 항상 사람에게 100% 안전을 보장해 줄 수는 없다.

제2차 세계대전 이후 전쟁터에서 많은 남성들이 사망하였고, 때문에 파괴된 산업 시설을 새로 건설하는 현장에 여성들이 대신 투입될 수밖에 없었다. 동시에 베이비붐이 일어나면서 여성들은 일과 함께 임신이라는 이중고에 처하게 되었다. 임신은 입덧을 불러일으켰고 아침이면 머리가 어지러운 "morning sickness"와 물만 보아도 참지 못할 정도로 괴로운 헛구역질은 직장 여성들에게 고통과 제약일 수밖에 없었다. 물론 이런 것들은 대부분 임신으로 인해 호르몬의 균형이 깨어져 나타난 일시적 현상이지만 실제로 일을 하는 여성에게는 엄청난 장애가 아닐 수 없다. 그때 사람들이 "입덧을 막아주거나 줄여 줄 수 있는 약물이 없을까"라고 궁금증을 갖게 되었다.

1953년에 서독의 제약회사가 획기적인 신약을 개발, 판매한 적이 있다. 그 주성분은 탈리도마이드(thalidomide)이다. 당연히 동물실험을 거쳤고, 임신한 동물에게도 아무 영향을 주지 않는다는 연구 결과가 나왔다. 따라서 사람에게도 문제가 없을 것으로 추정되면서 이 약은 유럽에서 날개 돋친 듯 팔려나갔다. 그런데 몇 년 뒤에 탈리도마이드를 복용한 이후 태어난 아기들에 대한 조사에서 나타난 결과는 너무나 끔찍한 것이었다. 보고된 것들은 주로 사지와 수족에 대한 기형이었다. 팔이나 다리가 아예 없이 몸통만 태어난 경우, 수족이 있어도 문드러져버렸거나 절반만 생겨난 경우, 손가락의 개수가 틀린 경우, 눈과 귀의 형태가 변형되어버린 경우 등 처참할 정도였던 것이다.

임상실험에 주로 활용되는 실험동물은 고양이, 개, 원숭이, 쥐 등이다. 이런 동물들은 대부분 사람과 같은 포유류이기에 이들에서의 약물 효과는 사람에서도 비슷하다고 추정하는 것이 보통이다. 탈리도마이드에 대해서도 과학자들은 그렇게 생각하였고 의학자들도 역시 비슷한 견해를 갖고 있었던 것이다. 그럼에도 불구하고 이것은 동물실험에 전적으로 의존하면 잘못될 수 있다는 좋은 본보기가 된 것이다. 이 사건 이후로 과학자들은 "동물실험이 모든 것을 말해 줄 수 있다"라고 생각했던 신념을 바꾸게 되었다. 다시 말하면 동물실험이 인체실험을 전적으로 대신할 수 있다는 종래의 생각을 완전히 바꾸게 된 것이다.

미국 FDA의 켈시(Frances Kelsey) 박사는 시카고대학교 의과대학 출신의 여성 과학자였다. 탈리도마이드의 놀라운 수면 진정 효과와 입덧 억제 약효가 세상을 흥분시켰을 바로 그때 FDA에서 켈시 박사가 처음 맡은 임무는 바로 이 약물을 평가하고 승인하는 것이었다. 제약회사에서는 이 기적의 약물을 한시라도 빨리 미국에 퍼뜨리고 싶어 했지만 켈시 박사는 독성검사에 대한 자료가 미비하다는 이유로 끝내 승인을 하지 않았다. 결국 미국에서는 이 기적의 약물이 팔릴 수 없게 되었고, 유럽에서만 12,000명의 기형아가 출생하였지만 미국에서는 단 12명의 탈리도마이드 베이비만 보고되었다. 이 12명의 경우도 승인이 나기 전 제약회사에서 의사들에게 연구목적으로 배분한 샘플 때문에 일어난 것이었다. 켈시 박사가 소신을 굽히지 않았기에 미국의 임신부들은 안전하게 아기를 출산할 수 있었던 것이다.

켈시 박사는 소신을 지킨 공무원의 표상으로 '영웅'이 되었고, 당시 케네디 대통령으로부터 공무원에게 주는 최고 훈장을 수여받았다. 이를 계기로 미국의 의약품 허가 제도가 한층 강화되었고, 켈시 박사는 현대적인 의약품 규제 법률의 길을 열었다는 평가를 받게 되었다.

10. 인간게놈프로젝트의 상용화

인간게놈프로젝트가 처음 시작될 때 가장 중요한 이슈는 얼마나 빨리 프로젝트를 완성할 수 있겠느냐는 문제였다. 시간이 길어질수록 투자해야 하는 연구비와 인력에 대한 부담이 증가하기 때문이다. 불과 20여 년 전만 하더라도 생거(Sanger)박사의 "dideoxy chain termination" 방법에 근거한 DNA sequencing 기술이 지배적이었다. 그리고 DNA의 염기서열을 결정하는 기술 자체가 몇몇 실험실의 전유물이다시피 하였다. 생거 박사의 방법은 노벨상을 받았지만 몸에 해로운 폴리아크릴아마이드 겔(polyacrylamide gel)과 방사성동위원소를 필요로 한다는 점에서 보완이 끊임없이 요구되었다. 세포에서 DNA를 추출한 다음 이를 수많은 작은 조각으로 깨뜨리고 각각의 염기서열을 결정한 뒤 겹치는 부분을 이어나가는 방법(shotgun 방식)이 처음의 프로젝트 수행 방식이었다. 무엇보다도 가장 큰 단점은 한 번에 읽을 수 있는 DNA의 길이가 수백 bp에 불과하다는 점이었다. 그래서 DNA sequencing이 수없이 되풀이되어야 했고 그 결과를 비교 · 분석하여 이어나가는 작업은 데이터 처리 속도가 빠른 컴퓨터 기술이 함께 발달되어야 가능한 것이었다.

DNA 데이터를 보관할 수 있는 컴퓨터의 대용량 저장 장치 개발도 당연히 요구되었다. 즉, DNA 염기서열 해독을 요구하는 인간게놈프로젝트는 단순한 생물학적 프로젝트가 아니고, IT 등 주변 학문이 함께 발전해야 하는 첨단 프로젝트라는 것이다.

처음 인간게놈프로젝트를 제시하였을 때 예상된 소요 비용은 화성에 우주선을 여러 개 발사하는 비용이 한꺼번에 들어가야 할 정도라고 알려져 있다. 다시 말해 인간게놈프로젝트 하나를 위해서 다른 분야에 필요한 연구비용을 거의 절반 수준으로 줄여야만 한다는 것이었다. 당연히 학문의 균형 발전에 바람직하지 못하다는 비난과 지적이 빗발쳤는데, 그럼에도 불구하고 인간게놈프로젝트는 계속적으로 조용히 진행되어 2003년에 1차 완결되었다.

이처럼 처음에는 천문학적이었던 게놈 분석 비용이 그동안의 기술 발전에 힘입어 이제는 상상 이상으로 비용이 줄어들었다. 한때 30억 달러를 초과했던 비용이 이제는 불과 1,000달러 수준으로 줄어들었고 한 사람의 게놈 전체를 해독하는 데 소요되는 시간도 인간게놈프로젝트가 약 15년 걸렸던 것에 비해 지금은 약 3~7일이면 가능할 정도이다.

이렇게 게놈 전체를 해독한다는 것은 굉장한 의미를 지니고 있다. 사람의 얼굴 모습이 조금씩 다르게 보이듯이 DNA

차원에서의 차이를 눈으로 읽어 비교할 수 있게 된 것이다. DNA는 대부분 염기서열 골격이 같지만 약간의 차이가 있는 것을 비교할 수 있게 된 것이고, 만약 그 차이가 병리학적으로 중요한 의미를 갖고 있다면 이를 토대로 한 맞춤 진료가 가능해진 것이다. 물론 범죄수사와 친자확인 등에도 활용될 가능성이 더 높아졌다고 할 수 있다.

게놈 해독을 이처럼 빠르고 적은 비용으로 할 수 있게 된 것은 게놈 시장을 이끌어 가는 일루미나(Illumina)라는 회사 덕분이다. 그리고 이러한 장비를 차세대분석기술(NGS, next generation sequencing) 장비라고 한다. 지금 일루미나의 기술은 50명의 게놈을 해독하는 데 아주 빠를 경우 이틀밖에 걸리지 않을 수준이다. 업계에서는 몇 년 내 비용도 10만 원대로 떨어질 것으로 예측하고 있다. 이렇게 되면 매년 건강검진을 받을 때마다 유전자검사를 포함시킬 수 있고, 혹시 작년과 달라진 변이가 있는지를 파악하여 새로운 질환이 발병할 가능성에 대해 유전상담도 가능하다. 또 영양불균형이나 스트레스로 인한 환경 개선과 맞춤형 식단을 처방받을 수도 있다.

11. 유전자검사의 대중화

우리나라에서도 희귀한 유전질환을 전문적으로 진단하고 환자와 가족을 돕기 위한 발걸음이 비영리법인을 통해 본격적으로 시작되었다. 혼자서는 걷지도 못하는 아이들, 말도 제대로 하지 못하는 아이들, 이런 아이들을 위해 재능 기부로 시작한 모임에 점차 관련 분야 교수들이 합류하면서 자문단의 규모도 더 늘어나고 있다. 희귀질환 환자의 유전체를 분석하고 생명윤리위원회의 승인을 받아 의료진에게 그 결과를 제공함으로써 어떤 유전자의 어떤 고장으로 이런 결과가 초래된 것인지 그리고 가능한 치료 방법은 무엇인지를 확인하는 것이 시작 목표이다.

유전체 분석의 비용과 소요 시간이 합리화되고 또 현실화되면서 이러한 질환 진단 목적의 유전체 분석 이외에도 BMI(Body Mass Index) 체질량지수와 비만도검사, 체질검사들에 대한 유전자검사 또한 점차 상용화되려는 움직임이 나타나고 있다. 이를 전문으로 하는 벤처 기업 형태의 회사도 만들어졌고, 검사를 위해 소비자가 준비해야 하는 과정도 간단해졌다. 검사 대상자는 면봉으로 입 안 구강점막을 살짝 긁어 주어진 전용 용기에 담아 회사로 보내면 되고, 회사에서는 PCR 기기로 유전자를 증폭해 양을 늘린 다음 그 결과를 분석하는 것이다. 대체로 소요되는 시간은 3~4일 정도인데, 앞으로는 이 또한 더욱 짧아질 전망이다. 비만의 경우 지방의 저장을 촉진하는 유전자, 기름기 있는 음식을 선호하게 만드는 유전자, 식욕조절 유전자들의 활성을 분석하게 되고 종합적으로 의뢰인의 비만위험도를 예상하여 식단도 추천하고, 고혈압이나 당뇨 예방을 위한 자문도 할 수 있다. 혈액 몇 방울을 이용해서 다양한 질병들을 예측하는 것은 이미 신생아에게 적용되고 있다.

한국인 특유의 SNP(single nucleotide polymorphism)를 확인해내면 한국인에 맞춤형인 진단 키트를 개발하여 더욱 정확한 검사도 가능하며, 심지어 개개인에게 맞는 진단과 처방이 가능할 것이다. 2016년 6월 30일, 생명윤리 및 안전에 관한 법률이 제정, 시행되면서 유전자검사에 대한 기준이 조금 달라지게 되었다. 기존에는 모든 유전자검사가 의료기관에서만 가능했다면, 물론 지금도 중증 암이나 중증 질환은 여전히 의료기관에서 주관해야 되지만, 기타 생활 습관 개선을 위한 대사 관련 등 46개 유전자에 대한 검사가 일반 기업체에서도 가능하게 되었다는 점이다.

대부분의 질환에는 유전뿐 아니라 환경적 요소도 함께 작용을 한다. 말하면 유전적 병인 요소가 있다 할지라도 영양섭취라든가 어떤 위험 요소에 노출되는 상황을 최소한으로 줄이면 예방 가능하다는 의견이다. 때문에 유전자검사를 통해서 미리 예상 질환의 발병 가능성을 알 수 있다면 국민 건강 향상에 큰 도움이 될 것이다.

12. 유전자 도핑 테스트

금지된 약물을 복용함으로써 운동 효과를 높이려는 유혹은 이미 오래된 이야기이다. 특별히 마라톤이나 수영 같이 근육의 지구력을 필요로 하는 종목에서는 더욱 첨예한 사안이다. 1988년 서울 올림픽 남자 육상 100m 경기에서 1위로 골인한 벤 존슨 선수의 경우도 도핑 테스트 결과 금지 약물인 스테로이드를 복용한 것으로 밝혀져 실격 처리되고 말았다. 또 덴마크의 사이클 선수인 옌센이 1960년 로마올림픽에 출전했다가 사망하였는데 흥분제를 복용한 것이 밝혀져 약물복용에 의한 첫 사망사고라는 오점을 남겼다.

앞으로는 유전자도 도핑 테스트를 해야 할 것만 같다. 기록을 향상시키기 위해서 유전자 자체를 변형하려는 움직임이 보이기 시작했기 때문이다. 유전자를 조작하여 적혈구 숫자를 늘려주면 산소 운반량이 많아지므로 경기력이 향상될 수 있다는 것이다. 유전자 가위를 이용한 편집이 가능해지면서 이런 우려가 현실화될 가능성은 더욱 높아져버렸다. 유전자 도핑은 검사 자체가 용이하지 않고 겉으로 드러나는 부작용이 없기 때문에 유혹이 더욱 강할 수 있는데, 선수를 보호하기 위해서라도 이에 대한 대책을 미리 마련할 필요가 있다. 앞으로는 이와 관련된 휴대용 유전자 테스트기를 대량 생산해야 할지도 모르는 일이다.

13. 빅데이터와 벤처산업

인간게놈프로젝트는 1990년에 시작되어 2003년에 완성되었다. 어떤 사람은 완성이라는 표현보다 "99.9%가 달성되었다"라고 말하기를 좋아한다. 사람마다 얼굴이 조금씩 다른 것처럼 건강이나 생존에 영향을 주지 않는 단순한 염기서열 차이가 있는데, 그것은 결국 지구상에 살고 있는 모든 인류의 게놈을 전부 해독하기 전까지는 완성할 수 없다는 것이다. 그 작은 차이들을 SNP(single nucleotide polymorphism)라고 부른다. 유전자 기능에는 영향을 주지 않기에 그동안 별로 관심이 없었고 게놈 전체에 걸쳐 이쪽저쪽으로 퍼져 있으므로 이들을 한 번에 비교할 수 있는 기술도 사실 그동안은 없었다. 그러나 점점 더 많은 사람들로부터의 게놈 데이터가 쌓여 감으로써 빅데이터(Big Data)가 구축되었고, 이제는 SNP까지도 빠르게 비교, 분석할 수 있게 되었다.

빅데이터는 개인 간 차이, 집단 간 차이, 인종 간 차이를 말해 줄 수 있는 열쇠이다. 특정 질환에 대한 특정 인종, 가계, 개인별 맞춤 진단과 맞춤 의약 개발이 빅데이터에 근거하여 만들어질 수 있다는 점이 중요하다. 그리고 이미 이런 자료를 구축하고, 보관하고, 분석해 주는 작업 자체가 벤처사업화되고 있다. 앞으로 21세기에는 이와 관련된 많은 사업들이 새로운 직종과 직장을 창출해낼 것으로 기대된다.

14. 플로리다선언과 게놈정보의 공유

2017년에 미국 플로리다 올랜도에 전 세계 500여 명의 학자들이 모였다. 그리고 이 자리에서 자신들이 그동안 어렵게 연구했던 게놈 해독 데이터를 다른 과학자들에게 무료로 공개하겠다는 발표가 있었다. 과학의 근본은 데이터를 공유하는 데에서 시작한다. 각 개인이 연구실에 보관하고 있는 데이터는 생명현상 전체로 볼 때 극히 일부분이므로 여러 과학자들의 자료들이 한데 모여야 바르게 생명현상을 이해할 수 있다. 때문에 데이터의 공유라는 것은 과학 발전에 있어서 대단히 중요하다. 또 한편으로 보면 자신의 연구에 대한 보답으로 다른 많은 데이터에 접근할 수 있게 되니까 그만큼 연구 속도가 빨라지고 과학의 발전도 이루게 되는 것이다. 앞으로 정부 차원에서의 생물산업에 대한 지원이 늘어날 것으로 기대되며 질병 치료나 고유 생물자원을 이용한 농수산업에서도 산업화의 확대가 앞당겨질 전망이다. 데이터를 공유하는 것이 이제는 21세기 연구의 필수가 되고 있다. 공유를 통해 접근성도 넓어지고, 동시에 더 규모가 큰 데이터를 가지고 더 정확한 평가와 판단을 할 수 있기 때문이다.

개개인 몇 명을 대상으로 얻어진 데이터도 중요하지만 최근의 연구 트렌드는 빅데이터의 구축이다. 인류 전체에 대한 비교 평가를 하기 위해서는 빅데이터가 필요하기 때문이다. 게다가 게놈정보를 오픈 소스 개념으로 공유하게 되었다는 것은 생물산업의 새로운 차원을 이끌어내는 혁신적인 발표이다. 정밀도가 높아지고 게놈 해독 범위가 넓어지면서 과거에는 접근할 수 없었던 인류학, 역사학, 생태학까지도 앞으로는 생물산업 범주에 들어올 것이 기대된다.

15. 스마트폰과 CSI, 의료산업

스마트폰이 점점 그 기능을 더하면서 나날이 발전하고 있다. 새로운 앱도 연일 개발되고 있고 여기에 의료산업이 접목되고 있는 모양새다. 편리한 기능은 바이오센서와 스마트폰을 연결시키는 것이다. 신체 여러 가지 바이오리듬을 측정하여 앱을 통해 수시로 관찰하는 것이다. 여기에는 체온이나 혈당, 심장박동, 맥박 등 항상성(homeostasis)과 관련된 다양한 지표들이 연결되어 있다. 이를 통해 환자를 원격진료할 수도 있고, 응급실과 연결하여 순간을 다투는 환자의 생명도 보호할 수 있다. 우리나라는 IT 기술을 바탕으로 한 스마트폰 강국이기 때문에 이렇게 연계된 생물산업을 기대해도 좋으리라는 전망이다.

한국판 CSI도 생각해 볼 수 있다. 예를 들어, 범죄 현상에서 발견된 혈흔 위에 스마트폰을 갖다 대면 “이 혈액은 15분 전에 흘린 것입니다”라고 알려준다든지, 체온이 떨어지고 근육이 경직되는 속도를 감지하여 사건 발생 시간을 확인해 준다면 범죄수사에 도움이 될 것이다. 혈액 속에 들어 있는 특정 단백질이 분해되어 사라지는 시간을 측정할 수도 있고, 배란일을 알려주어 임신 가능성을 높여 주는 등 활용 범위가 매우 넓을 것으로 보인다.

16. 생물자원과 생물산업

앞으로는 고유한 생물자원을 얼마만큼 보유하고 있는지가 그 나라의 부유함을 측정하는 지표가 될 수 있다. 중국은 나라가 크기 때문에 생물자원이 엄청나게 많아서 86,000종이 넘는 생물에 대한 기록을 보유하고 있다. 동식물 자원에서는 추출할 수 있는 천연 물질도 많고, 항생제나 염료 등 응용 가능성이 높은 물질이 풍부하게 들어 있다. 또한 그 자체가 중요한 생물학적 실험을 할 수 있는 대상이 될 수도 있기 때문에 제약 및 의학, 화장품 업계에는 더없이 소중한 자원이 된다. 때문에 이런 생물자원이 많으면 많을수록 더욱 부강한 나라가 될 수 있는 것이다.

이러한 생물자원을 다른 나라에 수출하거나 판매하는 것도 앞으로는 하나의 경제력이 될 것이다. 나고야의정서 이후 중국과 일본이 대표적으로 이런 움직임을 보이고 있다. 우리나라의 입장에서는 상당히 불리한 조건이다. 중국은 자국 내 생물자원을 무기로 삼아 천연 원료 사용 대가로 10%를 내라고 주장하고 있어 우리도 이에 대응책을 마련하고 있다. 중국은 생물자원을 이용할 경우에 반드시 중국 내 기업과 협약을 해야 되며, 사용료 지불 및 기술 양도, 일자리 제공 등을 병행해야 한다는 것 그리고 생물자원을 통해 얻은 이익 중에서 작게는 0.5%, 크게는 10%까지 국가가 공유한다는 명목을 제시하고 있다. 물론 어느 정도 이해가 가는 부분도 있지만 지나치게 자국 이익만을 강조하고 있다는 것이 문제이다. 대부분의 나라들도 그 나라의 생물자원을 사용할 때 어느 정도 가이드라인을 제시하지만 중국처럼 구체적으로 얼마를 입금하라는 형식의 강제성을 띠고 있지는 않다. 또한 기술이전은 산업 기술유출의 우려가 있기 때문에 쉽게 협약 맺기 어려운 부분이다.

그러나 중국과 경계가 맞닿아 있는 우리나라는 상대적으로 생물자원이 적기 때문에 중국에 대한 의존도가 높을 수밖에 없어 걱정이다. 화장품과 의약품의 원료들은 더욱 수입 의존도가 높은 편이다. 환경오염과 개발 때문에 사라져가는 고유 생물자원에 대한 관심과 보호 정책이 절실히 필요한 시점이다.

17. 세계 각국의 유전자 편집 추세

영국에서는 인간 유전자 편집을 2016년에 이미 허락하였다. 연구 차원의 시도는 물론 계속 있어 왔지만 국가의 공식적인 승인 아래 인간 유전자를 편집할 수 있게 된 것은 이번이 처음이다. 이러한 영국의 결정은 앞으로 다른 나라에서도 비슷한 연구를 촉발시킬 가능성이 당연히 높다. 그렇게 되면 각국의 기술력 우위를 점하기 위한 특허 경쟁이 더욱 가속화될 것이 분명하며, 이론을 넘어 실질적인 생물산업 경쟁으로 이어질 전망이다.

유전자 편집된 수정란을 착상시키면 맞춤형 아기를 만들 수 있다는 점에서 윤리 논쟁은 더욱 커질 전망이다. 실험에 사용되는 수정란의 수급 방법과 개수도 법률적 제한을 두어야 하겠지만 역시 우생학적 결과에 대한 각국의 우려가 제일 크다. 심지어는 착상 이후에도 자궁 내에서 배자를 마음대로 편집할 수 있게 될까 봐 조심스럽다. 반면에 현재는 수정란이 어떻게 자궁에 착상되며 발생이 촉발되는지 완벽하게 이해하지 못하고 있는데, 이와 관련된 유전자들을 연구하면 불임 치료에 획기적인 기반 기술을 마련할 수 있을 것이다.

인간의 수정란을 유진자 가위로 편집하는 것은 이처럼 전 세계 생명공학 과학자들로 하여금 뜨거운 논쟁을 하도록 만드는 주제이다. 우리나라에서는 인간의 유전자를 편집하는 실험은 생명윤리법으로 철저하게 금지되어 있다. 물론 아직까지 유전자 교정으로 인해 만들어진 치료제에 대한 허가도 이루어진 적이 없다.

21세기는 분명 유전자 차원에서의 치료가 새로운 의 · 약학 기술로 자리매김할 것을 감안한다면 국제적인 경쟁에서 뒤지기 전에 합법적인 틀을 만들고 합리적으로 규제를 풀어 연구가 가능할 수 있도록 해 주는 것이 중요하다.

18. 크리스퍼

크리스퍼의 원리는 아주 단순하다. 원래 크리스퍼는 세균에서 발견되는 일종의 면역작용 시스템이다. 사람은 외부 바이러스나 균(통칭하여 항원)에 감염되면 체내에 면역항체가 만들어진다. 그리고 병이 낫더라고 이를 잘 기억해두었다가 다음에 동일한 항원이 침입하면 빠르게 대처하여 필요한 면역항체를 대량 생산할 수 있다. 간염백신을 2~3회 접종하면 항체의 숫자가 급속하게 늘어나는 원리가 이것이다.

크리스퍼는 미생물의 면역항체라 볼 수 있다. 박테리오파아지(bacteriophage)가 세균에 침입하면 세균은 살아남기 위해서 이를 공격하는데, 그 결과 침입자의 DNA를 21개의 작은 조각으로 깨뜨려버린다. 이때 생겨난 조각들이 세균의 염색체 DNA로 끼어들어가 배열된 것이 CRISPR(Clustered Regularly Interspaced Short Palindromic Repeats)이다. 이것은 짧은 회문구조가 간격을 두고 되풀이되는 구조이다. 일정 기간이 지난 후 동일한 박테리오파아지가 다시 침입을 하면 CRISPR에서는 가이드 RNA(guide RNA)가 만들어지고, 이것이 Cas9이라 불리는 가위 단백질을 침입자에게까지

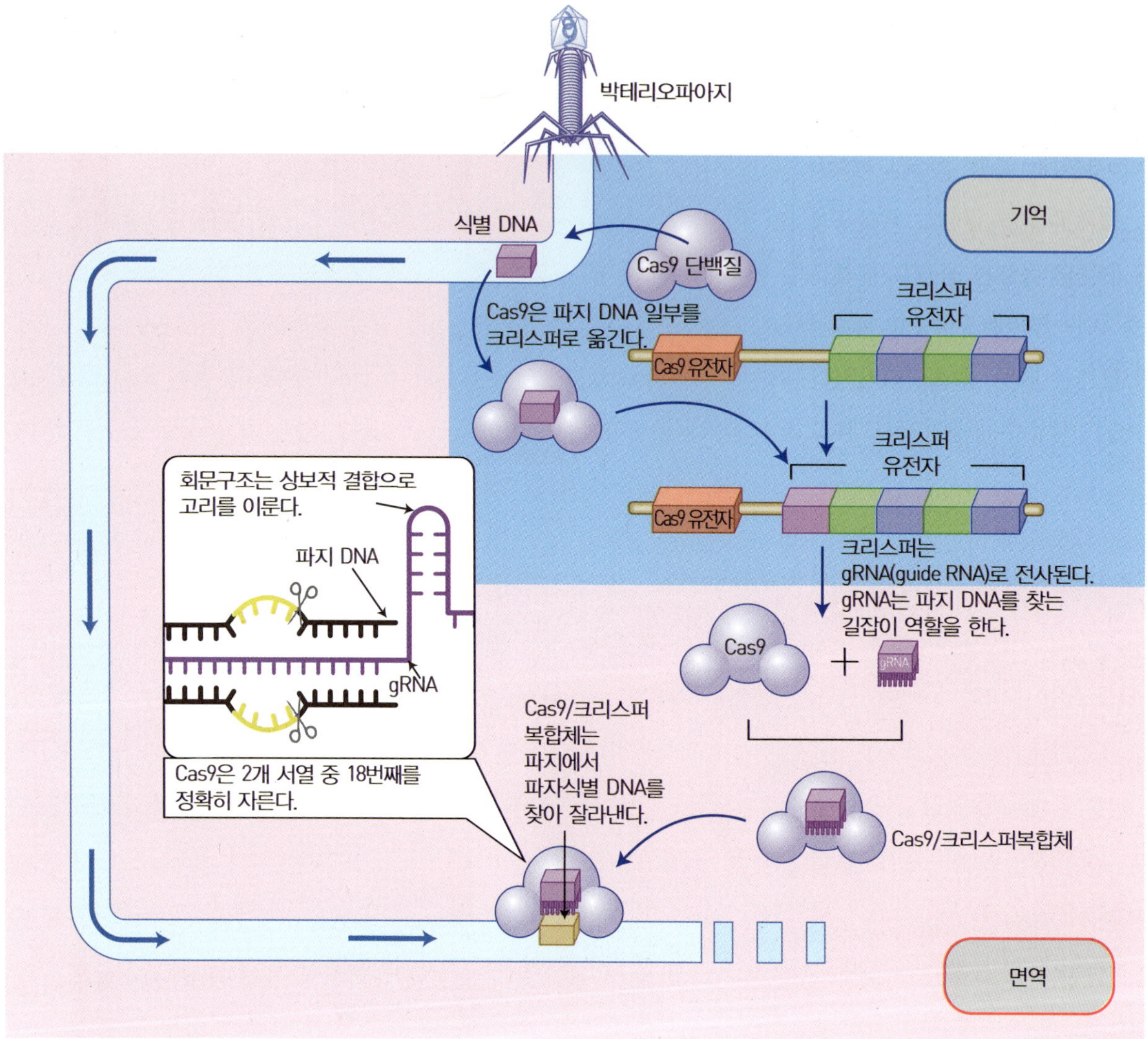

그림 12-1. CRISPR의 구조

인도해 준다. 즉, 미리 보관된 21개 조각의 염기서열이 침입자 바이러스를 인식하여 가이드 역할을 하고, 이에 따라 인도된 Cas9이 침입자의 DNA를 잘라버리는 것이다. 크리스퍼의 의미는 "반복서열"이라는 뜻이다.

크리스퍼의 장점은 놀랍도록 작용 원리가 단순하다는 것이다. 크리스퍼의 염기서열을 적절히 조절하면 원하는 어느 유전자 부위로든지 정확하게 Cas9을 끌고 가서 자를 수 있다는 것이다. 게다가 적절한 실험조건에서는 자른 부위에 교정용 DNA를 끌고가서 바꿔치기 해 줄 수도 있다. 크리스퍼와 Cas9은 세균에 국한되지 않고 진핵세포에서도 작용한다는 점 또한 매력적이다. 기술이 범용적으로 사용될 수 있기 때문에 이론적으로는 사람의 수정란도 마음대로 조작할 수 있다. CRISPR의 원리와 응용방법이 너무 간단해서 치료 목적이 아닌 성형 목적이나 단순히 체력을 증진시키기 목적으로 사용될 경우 심각한 우생학적 문제가 야기될 것이 우려스러운 점이다.

1) 크리스퍼의 응용

크리스퍼(CRISPR)가 특별히 응용될 수 있는 몇 개 분야가 있다.

① 생식의학 분야이다. 아직까지도 정자와 난자가 어떻게 형성되며 수정되는지에 대해 완전한 이해가 부족한 상태에서 유전자 가위를 이용하여 관련 유전자들을 하나씩 제거해 나감으로써 임신의 과정을 명확하게 그려낼 수 있을 것이다. 여기에서 얻어지는 정보는 불임 치료에 획기적인 도움을 제공할 것이다.

② 식물에 대한 응용이다. 대두는 전 세계적으로 많은 양이 재배되고 있으며, 최근에는 미국과 중국의 관세 문제 때문에도 흥미를 끌고 있는 식물이다. 다른 차원에서 보면 건강을 해치는 트랜스지방을 만들어내기 때문에 주의를 요하는 식물이기도 하다. 유전자 가위를 이용하여 우리에게 해를 끼치지 않는 기름을 만들어 낼 수 있도록 조작하면 그만큼 식량 문제와 건강 문제에 기여할 수 있을 것이다.

③ 동물에서는 근육을 강화하는 유전자를 넣어주거나 근육을 억제하는 유전자를 제거함으로써 고기의 질이 강화된 슈퍼 개체를 만들어 낼 수가 있을 것이다. 이런 방법은 사람에게도 적용될 수 있을 것이기 때문에 다소 주의가 필요하고 사회적 제도와 규범 또한 마련되어야 할 것이다.

④ 암 치료를 위해 면역세포에 항암 유전자를 넣은 뒤 부작용 여부를 확인하여 이를 환자에게 재주사하는 면역강화 치료도 시험 중에 있다. 열매의 색깔을 바꿔 준다든지, 생선회의 크기를 바꾸어 준다든지, 해충과 벌레의 생식 능력을 제거해 버린다든지, HIV 바이러스의 독성 능력을 잠식시키는 것 그리고 감자 생산량을 늘리는 기술 등이 모두 크리스퍼가 앞으로 우리 생활에 적용될 수 있는 분야들이다.

2) 크리스퍼와 양조기술

심지어 주류 개발에도 크리스퍼가 응용된 사례가 있어 관심을 끌고 있다. 요즘은 수제 맥주를 많이 마시는 추세인데, 수제 맥주의 장점은 각 가정마다 자기가 좋아하는 향취를 첨가할 수 있다는 것이다. 맥주는 효모의 알코올발효능으로 인해 제조된다. 이때 소위 발효취라는 독특한 냄새가 나게 되는데, 이 냄새는 발효 종균으로 사용되는 효모의 종류에 따라 달라질 수 있다. 만약 효모에서 냄새를 풍기는 유전자를 아예 제거해버리면 어떨까? 결과는 아무런 냄새가 없는 밋밋한 맥주가 만들어질 것이다. 이것이 오히려 장점이다. 유전자 가위로 냄새 관련 유전자를 모두 제거한 다음 냄새 없이 만들어진 맥주에 자기가 원하는 향을 마음대로 첨가할 수 있기 때문이다. 장미향을 넣으면 향긋한 꽃냄새가 나는 맥주를, 새우향을 넣으면 풍성한 바다냄새가 풍기는 맥주를 만들 수 있는 것이다. 다만 GMO 문제가 야기될 수 있는데, 맥주를 제조한 다음 유전자 변형된 효모를 체로 걸러내면 이 문제 역시 피해갈 수 있다.

3) GMO와 크리스퍼

크리스퍼를 이용한 생물산업 분야는 우리 미래의 식탁도 바꿔 줄 것 같다. 예를 들어, 유산균의 유전자를 조절하여 요구르트의 향취를 바꿀 수 있고, 효모의 유전자를 바꿔 준다면 맥주나 와인의 향 또한 마음대로 바꿀 수 있을 것이다. 사람의 취향에 따라 일곱 색깔 무지개 꽃이 피는 채송화를 만들 수 있고, 황홀한 냄새와 꽃을 뽐내는 동양란도 자유자재로 재배하게 될 것이다. 유산균 발효 속도를 조절하여 김치 맛도 마음대로 바꿀 수 있을 것이며, 병충해에 강한 품종과 한 번 피면 시들지 않는 원예산업이 가능할 수도 있다. 이런 것들은 우수한 형질을 가진 개체들을 교배하여 더 나은 개체를 획득하는 확률에 의존한 전통적 우생학 방법과는 획기적으로 다른 것이다.

GMO 기술은 외부 유전자를 넣어줌으로써 유전자를 변형시키는 방법이다. 이렇게 형질전환된 개체는 우수 형질을 획득하기는 하지만, 안전성(safety)과 안정성(stability)이 검증되지 않아 식품산업에 활용되기에는 항상 논란의 대상이 되어 왔다. 이와 달리 크리스퍼는 외부 유전자의 삽입 없이 원래 존재하는 자기 유전자의 일부를 그냥 바꾸어주는 것이기에 GMO의 부작용과 거부감을 한꺼번에 해결할 수 있다. 그러면서도 자연적인 진화나 변이에 의존하지 않고 단숨에 형질을 변화시킬 수 있다는 점에서 매우 강력한 도구라 하겠다.

4) 특허 시스템과 과학적 발명

특허 시스템은 종종 과학자들에게 별로 도움이 되지 않아 보이기도 한다. 왜냐하면 과학은 과학자들이 아이디어와 데이터를 공유해야 급진적으로 발전할 수 있는데, 특허 제도는 오히려 그 반대 상황을 과학자들에게 종용하기 때문이다. 특히 특허 분쟁에서 이긴 한 사람이 권리를 다 가져가는 제도는 등록 과정 자체를 잔인한 투쟁으로 이어지게 만들어버린다. 결국 권리는 돈과 관련되어 있게 마련이다.

가장 좋은 것은 특허를 어떤 형태로라도 서로 공유하는 것이다. 그렇게 하는 것이 현명한 선택인 것이다. 그런데 실제 상황에서는 권리의 공유라는 것이 쉽지가 않다. 한쪽만 이기게 된다면 합의를 위해 여러 해 동안 재판이 이어질 것이고 결국에는 판사가 양쪽 모두에게 특허를 주지 않을 가능성도 있다. 게다가 지나치게 분쟁 기간이 길어지면 그 특허 자체에 대한 가치도 훼손될 수 있다.

크리스퍼에 대한 특허 분쟁은 현재도 진행형이다. 그리고 궁극적으로 이 분쟁에서 누가 이길지를 예측하는 것은 불가능하다. 분명한 것은 크리스퍼 연구가 이제 겨우 20여 년 되었기 때문에 앞으로도 계속될 것이고 더 발전해 나갈 것이라는 것이다. 특허와 상관없이 일반 소비자들에게는 기술을 편하게 이용할 수 있는 수혜가 주어져야 한다는 점이 중요하다.

5) 크리스퍼 현황 및 전망

크리스퍼에 대한 나라별 관심이 점점 고조되고 있다. 그 중에서도 중국이 임상실험에서 가장 앞서 나가는 것으로 확인되어서 앞으로 이 분야 참여 국가들의 경쟁이 더욱 거칠어질 것으로 보인다. 2018년을 기준으로 할 때 그동안 공식적으로 진행되었거나 앞으로 진행될 예정인 시험은 총 13건이다. 이 중 70%를 넘는 10건이 중국에서 이루어졌고 이어서 미국과 홍콩이 각각 한 건을 기록하고 있다.

미국 국립보건원에 따르면 크리스퍼는 유전자 치료제로서의 가치가 매우 높다는 평가이다. 시술 효과를 높이기 위해 크리스퍼가 담긴 용액을 환자에게 직접 주입하거나 연고 형태로 바르는 연구도 진행되고 있다. 크리스퍼는 폐암이나 자궁경부암, 백혈병, 에이즈 등 다양한 질병들에 대한 적용이 가능하기 때문에 각국의 제약회사들이 순차적으로 더 나은 크리스퍼 개발에 동참할 것으로 보인다. 우리나라도 예외가 아니어서 본격적인 임상실험에 곧 뛰어들 것으로 전망된다.

요점정리

1. 현대 생물학은 실용적 학문으로 자리 잡기 시작하였다. 최근에는 크리스퍼, 즉 유전자 가위가 개발되면서 유전자를 자유자재로 자르고 붙이는 작업이 더욱 가능해졌다.
2. 생체시계, 뇌 아바타 기술, 피부 마이크로칩, 드라큘라 미생물 개발, 유전자 변형 모기, 빅데이터 등은 첨단 생물학의 성공적 응용 사례들이다.
3. 2017년에 미국 플로리다 올랜도에서 전 세계 과학자들이 모여 자신들이 그동안 어렵게 연구했던 게놈 해독 데이터를 다른 과학자들에게 무료로 공개하겠다는 발표를 하였다. 데이터의 공유는 과학 발전에 있어서 대단히 중요하다.
4. 각 나라마다 보유하고 있는 생물자원의 정보를 공유하고, 인류 발전을 위해 공동 노력하는 자세가 시급히 필요하다. 게놈정보를 주변 국가와 공유하는 문제, 첨단 의료 기술의 공유, 범죄수사를 위한 공동 노력 등은 국제적 차원에서 정보를 공유하고 지식을 나누며 함께 노력해야 할 미래의 문제로 급부상하고 있다.

생각해 볼 문제

1. 현대생물학에서 최근에 발전을 이룬 이슈들을 찾아서 3가지만 말하시오.
2. 생물학의 발달은 궁극적으로 정보의 공유와 글로벌 공감대 형성을 요구한다. 이에 대한 예시를 찾아보시오.

찾아보기

한글

ㅇ

영문

기타

저자와의
협의로
인지생략

디딤돌 기초생물학 제2판

발행일 2025년 3월 2일 2쇄 발행
저 자 유 민 · 신명자 · 김지원 · 김수원 · 고재문
권애숙 · 김가현 · 김미숙 · 송미숙
발행인 김재민
발행처 정문각 JMK
서울특별시 마포구 백범로 104, 봉화빌딩 4층
출판등록 2011년 1월 19일 제 313-2011-35호
전 화 02)713-0421~3
팩 스 02)704-6265
전자우편 jmk@jmkp.co.kr
홈페이지 www.jungmunkag.co.kr

정 가 **32,000원**

ISBN 979-11-6260-260-7 93510